城市景观遗产
保护与再生

戴代新　董楠楠　著

THE CONSERVATION
AND REGENERATION OF
URBAN LANDSCAPE
HERITAGE

同济大学出版社
TONGJI UNIVERSITY PRESS

图书在版编目（CIP）数据

城市景观遗产保护与再生 / 戴代新，董楠楠著 . —
上海：同济大学出版社，2019
ISBN 978-7-5608-8893-4

Ⅰ . ①城… Ⅱ . ①戴… ②董… Ⅲ . ①城市景观—文
化遗产—保护—研究—中国 Ⅳ . ① TU-856

中国版本图书馆 CIP 数据核字（2019）第 266741 号

课题研究由教育部人文社科青年基金（11YJC850003）
城市文化景观遗产保护机制研究：以上海市为例资助
本书出版由同济大学建筑与城市规划学院出版基金、景观学系出版基金资助

城市景观遗产保护与再生

戴代新　董楠楠　著

出 品 人　华春荣
策划编辑　孙　彬
责任编辑　孙　彬
责任校对　徐春莲
封面设计　钱如潺
版式设计　朱丹天

出版发行　同济大学出版社
地　　址　上海市四平路 1239 号
电　　话　021－65985622
邮政编码　200092
网　　址　www.tongjipress.com.cn
经　　销　全国各地新华书店
印　　刷　上海安枫印务有限公司
开　　本　710mm×980mm　1/16
字　　数　460 000
印　　张　23
版　　次　2019 年第 1 版　　2019 年第 1 次印刷
书　　号　ISBN 978－7－5608－8893－4
定　　价　88.00 元

前　言

　　我国城市化高速发展至今，在注重城市经济建设、空间发展和公共服务的同时，也不应忽视城市文化建设问题。以人为本，建设独具特色、充满活力、可持续发展的城市成为我国现阶段城市发展的重要目标。目前我国城市建设中出现的"千城一面"现象，其根本原因是城市文化趋同。保护城市文化遗产是彰显自身历史文化资源和城市特色的重要途径，这就需要城市文化遗产保护与更新的理论支撑。特别是当前我国城市更新过程中出现了许多新的问题，急需研究工作提供理论指导，如产业结构调整与工业废弃地的利用对城市文化生态系统和文化遗产保护工作有何影响？正如单霁翔先生所言，越是历史悠久的城市，其文化积淀越是深厚，文化生态体系越是完整。就像是生命体的发展离不开遗传信息的传递一样，城市的发展也离不开它的历史文化传统。因此，我们应当认识到在城市可持续发展的道路中，城市文化遗产将起到举足轻重的作用。虽然我国城市文化遗产的保护工作取得了一定成绩，但是在从静态遗产保护走向活态遗产保护（"活态遗产"即"历史上不同的作者创造并仍在使用的遗址、传统以及实践，或者有核心社区居住在其中或者附近的遗产地"），从单一保护走向整体保护的过程中存在着理论的薄弱和实践的困惑。从城市文化生态的角度来看，三个亟待解决的核心问题是：一、如何描述城市文化遗产的"整体环境"？二、如何保护城市文化遗产的多样性与差异性？三、如何解决城市文化遗产保护与发展的矛盾？

景观遗产是城市文化遗产保护与更新的新视角，它不仅是保护对象，更是一种方法和理论。我国城市景观遗产保护工作还较为滞后，与建筑遗产保护相比尚缺乏成熟的保护理论和具体的保护措施。国际上类似的概念"文化景观"被描述为一种整体的保护策略，值得我们学习借鉴。在将文化景观作为国际前沿理论引进我国的同时，需要注重夯实基础研究工作和深入分析我国的国情。然而，无论如何我们都能够预见城市景观遗产的保护研究将为城市的文化遗产保护和城市可持续发展提供新的思路。

本书共五篇九章。第1篇《导论》包括第1章和第2章。目的是建立一个城市景观遗产保护的理论框架，对一些基本的、关键的问题进行讨论，同时也是本书的线索，因此称之为导论。首先是三个讨论保护时必须回答的问题：保护什么？如何保护？为谁保护？景观是从新的价值观和角度审视保护对象，并非是全新的保护类型；这一新的视角和保护对象也要求新的保护理论与方法；我们提出了一个公众参与的、循环的、整体的保护管理框架，分为档案信息、分析评价、规划设计、处置实施、干预评估、维护检测六个方面。本书的主要内容就是从这六个方面进行理论思考，结合团队的相关研究实践进行阐述。第一部分最后也试图梳理我国城市景观遗产的保护体系。

第2篇《档案信息工作》包括第3章和第4章，是遗产保护非常基础同时又很重要的内容。从当代保护理论的观点出发，"保护"的本质是信息的传播，档案信息工作不仅是技术手段，还是保护的内容与方法。第3章在阐述档案信息工作的基础上，对国内外的现状进行分析，提出城市文化景观的档案信息工作框架，并将其应用到上海近代公园的档案信息收集与整理的工作之中。当今的档案信息工作已经基于计算机技术、互联网技术等新的科学技术得以迅猛发展。在智慧城市建设的浪潮中，智慧公园的概念随之诞生，上海也提出建设智慧公园的设想。然而这一切都依托于基础数据库的构建，缺乏基础数据和科学合理的管理方法仍然是我国城市文化景观遗产保护工作中普遍存在的问题。第 4 章结合相关研究课题，对公园数据库建设的目标、意义、方法和过程等基本问题进行阐释；同时就数据收集的有效方法、信息分类、格式统一，以及数据库的功能与应用等关键内容进行讨论，结合上海市复兴公园详细论述数据库建设过程。

第 3 篇《分析评价》包括第 5 章和第 6 章。价值是保护文物或者遗产的根本原因。城市景观遗产同其他文化遗产一样，由于时间的积淀、人的行为活动、被赋予文化含义等而具有历史、科学、艺术、文化、社会等多方面价值。价值评估或者评价是确定对象是否值得保护、保护等级和措施的主要方法。第 5 章从价值的内涵出发，梳理遗产价值理论的发展演变和国际主要的理论观点，进而对现有的景观遗产评价方法进行论述，并分析新的发展趋势。第 6 章结合"上海历史名园保护专项研究报告"课题进行探讨，确定历史名园的目的，是为了在上海市具有特殊历史意义的园林中，以客观、明确、公平、完整的方式筛选出某些方面价值特别突出、独特、罕见，被认为具有重大历史意义的园林，发掘其多方面价值，并依据其价值指导制定保护措施。

第 4 篇《规划设计》包括第 7 章和第 8 章。规划与设计是对遗产进行干预所做的统筹安排和技术方案。现在的遗产保护不再是一个静态的过程，也不应是从上至下由专家决断的工作。城市景观遗产由于其特性，也不只沿用建筑遗产保护规划与设计的方法。因此，虽然规划设计是很多学者、保护工作者、设计师自认为熟悉的专业领域，却亟待创新与变革。这两章结合团队实践项目，分别对上海市历史园林和工业遗址景观两类典型的城市景观遗产，保护与更新的主要方法、措施、遇到的问题和难点等进行图文并茂的阐述。

本书最后一篇由第 9 章构成，介绍干预评估工作。与处置实施、维护检测两部分工作一起，这三部分内容是遗产保护工作中容易忽视的内容，特别是对规划与设计专业人士而言。这些工作非常重要，特别是处置实施，直接影响保护工作的质量，然而却缺乏专业技术人才，应得到更多重视，但目前我们还没有机会参与相关工作，仅仅开始探索干预评估、维护检测两部分工作，因此本书没有论及处置实施、维护检测两部分内容。第 9 章是对工业遗址景观更新项目空间公共性的评价研究，除了一些理论思考，也进行了小范围的预调研。虽然谈不上什么研究成果，然而为了引起人们对此方面工作的重视，在本书中进行了简要介绍。

以上内容主要来自研究团队共同的成果，以及与董楠楠副教授的合作研究，本书第 4 章 4.3 和 4.4 节由董楠楠执笔。感谢博士研究生陈语娴做出的贡献，她辅助我梳理了本书的大部分章节，并加以补充完善；同时要感谢已经毕业的硕士研究生：齐承雯、谢民、袁满、金雅萍，她们的硕士研究课题与城市景观遗产保护紧密相关；感谢苏日、侯昭薇参与本书中部分图片的绘制。我们基于共同提出的理论框架，在档案信息工作、分析评价、规划设计和干预评估方面进行探索，从而构成本书的主要内容，其中部分成果已经在国内核心期刊发表。本书理论联系实际，较为全面地对城市景观遗产的保护管理工作进行了论述，响应国家新型城镇化的政策导向和城市更新的工作重点，希冀为我国城市遗产保护工作提供理论支持。

戴代新

2019 年 12 月

目 录

前 言

第1篇 导 论

　　本篇的目的是建立一个城市景观遗产保护的理论框架，对一些基本的、关键的问题进行讨论，同时也是本书的线索，因此称之为导论。首先是三个讨论遗产保护必须回答的问题：保护什么？如何保护？为谁保护？景观遗产是从新的价值观和角度审视保护对象，这一新的视角和保护对象也要求新的保护理论与方法。基于当代保护理论，作者提出景观遗产的整体保护框架，并结合现状梳理我国城市景观遗产的保护体系。

第1章
城市景观遗产概述

1.1　概念

本书论述的对象是景观遗产，城市仅仅作为限定词表明关注的时空范围。但是在具体的术语选择上其实存在很多问题需要说明。例如，如何定义遗产？如何理解景观遗产和文化景观的关系？文化景观是不是遗产类型？历史景观是不是更加合适的术语？我们认为可以暂且悬置这些问题，先讨论三个概念：文化景观、历史性城镇景观和城市景观遗产。

1.1.1　文化景观

从 20 世纪末开始，遗产保护领域对"文化景观"的讨论源源不断，主要是因为在世界遗产保护工作中，自然和文化割裂并存的现象持续了相当长的一段时间，"自然和文化的断裂，其结果是人地关系的对立，即世界遗产和本土人地关系的对立"[1]。人们随着对其弊端的认识越来越清楚，开始认真思考如何将人创造的文化真正融入赖以生存的自然里去探讨，又如何分析自然对当地人文环境产生的巨大影响。由此，"文化景观"的概念产生了，而"世界遗产文化景观"也成为 20 世纪 90 年代以来影响深远的全球性课题。

文化景观这一术语和文化遗产一样，是一个同义反复词[2]。或许很多学者提出质疑，为什么这个"矛盾"的术语得到国际学术界的接受？这其中必有历史原因。文化景观的研究由来已久，发展至今主要有四个研究范式[3]：第一个范式是文化地理学的研究。文化景观的术语最早是在文化地理学领域使用，主要研究人类文化的空间组合。然而在传统地理学中，景观是一个地理单元，指的是一个自然地理区域。直到 20 世纪 20 年代，在德国人文地理学家奥托·施鲁特（Otto Schluter, 1890—1974）和美国人文地理学家卡尔·苏尔（Carl Sauer, 1889—1975）的主张下，文化景观成为文化地理学的主要研究对象，内容包括文化景观的起源和变迁、文化景观感知和解释、文化景观组成、文化景观类型、景观生态、景观保护和规划等方面。[4]之所以强调"文化"景观，其目的就是区别于传统地理学局限在自然地理的研究，强调文化对景观的影响。在保护和规划层面，文化地理学更多地关注聚落的布局、土地利用、景观及建筑物的式样。总体而言，这一研究视角较为宏观，偏重辨别、描述、解释和发现问题。文化地理学对文化景观研究的倡导成为其他研究领域的基础。

第二个范式是从景观生态学角度研究景观的空间结构和文化功能，这一研究方向受到文化地理学的影响。国际景观生态协会（International Association for Landscape Ecology, IALE）成立文化与景观分会，该分会于 1989 年 6 月在荷兰召开第一届国际大会，就文化与景观问题进行了深入讨论[5]。1994 年世界自然保护同盟（International Union for Conservation of Nature, IUCN）大会进一步提出，要利用景观生态学原理来规划和管理土地资源，促进文化景观持续发展战略的实施[4]。景观生态学的研究范畴包括：人的行为对生态系统的影响、土地的利用方式和在人的尺度上的景观。这些转变使研究者看到，对文化的研究能更好地解释景观，甚至能更准确地对景观的改变进行研究。

作为世界文化遗产保护的类别之一，文化景观是近年来研究的热点，因此可以将文化遗产作为文化景观研究的第三个范式。1992 年 12 月，在美国圣菲召开的世界遗产委员会第 16 届会议上，专家学者们决定将具有突出的、普遍价值的文化景观遗产纳入《世界遗产名录》[6]。国际社会关于文化景观遗产的定义、价值、功能、分类、保护和管理等方面的研究成果颇为丰富，这个课题逐渐受到越来越多的相关学科和机构的关注，例如（美国）国家公园管理局（National Park Service）和世界遗产中心（World Heritage Centre）。

第四个范式是从风景园林学（Landscape Architecture）角度，将文化资源的保护和利用作为研究对象。较早建立景观规划设计学科的国家（尤其是欧美国家）在文化景观资源保护的研究方面颇有成果，如美国哈佛大学专门成立文化景观研究学会（Institute of Cultural Landscape Studies, CLSI）。在这个研究范式下，文化景观也被认为是研究城市设计的一种方法和手段[7]，尤其注重文化与景观的关系，将文化作为研究景观规划设计与自然之间关系的方法与视角[8]。

这些不同的研究范式对文化景观有不同的定义，随着多学科合作和相互交流，尽管争议一直存在，但共识的形成是必然的趋势。在遗产保护领域，联合国教科文组织（UNESCO）的世界遗产委员会给出的定义无疑是权威的。然而，这个在 1992 年《实施世界遗产保护的操作指南》中给出的定义却较为繁复和模糊（在 2015 年的修订版中，这一定义仍没有变化），一共用了四条标准来定义文化景观，除了大家熟知的"人类与自然的共同作品"[9]，表述人类社会与聚居的进化历程，后面用三条标准分别强调文化景观应具有突出普遍价值和清晰的文化地理区域的代表性；反映多样化的人类与自然环境的相互关系；反映可持续的土地使用方式并因此保护了生物多样性。很显然，如此定义并非出于学术研究的需要，而更多考虑的是评估的可操作性。相对而言，美国国家公园管理局给出的定义更加清晰明了："与具有意义的历史性事件、活动、人物有关的或体现其他文化、美学价值的地理区域（包括其自然资源和文化资源、驯养及野生生物等）。"[10] 从这些定义中不难发现，文化地理学作为基础，融合了生态学、文化学、遗产学、风景科学等多学科的概念。

1.1.2　历史性城镇景观

人口学家曾预计，在 2007 年，城市人口将史上第一次成为人口数量主体。根据包括联合国在内的多方预测，这种趋势将贯穿 21 世纪，到 2050 年，城市人口将占世界人口的 68%[11]。城市在人类生活和发展中的地位越来越显著。一方面，随着世界遗产保护工作的逐步深入，人们对历史城市、建筑以及园林景观的保护观念也不断增强，并且意识到城市遗产是提高城市区域宜居性的关键资源，城市遗产保护是维系快速城镇化和生活质量平衡关系的可持续策略。另一方面，景观的方法（Landscape Approach）在遗产保护领域越来越被认同。这引起世界遗产委员会的重视，并因此催生联合国教科文组织的历史性城镇景观（Historic Urban Landscape, HUL）项目，旨在以政策手段对现有的国际遗产保护导则进行审议和更新，寻找更加优化的遗产管理方法。这一项目的启动过程自 2005 年起经历了六年的时间，于 2011 年 11 月 10 日在联合国教科文组织大会上通过了《关于历史性城镇景观的建议书》（*Recommendation on the Historic Urban Landscape*），正式开启了该方法在各成员国的实施阶段[12]。《关于历史性城镇景观的建议书》对历史性城镇景观有明确的定义："历史性城镇景观是指文化和自然价值与属性经过历史层叠形成的城市区域，它超越了'历史中心'或者'总体'的概念，将更加广阔的城市文脉及其地理环境包括在内。""这些更加广泛的文脉尤其包括场地地形、地貌；水文与自然特征；历史与当代建成环境；地上与地下的基础设施；开放空间与花园；土地利用格局与空间组织、感知与视觉关系；以及其他所有城市结构的要素。同时也包括社会和文化实践与价值、经济过程以及与多样性与个性相关的遗产的无形维度。"[13]

　　需要注意两点，一是历史性城镇景观的概念在不断完善的过程中。与2005年《维也纳备忘录》最初提出的定义相比，《关于历史性城镇景观的建议书》中的定义摒弃了"总体"或者"整体"的概念，同时将遗产的无形维度包括进来。"历史性城镇景观指自然和生态环境内任何建筑群、结构和开放空间的整体组合，其中包括考古遗址和古生物遗址，在经过一段时期之后，这些景观构成了人类城市居住环境的一部分。"[14]因此，历史性城镇景观的概念无论是与以往的城市保护对象相比还是从自身的概念发展，都体现出保护对象涵盖内容的拓展。二是类似于文化景观，历史性城镇景观的概念不仅是保护对象，同时也是一种保护方法。它被认为是景观方法或者是文化景观方法在历史城市保护领域的应用或行动计划。这一方法的出发点是将"景观"视为保护的对象，从而突破了遗产保护的建筑层面，不仅在物质空间上将自然因素考虑进来，从而超越了以建筑为主的传统观点，同时也将文化与社会价值考虑进来，从而超越了遗产保护的物质层面，因此很好地反映了对城市生物多样性与文化多样性的保护。

　　通过以上分析，可以认为历史性城镇景观与文化景观有密切的关系。关于这一点历史上已有相关讨论，2007年在世界遗产中心召开的圣彼得堡会议讨论了历史性城镇景观是否为文化景观的一种类型。参会专家认为：当没有深入讨论城市及其发展的不同类型时（例如城市是有机生长的还是规划新建的），历史性城市景观可视为文化景观的一种类型。那么历史性城镇景观与城市景观遗产是不是相同的概念？这是一个值得探讨的问题，本书的观点是二者存在着不同。从历史性城镇景观概念产生的历史来看，它是将文化景观方法应用到历史城镇保护之中，很显然对历史性具有更多的关注。显而易见的问题是这样的定义将过于强调保护对象的"历史信息""历史价值"及其对历史学家的作用与意义，而将历史价值不凸显的当代城市环境排除在外。

1.1.3　城市景观遗产

本书所指的城市景观遗产是城市区域的文化景观，这里的文化景观指的前文所述的遗产类型，因此其定义不再赘述。前文也提到，它与历史性城镇景观的概念相类似，又有所区别。可能有人会提出以下问题，城市景观遗产包不包括城市自然遗产？在此处需做出如下解释，景观的含义，本质上就是融合自然与文化的整体概念。因此，作为文化景观的一种类型，城市景观遗产同样体现出自然与文化相融合、有形与无形相结合以及保护对象与保护方法相统一等特点。

1. 自然与文化

将文化景观视为人类与自然的杰作，并强调人类与自然的相互关系，体现出自然与文化相融合的理念。在崇尚"天人合一"的中国哲学思想体系中被认为是常识的理念，在西方的遗产保护领域却是一种创新和突破。它受到文化地理学科研究转变的影响，在 20 世纪中期，由卡尔·苏尔为代表的伯克利学派[①] 提出的文化景观概念体现出对景观中人文因素的关注，卡尔·苏尔采用形态学的和文化史的方法试图研究人的因素在景观演化过程中起到的作用。在遗产保护领域，文化景观同样强调对自然的人文属性进行研究，其所强调的人类与自然的相互关系具体体现在三方面：展示人类社会与聚落在自然环境的物质性制约或机会下以及在社会、经济、文化等内在和外在因素的持续作用下的演进；反映人类社会和族群丰富而特殊的、确保生物多样性的可持续土地使用技能；反映人类与自然之间独特社会信仰、艺术和传统的关联性，体现独特的精神联系。同样的理念在城市文化遗产保护领域却突显

---

① 卡尔·奥特温·苏尔（ Carl Ortwin Sauer, 1889—1975 ），一位杰出的美国文化地理学与历史地理学巨匠，在美国地理学和文化人类学领域具有广泛的影响，形成独特而具有极大学术影响的"伯克利学派"。由于苏尔在实际研究工作中一贯强调文化生态学的分析方法，因此他所代表的"伯克利学派"又被称为"文化生态学派"。

出对城市自然环境的关注，究其原因，是因为传统的城市文化遗产保护过于强调对建筑群或者历史街区的保护，这些建成环境更加注重人工环境和文化资源。城市景观遗产则强调城市原有自然环境，如地形地貌、水文与自然环境等，在城市化进程中与建成环境、基础设施和文化、社会、经济因素的相互关系。尽管在城市化进程中，原有的自然环境被部分或者全部改变了，但它仍然是建成环境的基底，经过连续层叠的过程，反映出城市区域自然环境的"历史层叠"。这在中国传统城市中更加突出，正是崇尚自然的山水文化和凸显理性的礼制文化相互融合，形成独特的中国传统城市文化，影响了传统城市的空间形态和景观特色。

2. 有形与无形

文化景观不仅表现为清晰定义的"文化地理区域"，而且具备展示这一区域本质而独特的文化要素的能力。因此文化景观不仅是一个物质空间，而且与无形的文化、社会和经济因素紧密联系。正如此，有学者声称文化景观是介于非物质文化遗产和物质文化遗产之间的一种"混合"遗产类型[15]。这样的理解仍具有缺陷，是否存在介于物质与非物质之间的新的遗产类型？事实上，类似自然与文化的关系，我们也很难将遗产的物质形态和非物质形态截然分开，有形遗产和无形遗产在很大程度上是遗产的不同表现形式，或者应这样表达，有形遗产多少具有无形的文化意义，而无形遗产大多数情况下需要具有一个物质载体。历史性城镇景观同样强调有形和无形遗产的结合，在城市环境中的自然与文化景观要素之外，特别强调了城市景观的社会和文化实践、价值、经济过程、多样性、个性特征等无形维度。类似于历史性城镇景观，城市景观遗产也是有形与无形遗产结合的整体，不仅包括城市中的山水、绿地、植物等自然要素，也包括人们的记忆、活动习惯、地方风俗、经济文化活动等，我们很难将二者截然分开。

3. 对象与方法

哈佛大学文化景观研究学会认为"文化景观"不仅指一种特殊的景观类

型，更是研究景观的一种方法，即强调景观中人类与自然相互关系的发展。将有历史意义的地段和社区、农场、森林保护区等都看作"文化景观"，深究其中人与自然之间不断发展变化的关系，才能真正意义上保护景观，其"文化价值"可持续发展。"文化景观"所体现出的自然与文化相融合的哲学思想以及有形遗产与无形遗产相统一的特性，不仅是遗产保护对象的新视角，同样也促使遗产保护方法的革新。这也是为什么在诸多的遗产保护文献中将文化景观视作一种保护方法。城市景观遗产的概念首先也是一种思维模式，它是观察、认知和理解城市及其组成的新的方式。正如历史性城镇景观的定义"为在一个总体可持续发展的框架中识别、评价、保护和管理历史性城镇景观的综合、整体的方法提供了基础。"这一方法的目标是保护人文环境的同时，提升城市空间利用的成效性与可持续性，并认识到城市空间的动态特征，从而增加其社会和功能的多样性。这一目标整合了城市遗产保护和城市社会与经济发展的双重任务，根植于城市与自然环境、当下与未来的需求与过去的遗产之间的平衡与可持续的关系[13]。

1.2　分类

1.2.1　文化景观分类

如何对文化景观遗产进行分类是最基本的问题。目前较为成熟的分类方法以欧美国家的为代表，并最终体现到世界遗产委员的分类之中。

美国很早就关注文化景观遗产的保护，例如卡罗尔·加尔布雷斯（Carol J. Galbreath）在 1975 年提出基于人与自然之间的关系，对历史与文化景观遗产进行分类。她列举了由各种关系形成的历史与文化景观的类型，例如：建筑与自然环境、建成环境中的自然区域、土地用途与人的使用、土地与水、战争遗址与要塞、反映景观的建筑形式、特有的农作物与景观、生活方式与景观、自然现象与景观，以及自然与技术、宗教、休闲娱乐、艺术、历史事件等。[16] 很显然这仅是初步的探索，但反映出美国文化景观遗产保护，注重人与自然之间的关系，以及历史景观与文化景观混用的特点，并延续到后来的分类方法中。

在美国国家公园管理局 1996 年的官方文件中，文化景观遗产分为四种类型：文化人类学景观（Ethnographic landscape）、历史的设计景观（Historic designed landscape）、历史乡土景观（Historic vernacular landscape）、历史场所（Historic site）[10]。文件高度归纳历史与文化景观遗产的类型，有趣的是文中紧接着对历史景观进行论述，指出历史景观包括：花园、社区公园、机构场地、墓园、战场和动物园等，并进一步分析历史景观的构成元素。

正如卡罗尔·加尔布雷斯指出，欧洲国家与美国相比普遍认同景观具有文化性这一事实，因而文化景观的概念在欧洲甚至被认为是多此一举。欧洲国家对景观的定义及保护、管理、规划达成的一致体现在《欧洲风景公约》（*The European Landscape Convention*）之中。然而遗憾的是，公约内容没有清楚地定义文化景观，并进一步分类和制定评价准则。

在后来的研究文献中，对文化景观的定义和分类更多地遵循了世界遗产委员会公布的《实施世界遗产保护的操作指南》（*The Operational Guidelines for the Implementation of the World Heritage Convention*），文化景观可以分为三个主要类型：设计的景观（Designed landscape）；进化而形成的景观（Organically evolving），包括连续景观（Landscape continuous）、残留景观或称化石景观（Landscape-fossil）；关联性景观（Associative landscape）。[11] 与美国国家公园管理局的分类方法相比较，这三个类型的分类方法更强调文化景观的成因，自然与人的关系得到更为简明的表达，同时历史景观的概念被弱化，从而清晰地对历史景观和文化景观进行了区分。

无论是美国国家公园管理局，还是世界遗产委员会的分类方法，都体现出普适性的特征，由此也就带来分类过于抽象的问题。在实际的操作中，指

导性和实用性都受到一定限制。据此我国有学者提出，结合中国国情应将文
化景观分为：设计景观、遗址景观、场所景观、聚落景观和区域景观[18]。这
体现出对于我国特有文化和聚居空间形态的关注，以及对景观尺度的重视。
然而，这一分类方法混淆了前文所述的形态和尺度的问题，分类标准变得不
统一。另一种研究思路是基于世界遗产委员会的分类方法进行子类划分。如
闵亮对 2009 年的 63 项世界文化景观遗产，王毅对 2012 年的 67 项世界文化
景观遗产进行了分析（表 1–1）[19, 20]。很显然这一方法并不能达成较为普遍
的共识，二者的分类细化结果基本没有共同点。

表 1–1　基于世界遗产委员会文化景观分类方法的子类划分

世界文化景观遗产	2009 年（闵亮）	2012 年（王毅）
设计的景观	公共园林、大型风景区	园林类、田园类、宗教类景观
进化而形成的景观 / 连续景观和残留景观（或称化石景观）	聚落、乡村 / 城镇 / 区域性、生产性、农业、畜牧业、工业、贸易路线景观	对特殊环境的征服利用、特殊生产方式、多元文化传统、田园栖居、古代、近现代景观
关联性景观	人工性、线路性、象征性景观	

　　以上研究对城市文化景观分类提供了很好的思路，当前首要的问题是明
确分类的目的。世界遗产委员会的分类虽然权威、广为接受，且清楚地表明
了各类文化景观的成因，但是过于抽象，不利于识别、评价保护对象和采取
保护措施。美国国家公园管理局对历史与文化景观的分类进行细化，具有一
定操作性，但是不够全面。参考以上成果，我们提出基于世界遗产委员会文
化景观的三个类型，根据不同尺度和城市景观遗产的构成进行分类的方法。

1.2.2　城市景观遗产类型

　　城市景观遗产是指具有历史文化意义的城市景观。然而对城市景观的理
解目前并不统一。"城市意象""城市空间形态"等是与"城市景观"类似

的概念，但其定义各不相同，构成与要素的分类也不统一。如美国城市规划师凯文·林奇（Kevin Lynch）提出的著名的城市设计五种元素为道路（Path）、边界（Edge）、区域（District）、节点（Node）和标志物（Landmark），得到了广泛的认可。这一方法虽然应用广泛，但是应用在细分保护对象的时候还不够具体。我国学者也有很多研究成果，如杨华文、蔡晓丰将城市风貌空间结构划分为城市风貌圈、城市风貌区、城市风貌带、城市风貌核、城市风貌符号[21]；杨隽伟从城市层级（区域、场所、路径等）、场所层级（空间、边界等）、单体层级（色彩、质感、形态、活动等）三个层面分析了城市景观[22]，这些研究都很有启发。也有学者将城市景观系统要素分为两类：自然类和人文类。自然类城市景观系统要素包括山体、江河湖泊、绿化、气象等小类，人文类城市景观系统要素包括建筑物、构筑物、环境设施等小类；还有学者对乡村文化景观进行分类研究，按照有形和无形分成两大类，然后再进行细分。在这里必须指出，这种分类方法略显武断。正如前文所论述，文化景观是自然与文化、有形与无形的结合体，因此，依据自然与文化、有形与无形进行分类与城市景观的整体性相矛盾。

如何既能整体描述城市景观系统，又能有所区分，体现不同城市景观遗产的特征？我们认为，从宏观、中观、微观三个尺度看待城市景观的系统结构，同时在每一个层面由城市景观空间类型作为分类依据比较合理。原因有三点：

（1）空间是城市景观遗产的基本属性。空间不仅是城市的基本特征和构成单元，也是景观遗产的基本属性。如前文所述，景观遗址承载了地理学所赋予的基本含义，即地理空间单元；景观遗产是一种空间遗产，凝聚了历史发展过程中人类与自然环境相互作用的结果，它首先反映在空间环境的改变，既包括人类对自然环境和物质空间的改变，也包括人类创造出的精神文化财富，空间是人地关系发展的载体。

（2）空间是城市景观遗产要素的载体。这些要素不仅包括自然要素，如山、水、植被和场地，同时也包括人文要素，如建筑物、构筑物等；既包括以上有形的要素，也包括空间中的活动行为、记忆、情感等无形的要素。因此，我们不能简单地将空间等同于物质空间。实际上，"文化空间"的概念能更好地阐释空间的整体含义。"文化空间"的概念来自列斐伏尔（Henri Lefebvre）的"空间的生产"理论，指具有文化意义或性质的实体空间场所[23]。2002 年联合国教科文组织进一步将"文化空间"定义为"人们见面分享或交换文化方面的做法或想法的物理空间或象征空间"[24]。城市文化空间是指与人类活动、行为（或感知）、空间原型和周边环境特征相关联的城市空间，其概念不仅仅包含实体，也包含感性的现实[25]。

（3）空间体现了城市的整体性和系统性特征。一方面，空间能够融合人居环境的不同学科。无论是城市规划、建筑，还是风景园林学科在研究城市的时候，空间都是核心概念。从这一点来说，许多建筑和城市规划研究者在他们的研究中一直强调景观环境因素，或者"整体环境"保护。但是在保护工作的实际操作中，景观空间与环境仍然被严重忽视。另一方面，城市空间的层次性和系统性很好地体现出城市各组成要素的系统性。

本书提出从城市开放空间体系梳理城市景观遗产的类型，从而既区别于传统的保护对象、突显景观视角，同时又能很好地与传统建筑、城市规划领域的保护工作相结合。"开放空间"的概念最早出现在 1877 年英国伦敦制定的《大都市开放空间法》（*Metropolitan Open Space Act*）。1906 年修编的《开放空间法》（*Open Space Act*）第二十条将开放空间定义为"任何围合或是不围合的用地，其中没有建筑物，或者少于 1/20 的用地有建筑物，其余用地作为公园和娱乐场所，或堆放废弃物，或是不被利用的区域"[26]。美国 1961 年的《房屋法》（*Housing Act*）将开放空间定义为：城市区域内任何未开发或基本未开发的土地。其具有：①公园和供娱乐用的价值；②土地及其他自然资源保护的价值；③历史或风景的价值。从英美的法律文件对开放空间的定义看，都强调其非建筑性或者城市中未开发利用的空间，美国的定义则进一步指出其自然和人文的价值。当然，对开放空间的理解并没有明确的定论，如凯文·林奇认为开放空间就是任何人都能在其中自由活动的空间，它与土地所有权、大小、使用方式和景观都无关。[27] 我国学者在吸取国外经验的基础上，提出开放空间通常是指城市边界范围内的非建筑用地空间，主体是绿地系统，一般包括山林农田、河湖水体、各种绿地等自然空间，以及城市的广场、道路、庭院等自然与非自然空间[28-29]。目前对城市开放空间的研究主要还是集中在其生态功能方面，对其历史和文化价值、保护管理的研究不足。在城市不同尺度的开放空间中，都可能存在世界遗产委员会文化景观的三种基本类型。结合我国城市特点，可以列出以下主要类型：

1. 宏观尺度

城市景观遗产从宏观的角度而言，主要是指城市与周边自然环境的关系。例如，《保护历史城镇与城区宪章》（*Charter for the Conservation of Historic Towns and Urban Areas*）（即 1987 年《华盛顿宪章》）指出，历史城镇、城区所要保存的特性包括"该城镇和城区与周边环境的关系，包括自然的和人工的。"[30] 然而，"与周边环境的关系"却是个模糊的表述，其一是因为周边环境所指过于广泛，其二是"关系"是个非常模糊的表述，实际的保护工作中难于操作，或者容易被忽视。在这里，本书将这一宏观的城市文化景观类型具体表述为以下三方面：

1）山水格局

城市与周边环境，特别是与自然环境的关系从空间上可以具体表述为山水格局，也就是城市与自然地形地貌、山水植被的空间布局关系。这一关系并非指保护城市周边的自然环境本身，而是对城市选址、布局所做的诸多考虑，反映出人与自然的关系，因此具有文化的含义。这一关系也体现了中国山水城市特色和风水的思想，在中国文化的语境中，模糊的关系具有明确的含义，包括：与自然环境协调的、合理的城市规模，城市选址所体现的山、水、城、林等元素的空间布局，城市整体形态与周边环境的空间距离，等等。

在城市的发展过程中，必须考虑城市规模、发展方向和空间形态的历史演变，保护和强化以上所述各种关系。

2）城市边界

城市与周边环境的关系还特别体现在空间意义上的城市边界。城市边界既可以体现为传统城市的城防体系，如城墙、护城河等，也可以体现为自然边界，如环城景观（绿带、农田或者空地）。对前者的保护和研究在传统的建筑学和城市保护体系中已经得到应有的重视，如北京明城墙遗址公园、南京城墙体系；然而对后者的研究却并不多，特别是在快速城市化过程中破坏较为严重。

3）城市天际线

城市与周边环境的关系也可以从视觉上进行表述，主要体现在城市和周边环境的整体天际线控制，或者说城市整体的眺望控制。

2. 中观尺度

中观尺度的城市景观遗产主要指城市整体或者历史街区尺度的城市空间格局。与宏观尺度相比，它由城市与外部环境的更大空间区域聚焦到城市内部空间结构与形态，不仅受到城市周边环境景观的影响，也组织微观层面的不同景观遗产要素形成有机的、整体的结构。相对单个的景观遗产单元而言，其保护边界识别难度较大，保护内容和要素更加抽象化、多元化。因此，在保护工作中也更加脆弱，易被忽视。

1）城市整体空间

城市整体空间格局作为景观遗产保护类型，反映了城市基于自然环境基底和满足人类生活需求在历史演变过程中形成的整体空间结构与形态。现有的城市保护中，已经关注城市整体空间格局的保护，例如参考北京市旧城保护的内容主要有：历史河湖水系、传统中轴线、皇城、旧城"凸"字形城郭、传统街巷胡同格局、建筑高度、城市景观线、街道对景、建筑色彩和古树名木等。可以看到，这其中既包含了建筑的、城市的元素，也体现了景观的元素，应该说是较为全面的表述。但是在大部分的城市保护中，还是将自然水体和绿地作为建筑的周边环境，忽视其遗产价值。中观层面的城市景观遗产主要指城区的开放空间系统，包括传统城市的街道空间系统、城市水系、城市绿网等，或者以上的重叠空间。因此，城市保护工作不仅包括通常意义上的城市肌理和街道格局，更应该从水系和绿网的角度理解城市开放空间的整体性。例如，江南地区有特色的水乡古镇，水网系统具有和街道空间一样的文化含义，甚至更具特色。然而，很多江南城市在发展过程中忽视了对城市水系的保护，导致很多河流被填埋或者改为地下涵管的形式，这不仅破坏了城市的生态环境，同样也破坏了城市景观遗产。城市绿化系统同样具有文化价值，例如南京市民自发保护行道树的事件（2011年3月初，南京市政府为建设南京地铁3号线和10号线，将南京市主城区内许多于20世纪中期栽种的梧桐等树木移栽。这造成了部分南京市民的强烈不满，他们发起活动要求保护南京市内的行道树），就很好地佐证了行道树不仅是城市绿化要素，同时也承载了城市的记忆。

2）历史街区

历史街区也是国际、国内城市遗产保护的主要类型。在经历过"拆旧建新"的粗放式发展和"仿旧建新"模式所掀起的符号化模仿热潮后，我国的历史街区保护重点从注重街区本身的物质特征，转向关注其与周边（自然、人工）环境的关系、地段的历史功能和作用等历史人文内涵。历史街区与周边环境割裂的问题常通过控制周边建筑高度、环境色彩等手段缓解，但对地段的历史功能和作用的保护仍相对薄弱。从"活态遗产保护"的视角来看，历史功能和作用保护的核心在于对原有社交网络的维持，目前常见策略包括保证社区居民作为改造工作参与主体、提升居民回迁率、控制商业化程度等。但当前在互联网和城市化的浪潮下，居民的日常社交场所逐步从社区公共空间实体转向虚拟的网络，原有社交模式、社会关系产生较大变化，居民对街区的功能作用的需求也可能随之发生改变。这说明，地段的历史功能和作用保护工作最大的难点在于新旧生活方式的动态平衡。

维持历史街区的历史功能和作用，能否持续焕发历史街区的活力？会否进一步增强其与周边环境的割裂程度？新旧生活方式如何达到动态平衡？从城市景观遗产的视角统筹和保护历史街区的绿地、水系、广场、街道等公共开放空间，为解决上述问题提供了思路。在中国传统文化中，街区公共交往空间承担着很重要的生活氛围营造功能。对空间"场所特征"进行深入研究，在不脱离街区整体环境与居民生活氛围的前提下，通过步行可达性提升、声景营造等方式适当注入新的景观形式与场所功能，优化空间品质，强化空间意向，有助于构建人与公共开放空间系统的有机联系，增强人与人之间的社会交往，强化居民间的社会联系。

3. 微观尺度

微观层面的城市文化景观指的是城市开放空间的单体元素。主要有历史园林、广场、街道、建筑周边景观、工业遗址景观等。这些城市文化景观在我国仍旧依附于传统的历史建筑保护体系，例如典型的历史园林，往往是作为优秀建筑类型被保护的。

1）历史园林

城市历史园林是典型的城市景观遗产。我国的古典园林在世界上享有盛誉，大部分分布在城市区域，并得到了应有的保护。例如，苏州古典园林在1997 年就被列入《世界遗产名录》。很多保存完好的城市古典园林可以作为国家重点文物保护单位，或者省级、地方的文物保护单位，从而得到保护。然而，仍旧有很多具有保护价值的历史园林没有得到应有的保护。我国目前只有少数城市针对园林出台专门的保护办法，例如制定历史名园保护条例，大部分城市对古典园林之外的城市园林保护意识还较为薄弱。与历史建筑相比较，园林作为"软质的"空间更容易遭受破坏。同时，园林在城市区域又承担着居民游憩活动的功能，为适应现代需求迫切需要改造建设，如果没有对其历史文化价值的正确认识，很容易造成建设性破坏。

2）广场

城市广场是西方国家典型的公共空间形式，中国传统城市中的广场主要与街道、集市相结合。我国的近现代城市建设由于受到国外城市规划、设计理念和方法的影响，开始在城市中建设市民们集会、游憩的城市广场。在西方国家，很多历史广场作为遗产受到保护，而我国目前将广场作为遗产保护对象的情况较少。随着我国对城市近现代遗产越来越重视，具有重要历史、文化和设计价值的城市广场也应受到合理的保护。

3）街道

街道空间是中国传统城市公共空间的主要形式。在中观层面，街道空间主要指的是城市肌理和街道系统；在微观层面则主要强调街道的空间形式、建筑界面、景观环境和街道元素等。我国在街道空间的保护实践中已经积累了很多经验，有许多优秀的历史街道保护与更新的案例。

4）建筑周边景观

历史建筑或者文物建筑的保护都强调要与周边环境一起保护，这里所指的建筑周边环境与建筑周边景观有一定的差异性。建筑周边环境的含义更加广泛，不仅包括建筑周边的空间环境，还包括建筑与周边建筑、城市的相互关系。建筑周边景观是指与建筑整体一起设计的景观空间，包括建筑附带的庭院、植物绿化、入口景观、小广场、景观小品，甚至草坪、花园等场地景观。它具有明确的边界和具体的空间形态。在强调建筑周边环境保护的时候，更多体现为建筑保护边界的空间距离，通常是建筑边界的平行线，因此也忽略了保护空间范围内对象的文化价值和含义；建筑周边景观的保护能进一步明确保护对象和保护边界，同时这些保护要素和保护建筑一样，都具有保护价值和文化含义，需要专门的研究工作。在我国，类似的研究工作还较为缺乏。

5）工业遗址景观

20世纪中期，国际社会开始关注对工业遗产的保护。工业遗产主要指"工业革命"时期起至今的工业文化遗存。相对于以上四类城市开放空间，工业遗址景观是较新的城市景观遗产类型，主要是指具有历史、社会、技术、美学和科学价值的工业遗产范围内的开放空间，包括工业场地、建筑、工业设施、构筑物、土壤、水体和植物等景观要素。其中的工业建筑、设施和构筑物目前已经有很多相关的保护研究。例如，国际古迹遗址理事会（ICOMOS）在2005 年完成的《世界遗产名录：填补空白——未来行动计划》中将工业遗产分为"工业建筑""交通构筑物"和"工业景观"[31]。相对而言，针对工业遗址景观的保护研究较少，但是工业遗址景观的更新设计等研究和实践却很多。应该说，后者也应属于保护管理的范畴。

1.3　特征

在遗产保护工作中，真实性、完整性的原则同时反映出它们是遗产的普遍特征，然而对其理解不仅见仁见智，而且在不断深化演变。随着文化景观、历史性城镇景观理论与方法的提出，景观遗产体现出动态性、连续性和脆弱性等新的特征，它们同样是景观遗产保护中应关注、理解和遵守的原则。

1. 真实性与完整性

从 1964 年的《威尼斯宪章》（*The Venice Charter*），到 1977 年的《实施世界遗产保护的操作指南》及后续修订版文件，城市景观遗产领域对于真实性和完整性的研究更多地偏向于对物质环境特征的真实性检验（Test of authenticity）和完整性条件（Condition of integrity）的总结。1994 年的《奈良真实性文件》（*The Nara Document on Authenticity*）使城市景观遗产的文化属性得到重视。它指出真实性同时具备统一性和多样性两种属性[32]——统一性指真实性是世界范围认可的遗产衡量准则，多样性则指不同文化语境下对于遗产价值的表达方式的评判标准不同，因此对真实性的判断标准也有差异。遗产真实性的评判应植根于特定的文化环境中，从尊重世界文化和遗产多样性的角度来理解其价值[33]。在 1999 年的《巴拉宪章》（*The Burra Charter*）

等文件，以及梁思成"修旧如旧"和阮仪三"表现形式与文化意义统一"等遗产保护理念的影响下，中国于 2000 年发布《中国文物古迹保护准则》（后又发布 2015 年修订版），将真实性定义为"是指文物古迹本身的材料、工艺、设计及其环境和它所反映的历史、文化、社会等相关信息的真实性。对文物古迹的保护就是保护这些信息及其来源的真实性"。并强调"与文物古迹相关的文化传统的延续同样也是对真实性的保护"[34]。

近年来，国内和国际的研究重点逐步从专家视角的概念辨析、评判标准探讨转向从社会学视角探寻真实性、完整性的具体表达方式，以及公众对城市景观遗产的真实性与完整性的感知与态度。古托姆森（Guttormsen）等提出，真实性不仅仅是对于过去"真实"概念的表达，更包含了历史环境促进教育、激发创新思想、建立协作社交平台的能力[35]。冈萨雷斯·马丁内斯（González Martínez）指出，遗产真实性是不断进化的概念，不仅包含美学、环境方面，还包括对社区的社会、文化、经济权利的行使和捍卫[36]。中国学者刘天航以天津历史街区为例，通过文献研究和评论数据挖掘，提出评判公众对城市景观遗产真实性认知的方法，并提出提高公众认知的策略[37]。

2. 动态性与连续性

以往的城市景观遗产相关研究中，强调一成不变地维持遗产原有状态，使之与不断演进的环境背景割裂，无法有效融入城市发展进程中。2011 年的《关于历史性城镇景观的建议书》将"历史性城镇景观"定义为"文化与自然价值在历史中层层叠加后的城市环境"，强调城市历史景观在物质建设和社会文化层面有机演进、动态发展的特征[38]。最核心的认识转变在于，"变化"不再是纯粹消极的，而是开始被视作城市传统的一部分，并意识到随着时间推移，人的价值观和保护思潮也会不断变化[38]。与之相对应的是历史性城镇景观概念对以往保护文件中传统术语的拓展——超越了"历史中心""环境""整体"等概念，将更广泛的区域背景和景观背景纳入研究范畴[39]，从黏聚（Cohesion）、价值（Values）、连续性（Continuity）等方面探讨城市景观遗产的活态复杂性，例如门德·桑切蒂（Mendes Zancheti）提出动态完整性（Dynamic integrity）概念，强调城市景观遗产保护要确保不断变化的城市环境的连续性[40]。这与城市景观遗产保护工作重点从"纪念物"的静态保护修复转向基于城市提升、动态管理的"社会复合体"的活态保护是一致的[41]。

3. 脆弱性

联合国在《2003 年世界社会形势报告：社会脆弱性——来源与挑战》（*Report on the World Social Situation 2003: Social Vulnerability—Sources and Challenges*）中将"社会脆弱性"定义为人们面临某些风险和不确定性时，没有能力保护或抵御并处理负面后果的情况[42]。2011 年的《关于城市历史景观的建议书》提出将城市遗产价值脆弱性研究纳入更广泛的城市发展框架，建立城市遗产在社会经济压力、气候变化等方面的脆弱性评估机制，标明在规划、设计和实施开发项目时需要特别注意的遗产敏感区域，寻求适应性保护措施[13]。罗德（Roder）强调了文化脆弱性在历史性城镇景观保护研究中的重要性，并以 2015 年马尔科姆·伯格（Malcolm Borg）提出的联合国全球紧凑型城市计划（United Nations Global Compact Cities Program, UNGCCP）和可持续发展循环（The circles of sustainability）为例，阐释了脆弱性和可持续发展的关系，将可持续与环境变化整合入历史性城镇景观研究中，从社会生活的经济、生态、政治和文化视角补全了历史性城镇景观的脆弱性评估研究。[43]

本章参考文献

[1] 韩锋 . 文化景观——填补自然和文化之间的空白 [J]. 中国园林 , 2010(9): 7–11.

[2] 吉尔曼 . 遗产、价值与脆弱性 [J]. 王莉莉 , 译 . 遗产 , 2019(1): 3–14, 314.

[3] 戴代新 , 戴开宇 . 历史文化景观的再现 [M]. 上海 : 同济大学出版社 , 2009.

[4] 汤茂林 . 文化景观的内涵及其研究进展 [J]. 地理科学进展 , 2000(1): 70–79.

[5] 李团胜 . 景观生态学中的文化研究 [J]. 生态学杂志 , 1997(2): 79–81.

[6] UNESCO. World Heritage List[Z]. Santa Fe, USA, 1992.

[7] O' HARE D. Interpreting the cultural landscape for tourism development[J]. Urban Design International, 1997, 2(1): 33–54. https://www.tandfonline.com/doi/citedby/10.1080/135753197 350858?scroll=top&needAccess=true.

[8] TAYLOR K. Landscape and memory: cultural landscapes, intangible values and some thoughts on Asia[C/OL]. 16th ICOMOS General Assembly and International Symposium: "Finding the spirit of place—between the tangible and the intangible", Quebec, Canada, 2008 [2012–02–15]. http://www.mianfeiwendang.com/139/1/77–wrVW–272.pdf.

[9] UNESCO. Convention for the protection of the world cultural and natural heritage[Z]. Paris, 1972.

[10] 潘纯琳 , 肖庆华 . 新文化地理学视野下的都市文化景观建构——以锦里和文殊坊历史文化街区为例 [J]. 中华文化论坛 , 2013 (1): 132–137.

[11] Our World in Data. Urbanization.[EB/OL]. (2018–09). [2019–10–11]. https://ourworldindata. org/urbanization.

[12] RON VAN OERS, 周俭 . 2011 年联合国教科文组织《关于历史性城镇景观的建议书》在亚太地区的实施 [J]. 研究前沿 , 2013, 7.

[13] UNESCO. Recommendation on the historic urban landscape[Z]. Paris: UNESCO, 10 November 2011.

[14] UNESCO. Vienna memorandum on "World heritage and contemporary architecture —managing the historic urban landscape" [Z]. Paris: UNESCO, 23 September 2005.

[15] 孙华 . 传统村落保护规划与行动——中国乡村文化景观保护与利用刍议之三 [J]. 中国文化遗产 , 2015(6): 68–76.

[16] GALBREATH C. 1975 Selected papers: conference on conserving the historic and cultural landscape[M]. Washington, D.C.: The Preservation Press, 1975.

[17] WHC. The Operational guidelines for the implementation of the world heritage convention[Z]. Paris: [s.n.], 2016.

[18] 李和平 , 肖竞 . 我国文化景观的类型及其构成要素分析 [J]. 中国园林 , 2009, 25(2): 90–94.

[19] 闵亮 . 世界遗产文化景观分类及发展趋势研究 [D]. 上海 : 同济大学 , 2009.

[20] 王毅 . 文化景观的类型特征与评估标准 [J]. 中国园林 , 2012, 28(1): 98–101.

[21] 杨华文 , 蔡晓丰 . 城市风貌的系统构成与规划内容 [J]. 城市规划学刊 , 2006(2): 59–62.

[22] 杨隽伟 . 城市景观设计类型学分析及应用研究 [D]. 上海 : 同济大学 , 2008.

[23] LEFEBVRE H. The production of space[M]. SMITH D N, trans. Oxford: Blackwell, 1911.

[24] UNESCO. Preliminary—draft international convention on intangible cultural heritage[EB/OL].
(2013–06–18)[2019–10–17]. https://ich.unesco.org/en/convention.

[25] FERDOUS F, NILUFAR F. Cultural space—a conceptual deliberation and characterization as
urban space[J]. Journal of the Department of Architecture, 2008, 12(1): 29–36.

[26] TURNER T. Open space planning in London: from standards per 1000 to green strategy[J].
Town Planning, 1992, 63(4): 365–386..

[27] LYNCH K. The openness of open space, in city sense and city design[M]. Cambridge, MA: MIT
Press, 1990.

[28] 王绍增 , 李敏 . 城市开敞空间规划的生态机理研究 (上)[J]. 中国园林 , 2001(4): 5–9.

[29] 余琪 . 现代城市开放空间系统的建构 [J]. 城市规划汇刊 , 1998(6): 49–57.

[30] ICOMOS. Charter for the conservation of historic towns and urban areas (Washington charter
1987)[Z]. Washington, D.C., 1987.

[31] ICOMOS. The world heritage list: filling the gaps—an action plan for the future[Z]. Paris, 2004.

[32] 张成渝 . 国内外世界遗产原真性与完整性研究综述 [J]. 东南文化 , 2010(4): 30–37.

[33] ICOMOS. The Nara document on authenticity[Z]. Nara: ICOMOS, 1994.

[34] 国际古迹遗址理事会中国国家委员会 . 中国文物古迹保护准则 [M]. 北京 : 文物出版社 ,
2000.

[35] GUTTORMSEN T S, FAGERAAS K. The social production of "attractive authenticity" at the
world heritage site of røros, Norway[J]. International Journal of Heritage Studies, 2011, 5(17):
442–462.

[36] MARTÍNEZ P G. Authenticity as a challenge in the transformation of Beijing's urban
heritage: The commercial gentrification of the Guozijian historic area[J]. Cities, 2016(59): 48–
56.

[37] LIU T H, BUTLER R J, ZHANG C Y. Evaluation of public perceptions of authenticity of urban
heritage under the conservation paradigm of historic urban landscape—a case study of the five
avenues historic district in Tianjin, China[J]. Journal of Architectural Conservation, 2019. DOI:
10.1080/13556207.2019.1638605.

[38] 张文卓 , 韩锋 . 城市历史景观理论与实践探究述要 [J]. 风景园林 , 2017(6): 22–28.

[39] 傅守祥 . 生态文明时代的城市文化生态保护与文脉接续 [J]. 深圳大学学报 (人文社会科

学版）, 2010, 27(4): 93-98.

[40]　ZANCHETI S M, LORETTO R P. Dynamic integrity: a concept to historic urban landscape. Journal of Cultural Heritage Management and Sustainable Development, 2015, 5(1): 82-94.

[41]　龚晨曦 . 粘聚和连续性 : 城市历史景观有形元素及相关议题 [D]. 北京 : 清华大学 , 2011.

[42]　United Nations. Report on the world social situation 2003: Social Vulnerability—Sources and Challenges[Z]. United Nations: Rome, Italy, 2003.

[43]　RODER A P, BANDARIN F. Reshaping urban conservation: the historic urban landscape approach in action[M]. Paris: Springer, 2019.

第 2 章
城市景观遗产保护管理

2.1 理论框架

2.1.1 当代保护理论

保护行为虽然可以追溯到久远的历史时期，但是现代意义的保护理论却只有一百多年的历史。英国工艺美术运动的代表人物约翰·拉斯金（John Ruskin, 1819—1900）和法国的建筑师维奥莱特－勒－杜克（Viollet-le-Duc, 1814—1897）被认为是最早的保护理论家。二者的观点针锋相对，前者反对任何对历史遗存的扰动，而后者则主张修复到"原初状态"，这一状态甚至应是设计师原初的、"应当具有"的想法。正如萨尔瓦多·穆尼奥斯·比尼亚斯（Salvador Muñoz Viñas）指出的，"后来的保护学家们即便提出了新的原则，也都在这两个极端徘徊。"[1]当代保护理论与"经典保护理论"的区别在于，它不是试图通过科学的方法，基于真实、客观的标准，来寻求在这两个极端之间的合理位置，而是指出这种合理性是因人而异的。保护的本质在于"传播"，保护的关键应从"客体（对象）"转换到"主体"，因为从符号学的角度，文本的解读不仅取决于文本本身，同时也取决于主体的"解码"过程。因此萨尔瓦多指出当代的保护从"客体"转向"主体"，从保护"真实"走向保护"意义"，当代保护理论宣扬"可持续"和"适应性"的原则[1]。

历史性城镇景观方法正是相对于传统方法割裂"发展"与"城市遗产保护"的一种新的、整体的方法。在全球化趋同的背景下，文化和遗产是城市个性的主要特征，是城市创新性和文化多样性的来源。虽然历史性城镇景观保护方法提出了六个步骤（详见2.1），同时也给出一系列的工具，但是并没有明确提出理论基础。城市景观遗产立足于对自然与文化、有形与无形价值的统一，不仅扩展了对城市历史环境的理解，帮助我们认知和识别城市复杂的文化遗产要素；而且也提出了对城市整体保护的方法框架，其出发点是保护城市的生物多样性和文化多样性，从而保证城市的可持续发展。这也是联合国教科文组织世界遗产保护委员会保护理念发展的趋势。以此为目标，我们提出文化生态学应成为城市景观遗产保护的主要理论基础。

文化生态学的概念最先由斯图尔德（Julian Steward）明确提出，是借用生态学的方法来分析特定社会环境之下文化的适应与变迁过程，研究生物性基础、文化形貌与自然生态环境三者之间的复杂关系[2]。之前早有类似的观点和研究方法，如卡尔·苏尔在文化地理学研究中一直强调文化生态学方法，而被称为"文化生态学"派[3]。以色列著名景观生态学家那维（Zev Naveh）提出的整体人文生态系统则进一步拓展文化生态学的思想并运用到景观研究[4, 5]。同样，文化生态学理论也运用到城市文化和遗产保护领域。我国较早将文化生态学引入城市建设的尝试包括对杭州市街区的改造研究[6]、历史城镇形态和城市社会文化生态研究[7, 8]，之后众多学者在文化名城的文化生态保护研究、城市设计中的文化生态思想及城市社会学的文化生态方法等方面都进行了探索，但是研究成果多是引入文化生态思想和视角，在具体理论成果上乏善可陈。近年来，由于可持续发展的理念和城市文化建设深入人心，对城市文化生态的研究再次受到国内学者的关注，包括对信息时代城市文化与空间新动向的研究[9, 10]、城市文化生态多样性与异质性的保护[11]、城市文化生态特点及实证考察[12]、基于考古遗址公园的城市文化生态系统研究[13]。这个阶段开始深入研究城市文化生态系统的特点和表征，并尝试对城市文化出现的新问题深入分析和探索理论。然而，在研究过程中主要是借用生态学的既有成果重新对城市文化现象进行阐释，缺乏新的理论建构与拓展。

我们认为基于文化生态学理论，可以从系统、环境、资源、状态和规律等方面构建城市景观遗产保护与适应性发展的理论与方法。具体包括三方面：①从时空特性和自然与文化要素明确城市景观遗产的类型与体系，论证城市景观遗产与自然生态系统的同构现象，建立基于多元价值观的评价体系，评价我国城市景观遗产的存在状态，解决目前忽视城市景观遗产保护的问题；②调查分析城市景观遗产历史演进的动力、过程和文化生态环境，研究其与城市自然、社会、经济和政治子系统的关系，分析城市景观遗产与城市其他系统的耦合效应，提出保护的原则、方法与具体措施；③从景观生态、文化资源保护、发掘和利用的角度，研究我国城市转型期景观遗产的适应性，从问题出发，用现象学的方法发现目前我国城市景观遗产保护中存在的问题，提出城市景观遗产适应性发展的策略和规划方法。

2.1.2 主要问题

在我国城市文化遗产保护工作取得成绩的同时，也存在着不少问题，特别是目前处于快速城市化和转型期间，问题更加复杂。该以怎样的态度发现并面对问题非常重要，有时候我们要保持谨慎的态度，有时候又需要我们具备开放的思维和包容的心态；我们既需要从理论、思想和方法上进行创新，也需要深入研究具体现象，脚踏实地解决问题。在城市景观遗产这样一个新的课题面前，也许思考和实践并行不悖。在这里，只能从理论思考的角度指出主要问题。然而，本书的目的如前言所述，更多地关注具体的问题，这些内容体现在以后各章节。

1. 新的挑战

景观遗产保护是 20 世纪 90 年代提出的一个新的问题，这一问题的提出反映了人类对文化遗产认识的发展和深化。景观遗产的概念突破了单体层面的文化遗产保护，迈向整体环境保护，以及非物质文化遗产保护层面的延续与发展。这些特点符合中国自然与文化相互联系的哲学思想。然而不可否认，文化景观理论仍旧是舶来品，我们在借鉴国际成果的同时，只有结合自身情况进行深入研究和理论创新，才能建立符合中国国情的景观遗产保护理论，这对我国城市文化遗产保护工作而言是新的挑战。

可喜的是在历史性城镇景观研究方面，我们一直紧随世界研究与实践的前沿。例如，自 2012 年起，联合国教科文组织世界遗产中心在中国发展特别项目，并基于同济大学和联合国教科文组织亚太地区世界遗产研究和培训中心（WHITRAP）展开工作 [14]。具体内容是在历史性城市景观研究项目的框架下，结合我国实际情况，开展该方法的实践运用。计划在三年内（2013—2015 年）完成从制定选址标准、与地方政府合作，到历史性城市景观保护方法在地方保护规划和城市发展框架内的整合，增强地方实施历史性城市景观保护方法及相关技术应用的能力 [15]。2014 年 12 月，在同济大学召开历史性城市景观国际研讨会，对实施的进展情况进行总结评估。基于以上研究，2016 年出版了《历史性城镇景观指南》（*The HUL Guidebook*）。最近几年更加加强了试点城镇的实践探索。

2. 无知性忽视

城市文化景观的保护研究在国内刚刚起步，虽然我国为城市文化遗产保护建立了从文物到历史街区再到历史文化名城的逐次递进的保护体系，众多学者也提出保护整体环境和非物质文化遗产等观点，但是在相关理论和保护措施方面缺乏深入的研究，城市景观遗产仍处于被忽视的境况。人们对城市文化遗产的理解仍然片面、单一，很多时候并非出于反对保护工作，而是出于"无知性忽视"。正如法国著名哲学家利奥塔尔（Jean-Francois Lyotard）对现代主义"元叙事"的批判(后现代状态)和后现代主义主张的消除"无知"，当代保护理论也对"科学保护"提出质疑，认为"真实性"和"客观性"走向式微，主张"温和决策、明智行动"的常识[1]。但是常识并非意味着反对"专知"，而是更应该强调交流，一方面，专家应向大众讲述文化遗产的价值，大众因此学会欣赏对象和认可、参与保护行为；另一方面，公众可以提供比专家更加广泛的视野和具体的知识，现有不少研究表明，在遗产保护领域，公众能提供比专家更多元的知识。

3. 保护性破坏

我国城市由粗放式发展走向集约式发展，城市更新成为高密度城区面临的课题，然而在旧城改造过程中广泛存在城市景观遗产被"保护性破坏"的现象。"保护性破坏"是指在城市建设和文化遗产保护利用中，对文化遗产超载开发或错位开发。有多种原因，部分是因为"无知"，保护的方法措施不适宜，例如盲目清理文物建筑周边环境，导致文物历史环境氛围丧失殆尽；更多的原因来自经济利益，例如打着振兴、恢复的口号，实际上拆旧建新或造假，发展旅游和商业等经济产业。然而，后者究其深层原因仍是"短视"和"无知"。只有正确认识遗产的价值，认识到它是城市可持续发展的重要资源，研究景观遗产在城市发展中的适应性，才能解决保护与发展的矛盾，更好地保护城市景观遗产。

2.1.3 保护主体

虽然以上提出的现存问题都围绕着保护对象和方法，但是"谁来保护"以及"为谁保护"也是最基本和关键的问题。理论研究和学术讨论中虽一再强调，但是或者因为实际工作中的忽视，或者因为理论观点的不一致，目前保护主体的重要性并没有充分体现。实际上，这不仅关系到保护的目的，而且会影响保护的方法和措施。有关保护主体的普遍问题，不局限于城市景观遗产保护工作之中，本章简要讨论的内容包括：从保护的目的理解保护主体的意义；保护主体需要考虑的问题；目前大力提倡的公众参与的方法。

1. 意义

从当代保护理论的角度来看，趋势是从对保护对象的关注转而对保护主体的关注[1]。这发端于对 20 世纪下半叶被西方国家广泛接受的"科学保护"方法的批判。科学保护强调对"客观真理"的发现，因此保护对象的真实性和客观性是最重要的。表现为使用科学的方法进行研究性的保护，避免主观因素，与传统非科学的保护相比较，科学保护的方法和技术具有先天的权威性和可信度。正如其他研究工作一样，我国的保护工作也强调科学的方法，特别是量化的方法。实际上，关于真实性的讨论从来就没有停止过，在重新审视真实性的含义和其意义时，需要思考的问题是"为什么保护？"如果抛开人的主观意识，世界的一切都是真实的、客观的。因此，保护对象（无论是历史建筑还是景观）的每一次改变，无论是人为干预还是自然演变，都是真实的。科学方法能够回答是不是真实的、客观的问题，却无法分辨哪一次更加真实、客观。

当代保护理论认为保护工作是以人为中心的活动。"保护"不是因为保护对象的客观价值，而是因为它对主体的意义。比尼亚斯指出，保护领域将"意义"作为保护对象的特征可以追溯到《威尼斯宪章》和《巴拉宪章》，它以"象征性""文化内涵"和"隐喻"等不同词语形式存在[1]。从文化学的角度来看，保护对象是文化得以延续的载体（或符号），而文化的延续和传播毫无疑问是建立在符号译码和主体解码的基础之上的。保护主体，或者说人的主观意识、品味、偏好、需求不应被忽视。保护工作也应该是一项创造性的工作。景观是人与自然不停相互作用的结果，它本身就是动态的、不断变化的，想要所谓的"保护其某一个静止的状态"不过是徒劳而已。

2. 谁来保护

保护主体不仅会影响到保护对象的价值，而且保护主体的意见和决策也将决定保护的方法和措施。首先，保护对象的价值是保护主体决定的，保护对象的价值决定它被保护的可能性，而主体的价值取向将决定保护对象的价值。其次，保护主体将直接或者间接参与到保护活动中，通过各种形式影响最终保护行为的决策，例如具体采取什么保护措施。因此，保护主体的构成对整个保护工作而言非常重要，但是保护主体如何构成却是件复杂的事情。最为常见的概念是利益相关者，这一借用管理学科的概念在保护领域并没有统一明确的定义，如何才能确定谁与保护对象"利益相关"？具有外部性特征的遗产保护和企业管理并不相同，因此保护领域的利益相关者对分类方法各持己见。除了如何确定"利益相关"的含义和标准外，常见的矛盾是有意识参与保护活动的并不一定是具有密切利益关系的群体，而很多与之利益相关的群体可能并没有意识到，或者没有意愿参与保护活动。保护主体的另一对矛盾体是专家和非专业人士。是否需要区别对待非专业人士和具有保护工作专业知识的人群，如建筑师、保护工作人员、设计师、艺术家等？如何处理二者之间意见不统一的矛盾？要合理解决以上问题，需要认真思考"集体的利益"。

保护主体还有时间性的问题，那就是谁能代表未来的保护主体的利益？未来的保护主体是个缺席的群体，但是也非常重要，我们看到的很多破坏性的建设主要源于只考虑当下利益的短视的保护措施。这是个可持续保护的问题，相对于集体的利益，我们还需要考虑长远的利益。

3. 公众参与

当代保护理论向主体的转向，并不代表保护工作由客观性转变为主观性。如上讨论，保护主体集体的、长远的利益需要理论研究作为基础，同时也需要更加开放的、创新的方法作为手段。保护工作的公众参与途径被认为是实现这一目标的有效方式。

城市规划是公众参与研究的典型领域，早期具有代表性的理论有：英国的《斯凯夫顿报告》（*The Skeffington Report*），美国保罗·戴维多夫（Paul

Davidoff）在 1965 年发表的《规划中的倡导论和多元主义》（*Advocacy and Pluralism in Planning*）以及雪莉·阿恩斯坦（Sherry Arnstein）在 1969 年发表的《市民参与阶梯》（*A Ladder of Citizen Participation*）等文章。国外对遗产保护领域中公众参与的研究与实践开始较早，目前已成为遗产保护的主要方法之一，相关研究与应用也较为成熟。然而，传统的公众参与方法存在着许多问题和缺陷。梁鹤年曾以北美的公众参与为研究对象，列举了其 16 个弊端[16]。总而言之，核心问题是公众参与程度与管理成本、效率之间的矛盾：参与程度高，则成本增加，效率降低。合理控制公众参与的程度（梯度），或者说公众参与方式选择模型成为研究重点。我国在 20 世纪 80 年代末引入公众参与的概念，现在已经被城市规划界普遍接受，但在城市文化遗产保护领域发展相对滞后，且目前主要是政府主导、市场为辅的模式下，公众参与较少，导致保护过程中出现一些问题：①决策不够科学与民主，“一言堂”“建设性破坏”屡见不鲜；②经营者缺乏监管，商业化现象严重；③保护资金依靠政府拨款，经费匮乏。一个好的城市文化遗产保护机制应该是政府主导和公众参与相结合的良性互动机制。近十年，我国在遗产保护领域公众参与的研究主要体现在三个方面：①对国外先进经验的介绍和理论总结；②结合遗产保护实践案例的理论探索；③借鉴社会学、管理学和经济学角度开展的研究[17]。现存的主要问题是：①信息公开度和公众参与程度不高；②公众素质参差不齐，表现为参与意识不强、缺乏专业知识等；③在研究方面，向其他学科理论学习和借鉴不够、实证研究不足（局限于规划案例研究），以及网络公众参与研究较为缺乏。

2.1.4　保护管理

1. 保护框架

对保护方法的广义理解是指涵盖整个保护过程的工作框架，包括保护策略、保护步骤和管理措施等内容。这种研究性的总体框架开始于科学保护的理念，例如卡普尔提出过"RIP"模型，将保护工作的目标分为启示（Revelation）、调查（Investigation）、保存（Preservation），实际上反映出保护管理工作的三个主要方面的内容[18]。当代保护方法更加科学严谨，并关注整个保护过程中的信息状态，如将整个保护过程分为：档案信息（Documentation）—监测（Monitoring）—检查（Inspection）—诊断（Diagnosis）—干预研究（Inter-vention study）—干预（Intervention）—干预评估（Intervention assessment）等步骤。在城市文化遗产保护领域，其方法更类似于规划的体系结构。例如，文化景观保护管理主要是采用调查（Inventory）—评价（Assessment）—规划（Plan）—处置（Treatment）—维护（Maintenance）的方法和步骤[19]。《关于历史性城镇景观的建议书》中提出了历史性城镇景观保护方法的六个步骤[15]：①对历史城市的自然、文化和人类资源展开全面的调查和图录；②通过参与性规划以及与利益相关者的磋商，就需要保护并传之后代的价值达成共识，鉴别、明确承载这些价值的特质；③评估这些特质面对社会经济压力和气候变化影响的脆弱性；④将城市遗产价值及其脆弱性纳入更广泛的城市发展框架，框架应明确在规划、设计和实施发展项目中需要特别注意的遗产敏感区域；⑤优先考虑遗产保护和发展的行动；⑥为每个确认的遗产保护和发展项目建立合适的合作伙伴关系和当地管理框架，为公共和私营部门不同主体间的各类活动制定协调机制。

可以看出，这仍旧是基于登录制度自上而下的保护方法，体现出线性流程特征。公众很难参与到其中，一般仅在有限的步骤中提出意见和建议。参考斯蒂芬·埃文（Stephen Ervin）提出的设计圈（Design circle）概念[20]，我们提出基于公众参与的、循环的、整体的保护管理框架。框架一共分为六个环节，每一个环节都面向公众参与，这样有利于应对城市环境中频繁的外界干预并采取措施，从而研究各个阶段的工作内容、功能、特点和技术需求（图 2-1）。

图 2-1 基于公众参与的保护管理框架

1）档案信息（Documentation）

从信息学、传播学的角度来理解，遗产保护的本质是遗产信息的传播，因此档案信息工作是遗产保护的核心内容。包括对遗产的历史信息的收集、整理和对现状信息的调查、记录和保存等。对城市景观遗产而言，这些信息资料涵盖的内容非常广泛，历史资料包括了文本、图像和影像等各种直接资料和间接资料，后者主要指各类间接描述对象的传记、文学资料、研究报告和论文著作等；历史设计图纸是另一重要的历史资料，要尽量收集和保存好每一历史阶段的设计图纸，也可以根据翔实的历史资料绘制历史图纸；现状调查和记录是对保护对象当下的情况进行调查、测量和记录，最终可以绘制成现状图纸。然而，以上并非是档案信息工作的全部内容，每一次或者周期性保护管理工作的整个流程都应该被科学、合理地记录，并作为信息资料进行存档。这一阶段的工作不仅是保护管理工作的开始，也是保护管理工作环形流程的闭合点，意味着上一轮工作的结束和下一轮工作的开始。它虽如此重要，却经常被忽略。本书的第 2 篇将围绕档案信息工作，结合项目组的相关科研项目进行论述。

2）分析评价（Analysis/Assessment）

分析评价的工作在进行档案信息整理的时候就已经开始了。例如，绘制历史图纸和现状图纸需要对收集的信息进行分析，而基于网络和数据库的数字化信息平台多半也具有分析和辅助决策的功能。对城市景观遗产的分析评价包括如何认知、理解和评估景观，是进一步进行保护更新干预的前提。景观评价包括视觉、生态和文化不同层面，其研究已有很多成果。与历史建筑评价不同，景观遗产评价更加关注对植物、水体等自然环境和情感、记忆等无形因素的分析评价。本书第 3 篇将围绕景观遗产价值评估，结合项目组对上海历史名园的研究进行论述。

3）规划设计（Plan/Design）

规划设计包括两个层面的工作内容，结合了遗产保护和建成环境的规划设计工作：从遗产保护而言，规划设计是对遗产干预、处置的方案与计划；从建成环境的角度，则是指遗产相关的城市环境的规划设计工作。规划，主要是确定保护范围、策略、处置措施和实施管理等内容；而设计，更多的是针对具体的保护更新措施做出的技术实施方案。需要指出的是，分析评价和规划设计两个阶段通常被认为是专家独有的领域，只有具备专业知识的人才具有发言权。在当代保护理论的观点看来，这种独裁式的方法需要被打破，需要给公众参与的途径，因此对这些专业领域工作的阐释变得非常重要。需要通过各种方式让访问者、相关利益者了解保护对象的历史、价值和重要性，同时向他们解释规划设计方案，并吸取他们提出的意见和建议，这一过程需要专家和非专业人士充分交流。本书第 4 篇将针对城市历史园林和工业遗产的景观再生进行论述。

4）处置实施（Treatment/Implementation）

这一阶段的工作是规划设计方案的实施和落实。将保护规划的具体内容落实到保护管理的法规、条例、体制机制，并制定详细的工作细则；针对设计方案进行具体的施工建设，包括材料的选取、修复技术的选用和更新部分的建造等。虽然目前对这一阶段的研究较少，但它却十分重要，很多保护工作的失败常源于实施阶段的不足。然而研究者很少关注，或者很少有机会参与这一部分工作。因为本团队在此方面同样没有研究积累，所以本书不包括此部分内容。

5）干预评估（Intervention Assessment）

干预评估指对规划设计、处置实施等干预活动的绩效进行综合评估。评估的方法应该对干预方案研究阶段、处置实施阶段和实施后阶段进行整体评估。评估的结果在不同阶段应及时反馈，并据此对不同阶段的工作进行调整，同时对评估工作收集的数据、过程和结果也应及时存档。在景观遗产保护中，这一阶段的工作同样重要。本书第5篇，即最后一篇，将结合项目组对上海工业遗产景观的空间公共性评价简要介绍城市景观遗产干预评估。

6）维护监测（Maintenance/Monitoring）

维护监测工作是要保证城市景观遗产实体的历史整体性没有改变、景观特征没有丧失，因此需要一整套工作理念、方法和策略，保存维护的技术措施，以及对改变进行监测、记录和诊断的系统方法。在制定保护管理规划之前，维护的工作主要是尽量减少城市景观遗产场地的扰动、景观特征的退化和丧失。在制定保护管理规划之后，则表现为遵循保护目标而制定的周期性的监测、日常维护程序以及持续的记录工作。例如植被，维护监测工作包括对植物生长阶段和特征改变的记录，以及修剪方式、繁殖和替换的程序等。

2. 保护方法

保护方法中的"保护"一词具有从保存到再利用不同的具体含义，从语言文字的不同含义来看，我们需要区别保护（Protection）、维护（Maintenance）、保存（Preservation）、保全（Conservation）、修复（Rehabilitation）、复原（Restoration）、再生（Regeneration）、再利用（Adaptive reuse）、重建（Reconstruction）等概念[21]，它们对应不同的保护方法。针对不同的保护对象，保护方法（方式）各不相同。例如，在我国历史文化名城的保护中，保护方法的定义有狭义和广义之分，"从狭义上讲，历史文化名城的保护方法是指对传统建筑或街区的复原或字符及原样保存，以及对城市总体空间结构保护的方法；从广义上讲，还包括对旧建筑以及历史风貌地段的更新改造，以及新建筑与传统建筑的协调方法、文脉继承、特色保护等问题。"[22]从以上分析可看出，保护方法常指处置（Treatments）保护对象的具体方法、方式和措施的总称；美国文化景观保护体系中，对景观遗产的处置沿用了历史资产处置的四种方式[19]：

（1）保存，是指保持历史资产现有形式、整体性和材料的保护行为和过程。强调对保护对象的要素和材料进行持续的维护和维修工作，而不是采用替换和新建的方式。但是为了保证对象的正常功能，允许有限地和谨慎地对保存对象的机械、电力和管道系统进行更新。

（2）修复，是指在保存对象具有历史和文化价值的情况下，通过维修、改变和增加等措施，使历史资产具有兼容性的使用功能的保护行为和过程。

（3）复原，与修复的不同之处在于为了复原保护对象某一特殊时期的价值特征，去除其他时期的一些元素和材料，并且可以重建这一时期所缺失的部分。同样地，为了保证对象的正常功能，允许有限地和谨慎地对保存对象的机械、电力和管道系统进行更新。

（4）重建，是指在原址按照保护对象某一时期的形式、特征和细节进行新建。是否允许重建历史对象是个争论较大的问题，如果重建，该如何重建历史对象同样在理论和实践领域有不同的观点和意见。但是，拆除旧建筑、新建"假古董"的行为是需要一直反对和制止的行为。

以上四种方法从其具体内容来看，主要还是针对历史建筑和构筑物，应进一步根据城市景观遗产的特征进行修改和完善，这也是亟待研究的内容之一。

2.2 我国保护体系

根据我国现行的法律政策，可以把历史文化遗产的保护分为三个层次，即城市单体文物保护单位、历史文化街区和历史文化名城。这种分层次的保护方法是历史文化遗产保护工作多年来的经验总结，是解决保护与城市发展的矛盾的有效途径[23]。不难注意到，这三个层次的保护体系与前述的三个尺度的开放空间视角的城市景观遗产保护相对应。

首先是城市单体文物保护单位。根据 2015 年 4 月 24 日第四次修订的《中华人民共和国文物保护法》，单体的文物保护对象分为不可移动文物和可移动文物，其中不可移动文物主要包括：古文化遗址、古墓葬、古建筑、石窟寺、石刻、壁画、近代现代重要史迹和代表性建筑等，根据它们的历史、艺术、科学价值，可以分别确定为全国重点文物保护单位、省级文物保护单位，市、县级文物保护单位。从类型看，主要是以建筑物和构筑物为主，其中古文化遗址和近代现代重要史迹两种类型与城市景观遗产相关，但是并不明确。从我国现已颁布的国家级文物保护单位名录来看，对城市景观遗产的单体保护也主要体现在建筑物和构筑物，而开放空间类型的城市景观遗产较少，主要体现为古典园林和古文化遗址。从省市级的保护体系来看，以历史园林为例，目前只有北京、苏州、重庆等少数城市开始制定历史名园保护法规，上海这方面的工作仍没有引起应有的重视，对此，本书将论述上海历史名园保护的相关研究工作。此外，广场、街道空间和建筑周边景观等开放空间还处于被忽视的状态，尽管学者一直呼吁，在保护历史建筑等文物古迹的时候，应该保护其历史环境。

其次是历史文化街区。与之相对应的国际术语是历史地段（历史地区），1976 年的《关于历史地区的保护及其当代作用的建议》（*Recommendations on the Protection of Historical Areas and Their Contemporary Role*）（内罗毕建议）对"历史和建筑地区"的定义是"包含考古和古生物遗址的任何建筑群、结构和空旷地，它们构成城乡环境中的人类居住地"。指出可特别划分为以下各类："史前遗址、历史城镇、老城区、村庄、聚落以及相似的古迹群"，并强调应将历史地区及其环境视为一个整体，而其组成部分包括"人类活动、建筑物、空间结构及周围环境"。[24]《中华人民共和国文物保护法》明确指出："保存文物特别丰富并且具有重大历史价值或者革命纪念意义的城镇、街道、村庄，由省、自治区、直辖市人民政府核定公布为历史文化街区、村镇，并报国务院备案"。历史文化街区应制定相应的保护规划，然而，2008 年国务院制定的《历史文化名城名镇名村保护条例》中与历史文化街区相关的保护措施（第二十六条至第二十八条）都是针对建筑物和构筑物的。在地方颁布的相关保护办法中，也很少关注城市景观遗产的保护，例如《杭州市清河坊历史街区保护办法》中相关的语句仅体现在第十七条中的两点："任何单位和个人不得在清河坊历史街区内从事下列行为：（三）改变地形地貌，对清河坊历史街区保护构成危害的；（四）擅自占用或破坏保护规划确定保留的绿地、水系、道路等。"虽然提到了对历史文化街区中的自然景观要素的保护，但显然忽视了景观的文化属性和价值。

最后是历史文化名城。在《中华人民共和国文物保护法》中明确规定"保存文物特别丰富并且具有重大历史价值或者革命纪念意义的城市，由国务院核定公布为历史文化名城。"历史文化名城更加强调对城市文化遗产的整体保护，1993 年 10 月在襄樊举行的全国历史文化名城保护工作会议上，明确指出："保护文物古迹及历史地段，保护和延续古城的风貌特色，继承和发扬城市的传统文化。"为保证历史文化名城保留着传统格局和历史风貌，在《历史文化名城名镇名村保护条例》中还规定，申报历史文化名城的，在所申报的历史文化名城保护范围内还应当有两个以上的历史文化街区。在保护措施中指出："历史文化名城、名镇、名村应当整体保护，保持传统格局、历史风貌和空间尺度，不得改变与其相互依存的自然景观和环境。"（第二十一条）。尽管如此，对历史文化名城的保护仍旧没有认识到景观遗产的重要性和价值，仅将其作为建筑、城市街区相互依存的自然要素和周边环境进行保护，很显然保护的力度是有限的。其主要体现为对范围内的"园林绿地、河湖水系、道路等"进行保护。值得一提的是，有些地方制定的历史文化名城保护条例已经体现出从景观的角度思考城市文化遗产的保护，例如《北京市历史文化名城保护条例》将保护内容分为旧城的整体保护、历史文化街区的保护和文物保护单位三个层级，而在旧城保护内容中，明确包括：历史和湖水系、传统中轴线、皇城、旧城"凸"字形城郭、传统街巷胡同格局、建筑高度、城市景观线、街道对景、建筑色彩和古树名木等。在保护建筑和城市构筑物及空间格局的同时，充分考虑城市景观的保护。

我们基于以上分析发现，在我国城市文化遗产保护体系中，建筑和构筑物是保护的主要对象，建筑学和城市规划视角统领保护思维，城市景观遗产仍处于被忽视的状态。当然，在城市文化遗产保护体系之外，我国的城市景观遗产保护的法律法规还体现在其他部门的法规条例中，如建设部发布的《城市古树名木保护管理办法》《城市紫线管理办法》《风景名胜区条例》等国家级法规条例，以及《浙江省城市景观风貌条例》和《成都市城市景观风貌保护条例》等省市级别的条例文件。然而目前我国风景园林领域法规建设尚不够全面和成熟，更不用说景观遗产保护的相关法律政策。

本章参考文献

[1] 比尼亚斯 . 当代保护理论 [M]. 张鹏 , 张怡欣 , 吴霄婧 , 译 . 上海 : 同济大学出版社 , 2012.

[2] 史徒华 . 文化变迁的理论 [M]. 台北 : 远流出版事业股份有限公司 , 1989.

[3] 邓辉 . 卡尔·苏尔的文化生态学理论与实践 [J]. 地理研究 , 2003(5): 626–634.

[4] 王云才 , 石忆邵 , 陈田 . 传统地域文化景观研究进展与展望 [J]. 同济大学学报（社会科学版）, 2009(1).

[5] 王云才 . 基于景观破碎度分析的传统地域文化景观保护模式：以浙江诸暨市直埠镇为例 [J]. 地理研究 , 2011(1):10–22.

[6] 王紫雯 . 城市文化生态学初探——杭州市北山路街区改造的前期调查与研究 [J]. 新建筑 , 1993(4): 37–41.

[7] 黄天其 . 历史城镇形态文化价值计量的类型学方法 [J]. 重庆建筑大学学报 , 1998, 20(3): 83–87.

[8] 黄天其 , 邹振扬 . 我国城市建设中的社会文化生态学问题 [J]. 重庆建筑大学学报（社会科学版）, 2000(6): 37–40.

[9] 侯鑫 , 曾坚 , 王绚 . 信息时代的城市文化——文化生态学视角下的城市空间 [J]. 建筑师 , 2004(5): 20–29.

[10] 侯鑫 . 基于文化生态学的城市空间理论——以天津、青岛、大连研究为例 [M]. 南京 : 东南大学出版社 , 2006.

[11] 傅守祥 . 生态文明时代的城市文化生态保护与文脉接续 [J]. 深圳大学学报（人文社会科学版）, 2010, 27(4): 93–98.

[12] 黄永香 . 论衡阳城市文化生态及其培育 [J]. 南华大学学报 (社会科学版), 2011, 12(05): 13–15.

[13] 朱晓渭 . 基于考古遗址公园的城市文化生态系统研究——以西安市为例 [J]. 人文地理 , 2011, 26(2): 112–115, 36.

[14] RON VAN OERS, 周俭 . 2011 年联合国教科文组织《关于历史性城镇景观的建议书》在亚太地区的实施 [J]. 研究前沿 , 2013, 07.

[15] UNESCO. Recommendation on the historic urban landscape[Z]. Paris: UNESCO, 10 November 2011.

[16] 梁鹤年 . 公众（市民）参与：北美的经验与教训 [J]. 城市规划 , 1999(5): 48–52.

[17] 佘海超 . 近十年我国城市遗产保护中公众参与研究综述 [J]. 重庆建筑 , 2014,13(8): 12–16.

[18] CAPLE C. Conservation skill: judgement, method and decision making[M]. London: Routledge, 2000.

[19] BIRNBAUM C A. Preservation brief 36: protecting cultural landscapes: planning, treatment

and management of historic landscape[EB/OL].[2019–10–17]. https://www.nps.gov/tps/how–to–preserve/briefs/36–cultural–landscapes.htm.

[20] ERVIN S. A system for geodesign[C]//BUHMANN E, ERVIN S, TOMLIN C D, et al. Teaching landscape architecture—prelimenary proceedings. Bernburg: Anhalt University of Applied Sciences, 2011: 145–154.

[21] 张松 . 历史城市保护学导论 [M]. 上海 : 同济大学出版社 , 2008.

[22] 王景慧 , 阮仪三 , 王林 . 历史文化名城保护理论与规划 [M]. 上海 : 同济大学出版社 , 1998.

[23] 单霁翔 . 关于城市文化遗产保护的思考 [J]. 科学对社会的影响 , 2010(3): 50–54.

[24] UNESCO. Recommendations on the protection of historical areas and their contemporary role[Z]. Nairobi, 1976.

第 2 篇 档案信息工作

　　档案信息工作是遗产保护工作中基础又重要的内容。从当代保护理论的观点来看，保护的本质是信息的传播，因此档案信息工作不仅是保护的技术手段，而且是保护的内容与方法。本篇在阐述档案信息工作基本概念的基础上，分析了国内外的现状，提出了城市景观遗产的档案信息工作框架，并将其应用到上海市历史公园的档案信息收集与整理的工作之中。当今计算机、互联网等新的技术迅猛发展，智慧公园的概念在智慧城市建设的浪潮中诞生，上海也提出了建设智慧公园的设想。然而，这一切都需依托于档案信息工作和基础数据库的构建，作者结合"上海公园基础数据库示范项目研究"这一研究课题，阐释了公园数据库建设的基本问题，包括目标、意义、方法和过程；同时讨论了关键的内容，如数据收集的有效方法、信息的分类、格式的统一，以及数据库应具有的功能与应用等。此外，还以上海复兴公园数据库的建设作为案例进行论述。

第 3 章
档案信息工作理论构建

3.1 意义

作为保护文物建筑和历史地段的国际性原则，1964 年通过的《威尼斯宪章》①第十六条提及："一切保护、修复和发掘工作都应有准确的记录，做成配有图纸与照片的分析及评论报告。"[1] "清理、加固、重新调整与组合的每一阶段，以及工作过程中所确定的技术及形态特征均应包括在内。记录和报告应当保存在公共机构的档案室里，以便研究人员查阅，建议公开出版发行。"[1] 现今城市文化遗产保护的不力，很大一部分是由于缺乏完善的文献资料导致的，因此不难看出文献资料的保存、利用与管理在城市景观遗产保护中的意义。文献资料的保存、利用与管理在保护工作中有专门的英语术语 "Documentation"，它不仅有记录、文献资料的意思，同时也指对文献进行编集、分类、整理和归档等工作。目前国内还没有相对应的翻译，本书将其译为 "档案信息工作"。

---

① 全称《保护文物建筑及历史地段的国际宪章》，1964 年 5 月 31 日，从事历史文物建筑工作的建筑师和技术员国际议会（ICOM）第二次会议在威尼斯通过决议。

　　首先，档案信息工作是遗产保护工作的基础和关键环节。在各种类型的保护管理工作框架中，文献资料的搜集和整理是最基本的步骤。完善的资料搜集、合理的分类整理在接下来的保护管理工作中起到举足轻重的作用。对于保护工作者来说，只有全面了解保护对象的历史意义和价值，以及场地条件、自然环境、历史背景、人文内涵等信息，才能确定保护等级以及保护措施等。因此，文献资料的合理利用与有效管理是指导保护管理工作有序进行的基础条件。

　　其次，档案信息工作是保护对象更新改造的重要依据。历史是未来的参照，在遗产保护中尤其如此，城市景观遗产是人与城市环境互动关系在空间中的历史重叠，对保护对象的任何改变都应该尊重其历史原形与痕迹，更新改造必须有充分的历史研究作为依据。如果文献资料缺失，在制定保护措施时就会缺乏依据，保护方案具有盲目性和不合理性，导致破坏性的建设。由此可见，对城市景观遗产的信息记录至关重要，应当建立与维护同步更新的跟踪式文献资料记录，建立健全信息资料数据库，规范文献资料使用和管理的流程和方法，才能够为城市景观遗产的改造更新提供更多依据，帮助保留和还原真实的历史。

　　最后，档案信息工作是一种遗产保护方法。文献资料作为对遗产的历史信息的记录，不仅能指导保护规划的制定，而且能留存人们对城市变迁、社会发展、地脉文脉流传的记忆。尤其是在保护对象已经不复存在或者原物保护有困难的情况下，信息资料是我们了解保护对象的主要途径，因此信息资料本身也成为保护对象，档案信息工作自身也就成为一种保护方法。例如，在对圆明园中大水法废墟进行数字化虚拟重建的时，历史信息的文字记载和影像资料起到了关键作用。虽然实物已经不存在或遭到破坏，但是全面的资料记录为遗产保护对象的信息保护提供了其他途径。在《威尼斯宪章》的附件《佛罗伦萨宪章》(*The Florence Charter*) 中将历史园林称为"活"的古迹[2]，表明园林所具有的动态性，文献资料也是"活"的古迹的一部分，历史记录本身就是保护规划不可或缺的内容 [3]，也是一个重要的保护方法。

综上所述，在理论上，文献资料信息的收集、利用与保存是城市景观遗产保护工作的重要部分，对档案信息工作方法的研究，可以丰富城市景观遗产保护的相关理论，进而完善整个保护体系。

3.2　研究现状

3.2.1　国际档案信息工作

1. 英国

英国历来重视历史建筑和景观遗迹的保护，早在 1877 年威廉·莫里斯（William Morris）就创建了古建筑保护协会（Society for the Protection of Ancient Buildings, SPAB）。同时，英国还将这种保护及早落实到法律法规上，1882 年英国国会通过了《历史古迹保护法》；1953 年又制定《历史建筑和古迹法》，指出对历史建筑及周边环境保护的重要作用；1967 年颁布了《城市文明法》，划定了具有特别意义的建筑和历史保护区，重点保护历史建筑景观，并首次在法律中明确保护区的概念；1974 年的《城乡文明法》提出对登录建筑周边的环境进行保护，包括具有特殊历史意义的建筑及其相邻的公园和地段。

在管理体系上，英国分为国家及地方两级，国家设立了专门保护历史文化遗产的部门——国家环境保护部，以及英国遗产委员会（English Heritage）和英国皇家建筑师学会（The Royal Institute of British Architects, RIBA）等机构，它们是英国历史文化遗产的法定监督和咨询机构。地方规划部门及保护官员则负责保护法规的落实和日常管理工作。其中，英国遗产委员会是管理英国国家遗产的组织，作为一个半官方的机构，其主要职责包括在册建筑古迹的登录干预审批，主持国家级的记录项目，管理国家古迹遗址记录

（NMR）与各地遗址古迹记录，合作建立全国记录档案系统等。[3]这些机构在遗产的保护、管理以及遗产信息的记录等方面已有大量的研究与实践。

20 世纪之前，英国的建筑记录活动在建筑史上有着很大的影响，是英国近现代建筑设计发展的基石。人们通过大量的建筑记录活动来了解并探索历史建筑，这期间出了许多建筑大师，出版了各种学术专著，形成一波又一波的建筑思潮，例如帕拉蒂奥主义（Palladianism）、文艺复兴（Renaissance）等，这反过来又促使人们更加重视建筑记录，甚至成立专门负责管理运作的国家机构英格兰历史古迹皇家委员会（The Royal Commission on the Historical Monuments of England, RCHME）。进入 21 世纪后，英国的建筑遗产记录研究则更加科学化[4]。

在英国漫长的实践过程中有大量相关研究成果问世。早期有 1990 年国际古迹遗址理事会出版的《历史建筑记录指南》（Guide to Recording Historic Buildings），主要作者来自英国历史古迹皇家委员会（RCHME），该书从基本准则的层面介绍了记录的对象、时机、方法和技术等，以及如何保存记录。同样来自 RCHME 的还有 1993 年的《英格兰国家及地方遗址遗迹记录回顾》（A Review of National and Local Sites and Monuments Records in England），对英国建筑和历史遗迹记录工作的情况进行了系统的回顾。

准则方面的文献有 1996 年 RCHME 出版的《历史建筑记录：一份描述性规范》（Recording Historic Buildings: A Descriptive Specification），以及十年之后对其具有修订和补充意义的《理解历史建筑：指导良好记录实践》（Understanding Historic Buildings: A Guide to Good Recording Practice）。后者以"理解历史建筑"为目的，将受众定义为"专业从业者、研究学者、学生以及爱好者"，从方法、技术方面提供实用的建议和指导，同时该书总结了英国政府 20 世纪 90 年代中期之后的变化以及建筑记录的实践经验，对实际工作具有切实的指导意义。

除了上述的指南性文献，在实践方面则主要是与测绘相关的研究，例如《历史建筑和构筑物测绘和记录》（*Measured Survey and Building Recoding for Historic Buildings and Structures*）和《历史建筑测绘和记录》（*Measurement and Recording of Historic Buildings*）等。

遗产管理相关的工具主要有 HERs（Historic Environment Records，历史环境记录）和 HLC（Historic Landscape Characterisation，历史景观特征）。HERs 收录了 3.5 万多个知名场所的相关信息，包括遗址、史前及中世纪的土木工事、历史景观、城市景观、建筑信息、考古文件，以及英国注册公园与花园的信息数据等，是记录当地历史环境的动态信息系统，并且能够支持当地的规划体系，成为管理当地历史环境的有效工具 [5]。HLC 是英国遗产协同相关组织对历史景观进行动态管理的一种新的方式。它提供了对历史景观的深入理解、公众参与的途径以及持续动态的管理，着眼于对历史景观的动态管理而非保护，是对历史景观的诠释而非单一记录，HLC 整合利用相关的环境管理数据库（如 HERs），通过对景观的识别、地图标记、描述和诠释景观的历史特征，并进一步判断其价值，以表征景观的特殊历史维度 [6]，并呈现为 GIS（地理信息系统）形式的历史景观特征图示（图 3-1）。英国遗产委员会也通过已有的实践说明了历史景观表征数据的主要应用方式，如景观管理、景观特征评价、空间规划以及对公众的教育与信息传播等。

在成果共享方面，英国遗产委员会建立了 English Heritage（英国遗产）与 Historic England（英格兰历史遗产保护）网站①，分别作为面向不同使用人群的信息展示途径。前者主要面向公众教育与信息传播。后者主要面向管理者、研究者及规划师等提供历史数据查询、历史研究与相关建议等，不仅有详细的国家遗产清单以及图像资料，而且给出了翔实的信息查询渠道和其他数据库的链接，并实时更新国际和国内有关遗产保护的各类信息。网站将历史景观的信息整合于管理和规划利用的过程当中，还为有意补充相关历史

---

① 网址分别是 http://www.english-heritage.org.uk 和 https://historicengland.org.uk。

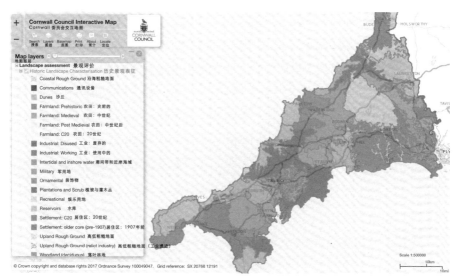

图 3-1　历史景观特征图示

资料的使用者提供了资料上传的方法和途径。

2. 美国

虽然美国历史文化遗产保护的历史不算悠久，但是相对其建国时间而言，人们的保护意识却早在第二次世界大战后就已经成为一种普遍的社会意识。截至 2001 年，列入文物保护名录的保护单位多达 7 万多家[7]。如黄石公园这类列入《世界遗产名录》的公园更是名声在外，可见美国在文化、历史、景观遗产保护以及宣传方面的力度之大。

美国历史文化遗产保护的法制体系比较完善，在 1935 年就颁布了《古迹保护法》（*The Historic Sites Act*），1964 年又颁布了《国家历史文化保护法》（*The National Historic Preservation Act*）。另外，美国还设有非常健全的文化遗产保护机构，且层级分明，管理严密。首先，在联邦一级，美国联邦政府于 1906 年设立国家公园管理局（National Park Service），对全国 379 座国家公园和属于联邦政府所有的历史文化遗址实施垂直管理；于 1916 年建立国家公园管理委员会，对 14 座国家公园和 21 座国家历史纪念物提供联邦保护。[8]

其次，在州一级，根据联邦历史保护法案的规定，各州政府均设州历史保护办公室，负责辖区内的各种文化遗产保护事宜；再次，根据国家历史保护法案，联邦政府设立专职处理历史保护事宜的咨询机构——美国历史保护顾问委员会，来受理依法送审的历史文化保护事项。各州、市均颁布了相应的保护法规，其下属的两千多个城镇也都制定、颁布并实行了切合自身特点的文化遗产保护条例。由此，可对美国历史文化保护体系的严密性窥见一斑。

研究美国历史文化遗产的档案信息工作，则不得不提到三个计划："美国历史建筑测绘"（The Historic American Buildings Survey, HABS）、"美国历史工程记录"（Historic American Engineering Record, HAER）和"美国历史景观测绘"（Historic American Landscape Survey, HALS）。

"美国历史建筑测绘"（HABS）始于 1933 年 12 月大萧条时期，美国国家公园管理局的查尔斯·彼得森（Charles E. Peterson）提交的一份关于记录"美国古董建筑"（American Antique Buildings）的提案。1934 年 7 月，HABS 成为国家公园管理局的永久计划，1935 年成为国家公园管理局的常设计划，并作为《古迹保护法》的一部分正式授权。1969 年，国家公园管理局与国会图书馆、美国土木工程师学会（ASCE）联合发起了"美国历史工程记录"（HAER），与 HABS 并行，为有价值的历史工程和工业遗迹编制记录档案。2003 年，美国国家公园管理局出版了《HABS/HAER 指南：HABS 历史报告》（*HABS/HAER Guidelines: HABS Historical Reports*）。作为一项国家级计划，HABS 将全国划分为 39 个区，选派专家组成测绘队伍来记录早期的历史遗址。随着对建筑研究的延伸，与其相关的环境甚至区域文脉也逐渐被纳入考量，这就催生了第三项计划。专门与历史景观相关，由国家公园管理局与美国景观建筑师学会联合启动的"美国历史景观测绘"（HALS），系统地记录有价值的历史景观。[9] 相较之前的两个计划，HALS 还在探索阶段，相关程序和技术还有待发展。1994 年，美国登录在册的历史建筑与地段总数已超过 6.2 万处，其中"包括 90 多万项历史资源，73% 为建筑物，14% 为历史地段，7%

为史迹，5% 为构筑物"。[10, 11] 截至 2018 年，HALS 的历史景观名录已有超过 800 项记录 [12]。

同英国一样，美国在计划开展的几十年间，相关规范文献和研究也同步出现。除前文提到的指南外，同类的还有《HABS 测绘图记录历史建筑和遗址指南》（*Recording Structures and Sites with HABS Measured Drawings*），介绍了从项目准备、现场记录开始，到对建筑进行测量、绘制图稿、建立档案信息。技术方面有《利用计算机辅助绘图记录遗址和建筑的指南》（*HABS/HARE Guidelines for Recording Historic Sites and Structures Using Computer-aided Drafting*）。《美国历史工程记录的历史构筑物与场地》（*Recording Historic Structures and Sites for American Engineering Record*）旨在利用测绘图与文字材料来编制历史工程、工业场地的档案。

针对文化景观遗产的保护，美国的文化景观报告（*Cultural Landscape Report*, CLR）是国家公园管理局于 20 世纪 90 年代中期研发的文化景观研究、保护、规划和管理工具之一，与其并行的工具还有《文化景观清单》（*Cultural Landscape Inventory*, CLI）。前者是关于管理、处置以及记录处置过程的指南，后者则是详细记录文化景观位置、历史、特征等内容的数据库。

1998 年，美国国家公园管理局基于"公园历史结构和文化景观"项目，出版了《文化景观报告指南》（*A Guide to Cultural Landscape Report*），详细介绍如何从文献和数据的角度运用 CLR 这一工具进行文化景观的保护工作，并实现不同的管理目标。在指南中详细介绍了清单的内容，包括景观的名称、地点、时间等最基本的信息，另外还有景观类型、土地使用、边界限定以及附图说明的主要景观节点信息。同时，《文化景观报告指南》还就如何将文化景观数据与公园规划管理相关联给出详细的列表进行说明（表 3-1）。另外，对于如何撰写一份完善的文化景观报告，以及每部分应包含的内容，也给出了标准模板。

表 3-1 文化景观数据与公园规划管理的关联

规划文件	需要的信息	来源
特殊资源研究（新区域研究），适宜性/可行性研究，边界研究	已知（或预期）类型文化资源及它们的总体分布和重要性，相关历史背景，现有调查信息中的重要缺口	国家历史场所登录文件，其他现存评估清单，联邦、州、当地的相关文件
管理清单	地点，历史发展，景观特征和相关联的特点，以及公园内的文化景观管理	文化景观清单（如果可用）
总体管理规划	地点，历史发展，景观特征和相关联的特点，以及公园内的文化景观管理	文化景观清单
场地发展规划	物理演化，关键性的发展，物理关系，模式，以及一个文化景观的特点；准确的场地地图；清单，文献资料，景观特征和相关联特点的现状评估，对文化景观的恰当处置和使用	文化景观报告，第一部分：场地历史、现存状况、分析和评估；文化景观报告，第二部分：处置
解释说明	对公园及周边环境的历史的总结，以及游客需要理解哪些部分；哪种文化资源最适于解释这段历史；哪些信息是机密的并不可以泄露给公众	历史资源研究，文化资源地图，国家综合资产登录文件，资源管理规划
土地保护规划	物理演化，关键性的发展，物理关系，模式，以及一个文化景观的特点；准确的场地地图；清单，文献资料，景观特征和相关联特点的现状评估	文化景观报告，第一部分：场地历史、现存状况、分析和评估
设计和处置规划	对文化景观的恰当处置和使用	文化景观报告，第二部分：处置

3. 意大利

作为目前世界上被收入《世界遗产名录》遗产数量最多的国家之一，意大利境内共有 55 处世界遗产（截至 2019 年 7 月），拥有全世界大约 60% 的历史、考古及艺术资源，仅登录过的珍贵文物就有 300 多万件。[13] 无论从法律、财政还是公共管理方面，意大利的遗产保护及开发模式都走在世界前列。

意大利在 1939 年就制定了《关于保护艺术品和历史文化财产的法律》①（*Law on Protection of Objects and Historic Interest*, Law No. 1089 of 1 June 1939），规范了艺术品及历史文化遗产的维护、修复、登录等问题。如今不但拥有完善的文物保护体系与培训机制，而且有目录及档案材料中央学会、意大利图书馆统一目录及图书目录情报中央学会等研究机构专门负责文化遗产资源信息共享。[14]

意大利在档案资料的保存方面有着悠久的历史。早在 400 多年前，教皇保罗五世便决定创建秘密档案室用于珍贵资料的保存，现今位于梵蒂冈的秘密档案室中就留存了许多意大利古地图和文化遗产的文字、图片资料，为遗产保护的开展提供了极具价值的信息（图 3-2）。

意大利的遗产登录与编目都有着严格的法律依据，法律规定所有的国有、公有文化遗产，重要的私有文化遗产都要在国家文化遗产行政部门登录并编目。此外，意大利对遗产的档案资料采取了细致且层级明确的管理，一切与文化遗产登录、编目工作相关的规划、标准、计划项目及参与活动均由中央文献编目与登录中心（Central Institute for Catalogue and Documentation, ICCD）负责。该中心属于意大利文化遗产部下属的研究中心的核心部门，正是这里的文献资料工作构筑起了意大利文化遗产保护的基础。

意大利遗产编目的链条始自各地方，由遗产所在地上报各省文化遗产登记委员会，在这里进行登记，对文字、照片、图表等资料进行初步整理，然后由各省递交各大区进行编目，

图 3-2　梵蒂冈秘密档案室的工作人员在处理古地图

---

① 　1939 年 6 月 1 日第 1089 号，发文单位：意大利共和国众议院和参议院，发文时间：1939-6-1，生效日期：1939-6-1，国家文物局网。

即国家编目中心的各分中心，最后再统一递交国家编目中心汇总。

在数字化和信息共享方面，意大利从 2005 年起即开始推行新的数字化管理规范，由意大利文化遗产和活动部负责推广，各大区的遗产数字化登记管理与国家编目中心进行联网，实现部门内信息共享。同时，网站面向公众开放，公众能够便捷地查询文化遗产信息。另外，利用录音手段记录非物质文化遗产中的口传历史，并逐步建立了分类和管理标准。[15]

3.2.2　国内研究进展

1. 建筑遗产档案信息工作

国内对建筑遗产信息记录方法和技术的研究，主要基于国际古迹遗址理事会相关宪章及英美等国的成果经验。目前相关研究成果较少，虽然基于我国传统建筑技艺的方法和案例研究有一定成果积累，但是仍缺乏对遗产信息记录及管理方法的系统化研究探索。现有研究主要体现在以下方面：

1）国际经验及法规介绍

2007 年，天津大学的吴葱和邓宇宁发表了文章《美国文化遗产测绘记录建档概况》，介绍了美国在文化遗产保护进程中测绘记录的建档情况、技术规范以及组织管理，通过对 HABS、HALS 等计划的梳理，与我国的遗产修复、保护工作进行对比，指出了值得借鉴的经验。[16]

随后，吴葱教授的研究生宋雪在其硕士论文《英国建筑遗产记录及其规范化研究》里，通过文献分析和实例展示系统化地介绍了英国建筑遗产记录的发展、管理体制、信息管理和利用的方法，最终得出了英国建筑遗产记录规范化的途径。[4]

虽然我国从 1961 年就开始公布第一批全国重点保护文物单位，也要求开展相关的记录档案备案工作，但是迟迟没有专门的文化遗产记录工作的法规。国际古迹遗址理事会在 1996 年颁布的《古迹、建筑群和遗址记录工作原则》

（*Principles for the Recording of Monuments, Groups of Buildings and Sites*），其中文译本直至 2009 年才在《中国文物报》上首次发表 [17]，介绍了文化遗产记录工作的原因、责任、内容等，以及该如何管理、传播和共享记录的信息。

2）记录理论与技术

在记录理论与技术方面，相关探讨主要集中在测绘记录以及施工记录上，除文物保护的相关法规，比较权威的有国家文物局主持罗哲文主编的《中国古代建筑》，另外有王其亨、吴葱等编著的《古建筑测绘》、林源编写的《古建筑测绘学》。但在这些书中也往往只有部分篇章有所提及，阐述侧重于建筑遗产测绘的一般方法、工艺传承的基本情况以及档案管理等方面。

3）调查报告与测绘实例

建筑遗产田野调查和测绘是一种建筑遗产研究的基本方法，由营造学社开创，该学社出版了多种调查报告，并发行《营造学社汇刊》，然而水平仍待提升。高水平的学术报告中，当属 20 世纪 30 年代刘敦桢和梁思成等学者编写的建筑遗产调查报告最为重要，另外还有陈明达先生的《蓟县独乐寺》《应县木塔》等著作。至于保护工程调查报告，虽在中华人民共和国成立后公开出版了十余本，但仍未形成较为成熟的记录方法和体例。

4）建筑遗产记录管理

近年在建筑遗产记录方面主要有天津大学围绕建筑遗产记录国家自然科学基金项目开展的各项研究。除前文提到的借鉴国外经验方面的文章，在建筑遗产记录档案工作方面，有梁哲的硕士论文《中国建筑遗产信息管理相关问题初探》[18]，在信息管理的历史及现状的基础上进行总结，提出了中国在目前的国情下，该如何发展建筑遗产的信息管理，另外，还提出了一个面向建筑遗产研究的信息管理系统框架，并结合案例介绍了如何借助 GIS 与网络平台实现对遗产本身以及记录文件的信息检索与管理。

在建筑遗产记录规范化方面，狄雅静的博士论文《中国建筑遗产记录规范化初探》[14] 从建构管理技术体系和讨论实践操作问题两个层面对记录的规范化进行了初步探讨，首先，指出要建立责权明确、利用高效的管理体系，构筑涵盖基本准则、实践指南、技术规范三级层次的技术体系；其次，指出对于遗产记录这样一个复杂的操作系统，建立评估框架、规范操作行为是质量控制的关键；再次，为常态下集中测绘记录活动分级分类，就操作过程中的基础性问题进行初步分析；最后，从操作的角度提出工程现场记录的技术策略以及实施方法，编制适合施工人员的操作手册，另外就工程报告编撰的内容和体例进行论述，提出了今后管理、技术发展的方向。

除了天津大学的团队外，另有一些涉及建筑遗产信息的研究，如苏理昌、张艳菲、昝良的《军队建筑遗产管理信息系统初探》[19]在2009年全军不可移动文物普查基础上，分析了军队建筑遗产数据特点及现实管理中所存在的问题，有针对性地提出了军队建筑遗产管理信息系统在系统架构、功能模块、系统实现等方面的初步方案，以推进其信息化管理进程。

2. 城市园林档案信息工作

目前国内在园林档案方面做得比较成熟的是各个城市的园林档案建立与管理，城市园林档案属于城市建设档案的一个组成部分，主要记录城市园林规划、设计、施工、管理和科学研究等活动过程，以及活动所形成的文档、声像材料。

城市园林档案的收集管理工作是随着城市建设档案工作开始的，是一个城市公共绿地、专用绿地、生产绿地、防护绿地、风景名胜区等规划建设施工与管理的历史性记载。但是我国对园林档案的重视还远远不够，如1997年苏州市申报世界文化遗产，需要大量申报资料，在整理资料时却遇到档案资料分布散乱、部分缺失或保管不当等问题。正如金锋的《用时方恨档案少——由苏州古典园林申报世界文化遗产引起的思考》文中所说，园林档案资料的保存和管理应当是园林部门的重要工作之一，应当建立系统的园林资料体系，同时在日常工作中注意不断收集和补充。[20]

随着科技不断发展，信息资源数字化技术给园林档案管理带来了新契机。

新型的管理方式可以大大提高管理效率，优化管理模式，更能在档案与需求者之间搭建快速有效的沟通平台。因此，很早便有研究者提出利用数字技术构建园林信息管理系统的设想。刘繁艳的《株洲市园林管理信息系统研建》在全面了解株洲市园林管理应用需求的前提下，提出建立一个基于互联网（Internet）/企业内部网（Intranet）、地理信息系统（GIS）、遥感（RS）、全球定位系统（GPS）的园林管理信息系统，并对株洲市园林管理信息系统进行初步研究。[21] 华中农业大学的余刘琦在其硕士论文《武汉市数字园林地理信息系统探索与实践》中，介绍了武汉市集成大型空间数据库技术、3S 技术和网络技术等先进技术的"数字园林"地理信息系统，以及如何以武汉市空间遥感影像数据库和基础空间地形图数据为基础，实现城市园林绿化信息的查询、编辑、管理、分析、更新等功能，保证各项园林绿化指标调查和计算更加科学，并且快捷准确。[22]

此外，有的研究是基于实践开展的。1997 年联合国世界遗产委员会第 21 届会议批准苏州古典园林列入《世界遗产名录》，相应地，苏州市的园林绿化综合管理水平也走在全国前列，与国家文物局合作带头开展了苏州市数字园林系统建设。在蒋熠、黄玉芳的《基于 GIS 的苏州市数字园林系统设计》一文中，不但介绍了该系统的体系结构和主要功能，还有 GIS 技术在政府管理中的应用等。[23] 在牛卫秦的《兰州市园林地理信息系统的开发与应用》一文中，主要以兰州市园林局的"园林地理信息系统的开发"项目为题，深入讨论了在园林绿化行业中应用计算机实现数字化管理的手段，基于城市园林绿化数据建立地理信息系统，从而提高园林绿化部门规划决策的科学性和工作效率。[24] 周铁军、张浩的《数据挖掘技术在园林信息系统中的应用》介绍了如何将计算机技术应用到长沙市园林系统中。我国各地园林档案管理部门都在陆续更新档案管理基础设施，引入信息化的管理模式，提高档案人员的专业技术，通过更高效的档案工作服务于园林绿化和城市建设，[25] 例如廖雅莉的《城市园林档案建立与管理》[26]、于淑清的《城市园林档案数字化建设初探》[27]、张利平的《试论城市园林档案建立与管理》[28] 等。然而，现有研究都侧重于从园林档案的管理工作角度出发，未涉及保护更新与档案的关系。

另外，随着技术的快速发展和更新，新技术在城市园林档案信息工作中的运用也越来越受到关注，朱宁在其硕士论文《结合 BIM 技术的工业遗产数字化保护与再利用策略研究》中总结和归纳了利用建筑信息模型（Building Information Model, BIM）技术的工业遗产数字化保护和再利用的策略，结合 BIM、GIS 等混合数字技术对工业遗产数字信息体系的构建进行探索，探讨了如何基于新技术搭建工业遗产数字信息库以及工业遗产数字信息交互平台。[29] 金路在《文化遗产数字信息资源管理研究与应用——以故宫世界文化遗产监测系统为例》中指出文化遗产的信息资源是无限的、可再生的、可共享的，其开发利用可以替代性地应用于文化遗产监测、管理及展示交流，并探讨了文化遗产监测管理中数字信息资源的范围及重要意义，同时结合故宫世界文化遗产监测管理信息系统的建设管理和应用，预测了未来文化遗产数字信息资源管理的趋势。[30]

总体上看，国内建筑与园林遗产文档工作的研究主要着重于档案管理，对保护工作而言实践操作性不强，体系还不够完整。国外有大量的指南性文献，对城市景观遗产文档工作的具体内容和方法予以说明和指导，并采用数字化等新技术实现资料的保存、利用和共享。城市景观遗产既包括建筑、动植物、水体等要素，又包括各类要素形成的整体环境，这就造成文档工作的对象类型多而复杂，因而文献资料信息的合理分类框架尤为重要。美国的文化景观文档工作考虑了文化景观的特性，《文化景观报告指南》也对如何将文化景观数据与公园的规划和管理相关联给出了详细说明，开始重视资料与规划利用层面上的衔接，但其信息分类仍缺乏对景观时间要素的考虑。英国的 HLC 则衡量了景观的时间要素，尤其体现在对历史事件的调查与记录中，研究历史事件对当下景观形态与特征的形成及影响的关系，从而了解景观的历史演变并做到持续动态的管理。英国遗产委员会在管理和规划利用的过程中整合历史景观信息，从对资料信息收集利用到储存维护，再到管理利用，形成了一个完整的周期，同时也将信息对管理者、规划师及公众等不同的使用者开放。以上方法都值得借鉴。

3.3 理论方法

在了解了国内外遗产档案信息工作的研究现状后，以下两个实际案例将进一步列举遗产档案信息工作的内容，特别是信息的分类和记录方法。

3.3.1 美国文化景观报告档案

前文中已粗略介绍过文化景观报告（CLR），作为美国国家公园管理局关于文化景观研究、保护、规划和管理的工具之一，CLR 在美国的公园保护体系中有着至关重要的作用，是管理、处置以及如何记录处置过程的指南。

美国国家公园管理局于 1998 年出版的《文化景观报告指南》（简称《指南》），详细介绍了如何从文献和数据的角度运用 CLR 这一工具进行文化景观的保护和管理工作，其对于信息、文献、数据的处理方法颇具系统性和规范性，值得借鉴。根据《指南》可以梳理出可供参考的理论和方法，以清单（Inventory）（图 3-3）为例，清单中列出景观的名称、地点、时间等最基本的信息，还有景观类型、土地使用、边界限定以及附图说明等主要景观节点信息。但同时也可看出，清单主要侧重宏观信息的把握，并不包含详细的景观场地背景、内容以及深入的分析。因此，下一步便需要运用 CLR 这一工具来分析公园保护、规划及管理工作。

对于如何撰写一份综合完善的文化景观报告，以及每部分应包含的内容，《指南》给出了标准式的模板，其中详细说明了每个模块需要包含的内容以及所起到的作用（图 3-4）。

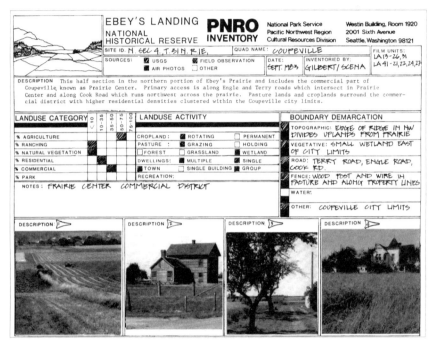

图 3-3　美国文化景观清单示例

目录表格

前言

- 管理总结
- 历史概况
- 工作范围和方法
- 研究边界描述
- 结果总结

其中，管理总结主要描述项目的目标，历史概况提供景观的简要背景，然后在接下来的工作范围和方法中进一步详述。

第一部分：场地历史，现状，以及分析和评估

主要对景观及周边环境的历史和现状进行梳理、总结，并作相应分析和评估。

"场地历史" 主要描述景观的历史发展状况，时代背景，以及所有重要的特征和特点。文字应当基于调查研究和史料，并且对于景观的重要性以及其物理特征、属性、特点的描绘应当有充足的支撑材料。

"现状" 主要描述景观的现存状况，包括景观特征的文献资料，如土地使用、植被、结构等。此部分基于场地研究和调查，包括现场调研和场地特征的文献资料工作。现状场地功能、游客服务和自然资源在一定程度上有助于或能够影响到下一步的处置工作。

"分析和评估" 主要比较场地历史和现状的研究结果，从而能将景观作为一个整体来识别其特征的重要性。

"第二部分：处置"

主要基于文化景观的重要性、现状和使用，描述针对长期性管理的保护策略，同时也包括对整体管理目标的讨论。该部分的表现形式可以为描述性文字，处置规划及/或者设计。

"第三部分：处置记录"

总结了工作意义，工作开展和完成的方法，时间要求和经费等。该部分常以附录的形式出现。

附件，参考书目，索引

图 3-4　文化景观报告大纲模板

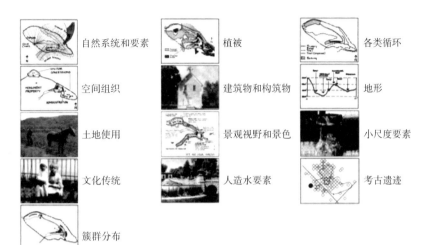

图 3-5　景观的重要特征

在"场地历史，现状，以及分析和评估"中，尤其是其中所提到的文化景观保护内容和文献资料来源详细列出了档案信息工作需要记录的信息类别，例如景观的重要特征（图3-5）。景观特征分为有形的和无形的，它们根植于历史，帮助我们更好地理解其文化重要性；景观特征的内容则包括模式、与场地的关系，以及细节和材料。

另外，《指南》还给出景观研究的文献资料可能的来源（表3-2）。

表3-2　景观研究文献资料的可能来源

文字资料	公开出版的二次文献，日记和日报，景观设计杂志、一般杂志、编目资料，报纸，当地的记录，手稿收藏，登记的契据，登记的遗嘱，国家公园管理处的行政文档，植物清单和编目
公司记录	可以包括与该场地有关的农业公司、景观公司、建筑公司等
视觉来源	地图、场地平面图和测绘资料，设计图纸，绘画、速写，照片，电影，视频
口述历史	如磁带形式记录的前拥有者的口述
国家公园系统资料库	公园图书馆和档案馆，国家公园管理处的电脑数据库，哈泊斯费里中心图书馆和摄影资料，丹佛管理中心技术信息中心
其他资料库	电脑数据库，图书馆，国家档案馆，历史和保护协会，县（郡）政府，博物馆和画廊，社区资源，景观建筑公司、苗圃公司、建筑师、工程师的档案，互联网

3.3.2 北京优秀近现代建筑保护名录

我国较早意识到历史建筑保护的重要性，并积极通过文献资料开展其保护工作的当属北京市。早在 2006 年 3 月，北京市规划委员会即开始编制《北京优秀近现代建筑保护名录》（第一批），并于 2007 年 11 月得到北京市政府批复随后正式公布。[31]

该名录是第一份经过政府审批的保护建筑名录，因此在法律法规上明确了保护的层级和重要性，说明了北京市历史资源保护工作是整个城市历史文化遗产的一部分。同时，该名录也是对文物保护单位评定标准的一个重要补充，解决了未达到评定标准但也极具历史和科学价值的建筑保护问题。虽然这些建筑不受《文物保护法》的保护，但有专门的管理办法，标准也基本接近文物保护。

北京市城市规划设计研究院城市设计所作为承编单位，对于整理出的备选单位进行了大量的实地调查和资料收集工作。调研的基础信息包括文字信息、图片信息和矢量信息。最终确定登录了 71 处、188 栋建筑，包括从晚清、民国到中华人民共和国成立再到"文化大革命"结束各个时期的居住、交通、工业等建筑类型。

登录的文字信息中包含了建筑的原有及现有名称、年代、位置、面积、用途、结构等基本信息，以及建筑特点和历史背景的简要描述。图片信息则包括建筑整体和局部的照片，以及在北京城中的位置示意图（图 3-6）。

因此，可以总结出具有记录价值的建筑信息（表 3-3），并应用于其他城市的近现代建筑信息记录中。

通过研究现状和案例分析，可以发现目前仍缺乏对景观遗产文档工作的基础研究，在具体实施的过程中存在不少问题，突出体现在：①文献资料的管理和记录缺乏系统整合，导致历史片段的缺失，在利用时仍需耗费大量的人力物力搜集整理。②景观遗产文档工作在国内外主要沿用建筑和古迹的记

政协礼堂			
建筑概要及保护要求			
建筑名称	政协礼堂	原有名称	政协礼堂
建成年代（年）	1955	建筑位置	西城区太平桥大街西侧
建筑权属	全国政协	建筑类别	行政办公建筑
建筑现有用途	会议、办公	建筑原有用途	会议、办公
基底面积（公顷）	约 0.60	总建筑面积（平方米）	13 576.00
包含建筑个数（栋）	1	最高点高度（米）	24.60
文物等级	其他	保存状态	好
设计人	赵东日	设计单位	北京市建筑设计研究院
建筑结构	现浇钢筋混凝土框架结构	备注	
建筑特点	该建筑平面布局左右对称、坐北朝南。屋顶为平屋顶，可做露天花园或露天晚会使用。立面采用传统的三段式处理手法，正面大台阶，大门高 10 米，花岗石圆拱式柱廊，柱头、柱脚饰以卷草和莲花纹饰。外墙基座为传统雕花须弥座，剁斧石墙面，屋檐为冰盘配以斗拱，屋顶女儿墙分别采用栏板式平墙和望柱式花栏板，全部装修为米黄色。整栋建筑高低错落，庄严朴素		
历史背景	政协礼堂是北京当时规模最大、设备最完善、标准最高的会议兼办公建筑		

图 3-6　北京优秀近现代建筑保护名录示例（政协礼堂）

表 3-3　具有记录价值的建筑信息

基本信息	保护信息
建筑名称	建筑现有用途
建成年代	建筑原有用途
建筑位置	文物等级
基底面积	保存状态
总建筑面积	设计单位
建筑权属	设计人
建筑类别	建筑结构
包含建筑个数	建筑特点
最高点高度	历史背景

录方式，在一定程度上缺乏对景观遗产的针对性，尤其对于植物要素，记录存档的更新周期尚无定论，仍处于探索阶段。文档工作记录的信息资料也有待系统分类，以便完整全面地记录文化景观。③在景观遗产文档信息的利用方面，管理者和使用者（规划设计师）之间存在隔阂[32]。景观遗产保护工作的整个过程"涉及各类的权益相关者，包括业主和大众，管理者和决策者，都需要正确了解并参与到保护政策的制定和实施中来"[33]。景观遗产保护的多学科和实践性特征要求其文档信息工作尤其需要注重资料信息的储存与利用之间的衔接关系，因此，一个多面向性且相互关联的信息系统及信息阐述至关重要，也是充分挖掘信息的潜在价值并且避免信息的分散与孤立的关键之处[32]。

3.3.3　理论构建

为了忠实记录景观遗产的时空演变，体现其历史和文化价值，为保护更新提供依据，明确文档工作的方法以及信息分类保存和利用方式至关重要。

只有将文档工作纳入保护规划的整体框架中，才能使文档工作更好地运用在城市景观遗产的保护更新中。对于文化景观保护规划框架，《巴拉宪章》将其分为调整、决策和行动 [34] 三阶式流程，盖蒂保护研究院（Getty Conservation Institute）则依据《巴拉宪章》提出创建意义陈述的、以价值为中心的保护规划框架 [35]，但仍是三阶式的线性流程。保护规划作为一项不断推进的工作，应当是一个循环的过程 [32]，这样才能使档案信息在景观遗产保护更新的持续变化中获得信息资料的新来源，自身不断更新。因此，基于整体保护和公众参与的系统循环的保护规划框架（参见图2-1），遗产信息有了一个采集—储存—传输—更改—利用—回收的宏观循环周期，文档工作转变为动态循环且不断更新的过程。

对于文献资料工作而言，则有一个自身的微观循环过程：首先是"源"，即文献资料从哪里来的问题，所以第一个步骤应为获取资料，例如从档案馆、图书馆收集，通过网络搜索或实地调研、走访等；其次是"存"，即获取资料后面临的如何保存的问题，这里的保存不单单是指如何保管这些文献资料，而是从筛选并记录有价值的资料，确定保存对象，到整理，再到分类归档，以及建立信息数据库等问题；最后是"用"，即文献资料的利用问题，利用对象涉及公众、专家（包括规划设计师）和管理者，三者各有对应的需求，这些需求最终又再次回归到"源"上，从需求出发确定内容，指导如何获取以及获取什么样的文献资料问题。因此，"源""存""用"可以作为城市景观遗产文档工作的三个基本步骤，通过三者之间的相互关系形成一个循环且不断更新的文档工作流程，对资料"源"收集与分类，进行合理且系统化的"存"，并作为"用"的基本依据，而"用"的过程记录与产生的新信息则重新归入资料"源"（图3-7）。下面以城市历史公园为例，说明这三个步骤。

图3-7　文献资料工作基本步骤

1. 源

文献资料的收集是文档工作的起点，重点在于明确文献资料的来源，并且全面、系统地收集。景观遗产保护工作的跨学科特征意味着资料的来源相对分散，包括遗产记录者的测绘图纸和分析评估报告、遗产保护专家的调查研究报告、规划设计者的干预处置报告和相关文件以及散落于公众的个人收藏资料等。资料信息分布于各档案馆、图书馆、公园管理处以及高校等其他相关机构，需要通过一定的接收制度和征集方法将分散在各处的资料系统地收集起来。对资料信息的最初来源应加以注明，并对各类文献资料的质量、价值和真实性等进行批判性评估，评估的标准和方法也应当有相应的记录。

2. 存

文献资料的保存首先涉及的是记录，对信息处理者来说，最为关键的是理解遗产对象，因为理解对于做出明智的决策、确定优先事项、设定策略是极为必要的。[32] 只有充分理解了遗产价值，才可能对遗产信息资料做出恰当的评估，进而进行处理（图3-8）。其次是资料的整理，对收集所得资料进行分类筛选并确定记录保存的方式和载体等。系统化整理需要建立保存的信息框架，以达到统一和规范的信息记录。这部分工作可以参照档案学的分类保存方法，按照年度分类，也可以按机构（或部门）分类，或者按照保管年限——永久、长期或短期——分类，又或者采用综合的复式分类法。保存的载体也非常多样化，除了纸质的文字记录，还包括图纸、照片、音频、视频、模型（实体模型和3D模型）、实物等，比如在上海中山公园举办的图片展"百年公园，留影人间"，展出了众多公园的老照片（图3-9），引人回忆；再如上海复兴公园展示馆内展示的旧门票（图3-10）和写有"复兴公园"四个字的牌匾，也吸引着游客驻足流连。

图3-8　文献资料工作保存环节要点

图 3-9　中山公园百年图片展中的老照片　　　图 3-10　复兴公园展示馆中的旧门票

在记录文献资料之后便涉及呈现方式和保存形式的问题，主要方法有两种，一是使用传统媒介存档，二是对资料进行电子化处理。相比而言，电子化的储存媒介更有利于信息的高效整理以及开放共享，但也存在软硬件的不稳定造成信息崩溃与遗失等问题[36]。另外，由于景观是一个动态变化的过程，保存信息后还需要对其不断维护，如更新和补充新的现场资料。

3. 用

"用"的环节涉及多种群体的需求，而需求本身则体现出文献资料的价值所在。公众主要出于文化传播的目的使用景观遗产信息，以深入了解景观遗产的历史价值及文化内涵。需求可以是直接的，也可以是间接的：直接需求体现在查阅资料，通过阅读和浏览了解自己所感兴趣的信息；间接需求体现在这些资料对遗产对象的影响，即人们在游览的过程中能够通过规划设计或者更新改造的结果知晓信息，比如 2014 年上海鲁迅公园改造中对 1929 年的沙滤水饮水器的复建[37]，很好地还原了那一阶段的历史信息，满足了公众对文化传播的需求。管理内容主要包括日常的维护管理和监测报告，以及与公园保护信息记录相关的内容（表 3-4）。

专家需要依据文献资料对景观遗产的历史、现状，以及其社会、经济和生态等信息进行更深入的调查研究及分析评价；规划设计师对场地的干预和处置首先需要获取场地信息并明确设计策略，以此为根据进行保护更新规划，因而对文献资料工作的要求也最高。作为最终环节的"用"并不代表信息资料利用管理流程的结束，而是意味着新一轮流程的开始。

表 3-4　与公园保护信息记录相关的管理内容

日常事务	绿化养护	植物清单更新
		维修养护记录
		植物认养清单更新
	古树名木	清单更新，设立标牌
		维修养护记录
	建筑物、小品、雕塑	清单更新
		修复养护记录
	水体	水质监测记录
		清理维护记录
		水生动植物管理记录
	活动	公园大事记
		各类展示、游园活动记录
文献资料收集	文字、图像记录	历史文献、旧报刊文章
	实物	牌匾、楹联、旧门票等

4. 理论框架

"源""存""用"三个环节的关系至关重要，然而在现实工作中三者之间往往存在隔阂。国外有学者指出：遗产信息的使用者主要是遗产保护专家，信息的提供者主要是遗产记录人员。然而他们的专业擅长是不同的，专家擅长研究、分析、规划，却可能对记录方法和工具并不熟悉；记录人员有着专业的摄影、软件技能，却可能缺乏相关的知识。因此，只有精诚合作才能消除这种隔阂，从而达到提高保护水准的目的。[32]

三者之间并非线性过程，而是动态循环过程。三个环节互相影响，不断更新并完善文档工作的资料信息，各方群体出于自身能力与需求不同程度地参与其中，最终达到更好地利用文献资料来保护城市景观遗产的目的。基于以上认识和思考，研究团队提出景观遗产文档信息工作的理论框架（图 3-11）。

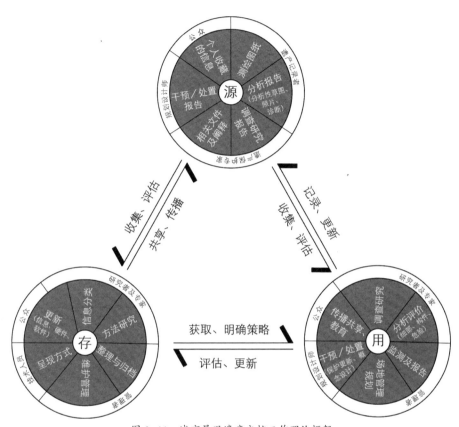

图 3-11　城市景观遗产文档工作理论框架

3.4　信息分类

　　合理的信息分类是进行全面信息记录的前提，也为下一步建立信息数据库打下基础。如何对景观遗产的信息科学分类？在提出的理论框架基础上，可以将现有的景观遗产保护相关法律、规范等文件作为依据，确定分类原则，参考已有分类方法，从而提出合理的分类体系。

3.4.1　法规依据

与景观遗产保护相关的法规文件为遗产信息提供了权威的分类依据，虽然并不能给出明确的分类条目，但从原则上给予了指导。景观遗产保护领域的法规包括：世界遗产、古建筑和历史古迹等相关国际性法规；我国的文物保护相关法规；地方性公园、历史风貌区、古建筑等保护条例等。这些法规文件中几乎都提到了记录工作的重要性，例如除了前面介绍过的《威尼斯宪章》第十六条对于记录的要求，在《古迹、建筑群和遗址记录工作原则》[39]中也提道：

文化遗产的记录工作在以下方面是至关重要的：a.获取知识，以增进对文化遗产及其价值和演变的了解；b.通过传播所记录的信息，提升民众保护遗产的兴趣和参与性；c.能够对文化遗产的建设工程和各种变化进行有根据的管理和控制；d.确保对一处文物古迹的维修和保护时特别关注其外形、材质、构造及其历史和文化价值。文化遗产的记录工作应当被视为一项重点工作。

此外，很多法规准则中还提到了记录的具体内容，为具体的景观遗产信息分类提供了借鉴。

3.4.2　分类原则

首先，应保证分类的科学性，在相关国际、国内的法规框架下，科学有效地确立城市景观遗产的保护方向，同时结合地方实际，依据地方性法规，切实确定保护信息的内容。同时，遵循世界文化遗产保护的原则，维护城市景观遗产的自然资源和文化本底的真实性和完整性。其次，分类应体现系统性，按照某些特征或顺序划分模块、进行排列，形成合理的体系。并且，这一体系应当随着时间和事物的变化延展，能在变化中扩充，从而不断地满足

需求。再次，分类应当具有一定的兼容性，分类标准应普适于所有不同类型
的景观遗产。最后，将保护工作置于当地的历史文化背景中，参照"景观特征"，
使所选信息要素体现出地方特色。

3.4.3　分类参考

关于城市景观遗产的哪些信息需要记录、如何分类，可以借鉴和参考现
有研究成果。在文化遗产的档案信息工作方面，国际上有不少文献进行了论
述，例如文章"Integrated Documentation Protocols Enabling Decision Making in
Cultural Heritage Protection"[38]（《综合档案信息草案使文化遗产保护中的决
策成为可能》），研究文化遗产的分类方法（表3-5），虽然总体上仅分为三类，
但亚类的维度相当多样化，比如从历史纪念物的角度、利益相关者和使用者
的角度等，对城市景观遗产信息分类很有启发性。

表 3-5　城市景观遗产信息分类参考

数据分类	数据亚类
历史文档	纪念物的历史 利益相关者数据 见证 文献书目 使用 法律条文 描述
建筑材料特性描述	材料类型 材料特性描述 材料性能
处置文档	总的处置数据 材料和技术 应用数据 处置评估 描述

《古迹、建筑群和遗址记录工作原则》[39]同样具有权威性和参考价值，其中的"记录目录"（Content of Records）提到用于识别记录的因子有名称、日期等基础信息，也有应该包含的详细信息，如类型、风格等（表3-6）。

表3-6　《古迹、建筑群和遗址记录工作原则》中规定记录的信息分类

须加以确认的记录	a.建筑、建筑群和遗址的名称；b.唯一的参考号码；c.汇编记录的日期；d.记录组织的名称；e.摄影、图示、原文或书目文献、考古和环境记录等相关建筑记录和报告的参照注释
必须准确记载古迹、建筑群、遗址的位置和范围	可以通过描述、地图、图纸或航片来反映。在农村，参照地图或根据已知的点做三角测量，也许是唯一可行的方法。在城市地区，只要相关的地址和街道便以足够
应当注意新的记录	未直接从古迹、建筑群和遗址本身获得的所有信息资源
记录资料应当包括右侧部分或所有信息	a.建筑、古迹或遗址的类别、形式和范围；b.如有可能还应记录古迹、建筑群、遗址的外在和内在特征；c.性质、特性，遗产的文化、艺术和科学价值及其组成部分，以及下列事物的文化、艺术和科学价值：材料、组成部分和工程、装饰、装饰品或碑铭；设施、设备和机械；附属建筑物、公园、景观和遗址的人文要素、地形和自然特征；d.用于建造和维修过程中的传统、现代技术和技艺；e.确定始建时代、建造人、所有者、最初的纹饰、范围、用途和装饰等的有关物证；f.确定此后其使用历史、相关事件、结构和装饰的改变、人类及自然外力影响的物证；g.管理、保护和维修的历史；h.建筑物或遗址材料的典型成分或样品；i.遗产现状的评估；j.遗产与其周边环境之间视觉和功能关系的评估；k.人为及自然原因，以及环境污染和邻近土地使用对文化遗产所造成的不良影响的评估
不同的记录动因需要不同层次的细节	对于所有的信息，即便是简短的描述，也可以为当地的规划和建筑控制与管理提供重要的资料。遗址或建筑所有者、管理者或使用者在保护、维修和使用时通常需要更为详尽的信息

3.4.4　分类框架

在参考借鉴已有信息分类方法的基础上，将城市景观遗产文档信息分为描述性信息和说明性信息两大类。描述性信息是对城市景观遗产时空要素的

基本描述，是对不同时期景观遗产的直观记录。说明性信息不直接描述景观时空本身，而是对事件的记录和补充说明，不具有时空性质，它通常伴随景观遗产保护过程中的相关事件而产生，如监测检查报告和建造技艺等。

1. 描述性信息

亚历山大在《建筑模式语言》中运用"事件模式"与"空间模式"来描述城市，认为城市是由发生在场所中的事件所支配[40]，指出"一个地方的灵魂不单单依赖于物质环境，还依赖于我们在那里体验的事件的模式。建筑作为一个具有象征性与历史记忆的场所，建筑师的任务就是'创造场所'与寻找'过去的存在感'"[40]。"创造场所"即创造空间，"过去的存在感"则来自事件，不同的事件在历史深度的叠加中形成过去对当下场所的影响，是具有时间性质的要素，同时二者又相互关联——事件的发生依赖于空间载体，空间又由于事件的影响而相应改变。因此，文本将空间和事件作为描述城市景观遗产的两个方面，搭建起涵盖城市景观遗产的"空间 + 事件"框架，既包含空间信息，也介入了人的影响，以全面描述城市景观遗产的时空要素。考虑到城市景观遗产的特征，除了人类的活动，自然的变化（包括植物的生命活动）也可视为事件。空间与事件分别可以从宏观和微观层面上进行描述。宏观层面的空间信息主要描述文化景观的整体特征，如地段与街道格局、空间结构及空间形态等；微观层面的空间信息主要描述文化景观的单体特征，主要包括建构筑物、基础设施等人工要素，地形地貌、动植物、水体、山石等自然要素，以及楹联铭文等装饰性要素等。宏观的事件信息主要记录景观的社会背景变迁、管理机构变化；微观的事件信息则主要记录展览、节庆、文娱等各项不同的活动。描述性信息的时空性质使它与研究者的历史调查研究以及规划设计者的保护更新设计直接相关。

2. 说明性信息

说明性信息是对城市景观遗产非时空要素的补充说明，通常伴随文化景观保护过程中的相关事件而产生，包括建造技艺、更新改造中运用的科学技术、监测报告与记录，以及设计理念及审美价值等。说明性信息与管理者的记录、管理和维护工作直接相关，大多为调查监测、场地干预的过程中产生的报告和记录文件，实质上属于管理者和规划师利用资料后产生的新信息，根据"源""存""用"的循环联系，也应记录此类信息。说明性信息的分类可依据文化景观保护框架中的分析评价、规划设计、处置实施、干预评估和维护检测，并由此得出详细的城市景观遗产信息分类框架（表3-7）。

表3-7　城市景观遗产信息分类框架

信息类别			宏观		微观	
描述性信息	空间信息		地段与街道格局		地形地貌（地理坐标、地形测绘）	
		空间结构	平面布局（轴线、空间分布）		建构筑物（基本信息、功能、面积、结构、材料）	
			空间性质（封闭性、风格）		植物（基本信息、配置方式、生长状况、维护报告）	
		空间形态	形状	空间要素	水体（基本信息、位置、尺寸形态、水质监测）	
			大小		动物（基本信息、数量、种类）	
			边界		山石（基本信息、类型、结构）	
			天际线		基础设施（用途、位置、材料）	
					楹联铭文等装饰性要素	
	事件信息	背景事件	发展历程		展览活动	
					文娱活动	
			政策变化	事件要素（内部）	体育活动	
					庆祝与纪念活动	
			管理机构变动		军事活动	
					民俗活动	
说明性信息			分析评价		遗产保存现状评估	
					冲突和危险的评估（人为及自然影响）	

续表

信息类别	宏观	微观
说明性信息	规划设计	设计理念及审美价值
		建造技艺
		更新改造中运用的科学技术
	监测检查	监测检查记录
		文物勘测报告
	处置实施	场地处置报告（包括决策、数据变化记录、结果评估报告等）
	干预评估	场地干预报告（包括决策及其原因记录）
	维护监测	场地规划管理工作记录

本章参考文献

[1]   ICOMOS. International charter for the conservation and restoration of monuments and sites. decision and resolutions[C]. Venice: [s.n.], 1964.

[2]   ICOMOS. The Florence Charter[M/OL]. (1982–12–15) [2019–08–10]. http://www.getty.edu/ conservation/publications_resources /charters.

[3]   韩凝 . 建筑遗产基础资料汇编研究 [D]. 广州 : 华南理工大学 , 2012: 10.

[4]   宋雪 . 英国建筑遗产记录及其规范化研究 [D]. 天津 : 天津大学 , 2008.

[5]   History England. Historic Environment Records (HERs)[EB/OL]. [2019–08–12]. https:// historicengland.org.uk/advice/technical-advice/information-management/hers/

[6]   CLARK J, DARLINGTON J, FAIRCLOUGH G. Using historic landscape charactertisation: English heritage's review of HLC applications 2002–03[R]. English Heritage & Lancashire County Council, 2004.

[7]   王世仁 . 为保存历史而保护文物——美国的文物保护理念 [J]. 世界建筑 , 2001(1): 72–74.

[8]   杨锐 . 美国国家公园体系的发展历程及其经验教训 [J]. 中国园林 , 2001(1): 62–64.

[9]   Library of Congress. Historic American buildings survey/historic American engineering record/ historic American landscapes survey[EB/OL]. [2019–08–12]. https://www.loc.gov/collections/ historic-american-buildings-landscapes-and-engineering-records/about-this-collection/

[10]   张松 . 历史城市保护学导论 : 文化遗产和历史环境保护的一种整体性方法 [M]. 上海 : 上海科学技术出版社 , 2001: 167.

[11]   Historic American buildings survey/historic American engineering record. HABS historical reports: HABS/HAER guidelines: draft[C]. Washington, D.C.: U.S. Dept. of the Interior, National Park Service, Cultural Resources, Historic American Buildings Survey/Historic American Engineering Record, 1991.

[12]   American Society of Landscape Architects. Historic American Landscapes Survey (HALS) Documented Sites[EB/OL]. (2018–04) [2019–08–12].https://www.asla.org/uploadedFiles/CMS/ Professional_Resources/HALS/HALS%20Documented%20Sites_3–31–2016.pdf

[13]   UNESCO World Heritage Convention. Properties inscribed on the World Heritage List[EB/OL]. [2019–08–12]. http://whc.unesco.org/en/statesparties/it.

[14]   狄雅静 . 中国建筑遗产记录规范化初探 [D]. 天津 : 天津大学 , 2009.

[15]   中新网 . 意大利文化遗产保护体制 : 分散管理下特设监督人 [EB/OL]. (2012–08–15) [2019–08–12]. https://www.chinesefolklore.org.cn/forum/viewthread.php?tid=31361.

[16]   吴葱 , 邓宇宁 . 美国文化遗产测绘记录建档概况 [J]. 新建筑 , 2007(5): 103–107.

[17] 李春玲 . 古迹、建筑群和遗址记录工作原则 [N]. 中国文物报 , 2009–12–25(3).

[18] 梁哲 . 中国建筑遗产信息管理相关问题初探 [D]. 天津 : 天津大学 , 2007.

[19] 苏理昌 , 张艳菲 , 昝良 . 军队建筑遗产管理信息系统初探 [J]. 四川建筑 , 2013, 33(6): 86–87, 89.

[20] 金锋 . 用时方恨档案少——由苏州占典园林申报世界文化遗产引起的思考 [J]. 档案与建设 , 1997(6): 37–38.

[21] 刘繁艳 . 株洲市园林管理信息系统研建 [D]. 长沙 : 中南林学院 , 2005.

[22] 余刘琦 . 武汉市数字园林地理信息系统探索与实践 [D]. 武汉 : 华中农业大学 , 2007.

[23] 蒋熠 , 黄玉芳 . 基于 GIS 的苏州市数字园林系统设计 [J]. 中国建设信息 , 2009(8): 13–15.

[24] 牛卫秦 . 兰州市园林地理信息系统的开发与应用 [D]. 兰州 : 兰州大学 , 2011.

[25] 周铁军 , 张浩 . 数据挖掘技术在园林信息系统中的应用 [J]. 计算机与信息技术 , 2012, 20(2): 18–20.

[26] 廖雅莉 . 城市园林档案建立与管理 [J]. 湖南农机 , 2010, 37(5): 126–127.

[27] 于淑清 . 城市园林档案数字化建设初探 [J]. 档案天地 , 2012(5): 54–55.

[28] 张利平 . 试论城市园林档案建立与管理 [J]. 办公室业务 , 2013(10): 115–116.

[29] 朱宁 . 结合 BIM 技术的工业遗产数字化保护与再利用策略研究 [D]. 青岛 : 青岛理工大学 , 2013.

[30] 金路 . 文化遗产数字信息资源管理研究与应用——以故宫世界文化遗产监测系统为例 [J]. 故宫学刊 , 2014, 11(1): 457–470.

[31] 温宗勇 , 侯兆年 , 黄威 , 等 . 不该忘却的城市记忆 (上)——《北京优秀近现代建筑保护名录》(第一批) 全记录 [J]. 北京规划建设 , 2008(3): 112–149.

[32] LETELLIER R. Recording, documentation, and information management for the conservation of heritage places—guiding principles[M]. Los Angeles: The Getty Conservation Institute, 2007: 7–8.

[33] 尤卡·约基莱赫托 . 保护纲领的当代挑战及其教育对策 [J]. 陈曦 , 译 . 建筑遗产 , 2016(1): 4–6.

[34] WALKER M K. The Illustrated Burra Charter[S], 2004.

[35] 梅森 R. 论以价值为中心的历史保护理论与实践 [J]. 卢永毅 , 潘钥 , 陈旋 , 译 . 建筑遗产 , 2016(3): 1–16.

[36] BECK L S. Digital documentation in the conservation of cultural heritage: finding the practical in best practice[J]. International Archives of the Photogrammetry, Remote Sensing and Spatial Information Sciences, 2013(5): 85–90.

[37] wygujingfang. 鲁迅公园本月底开园迎客 85 岁饮水器重出江湖 [EB/OL].(2014–08–09)

[2019–08–12]http://sh.qq.com/a/20140809/007374.htm.

[38] KIOUSSI A, KAROGLOU M, BAKOLAS A, et al. Integrated documentation protocols enabling decision making in cultural heritage protection[C]. Berlin: Springer, 2012.

[39] ICOMOS. Principles for the recording of monuments, groups of buildings and sites[C].Sofia, 10, 1996.

[40] 亚历山大 . 建筑模式语言 [M]. 北京 : 知识产权出版社 , 2002.

第 4 章
上海近代公园档案信息工作

作为上海城市景观遗产亟待保护的一部分，上海近代公园在城市空间近代化进程中记录了上海城市公共空间规划建设以及生活形态的时代变迁，随着使用需求和周边环境的改变，近代公园也在处于持续更新与改造的过程当中。研究工作的目标是全面了解上海近代公园的档案信息工作现状，发现并有针对性地解决问题；提高对档案信息工作的重视，在今后的公园保护中切实加强相关措施，帮助公园管理方及规划设计师提高工作效率，增强保护意识；传承和发扬上海独特的历史文化，收集、整理上海近代公园翔实的资料，并且通过举办展览等途径进行展示，使广大游客从公园的发展历史中了解上海的文化特征和历史底蕴。

4.1　现状问题

由于上海近代公园大多于租界时期建成并开放，历史资料分散于当时各租界工部局等机构。然而，上海市园林绿化管理体制曾多次调整，行政管理机构也较为复杂。

最早的公园管理机构是"公共花园委员会"，它是由工部局在1868年（清同治七年）为英美租界公共花园（今黄浦公园）的落成设立的。到1899年（清光绪二十五年），公共租界工部局撤销各公园委员会，在工务处设立了公园与绿地监督（Superintendent of parks and open spaces）一职，后又设立了公园与绿地科（Parks and Open Spaces Branch）[1]（图4-1）。英美租界园林，其资料工作由公园与绿地科负责，公园与绿地监督为英国园林专家，负责每年撰写工作报告，列入工部局纳税人大会的年度报告（*Shanghai Municipal Council Report*）内的"Parks and Open Spaces"部分。其他临时或阶段性的工作报告刊载于工部局周报（*Municipal Gazette*）中。

上海法租界的公园管理机构是1862年成立的公董局，将园艺事务列入公共工程处的事务中，与路政并重。1919年初，公董局聘请园艺专家褚蒙梭来沪整顿种植业务，公董局董事会于同年9月22日决定将园艺事务从工程处分离出来。从1920年起，另设公园种植处，作为公董局附属机关之一，由市政总理处管辖。1931年7月，公董局华员大罢工后，各机关大行裁员，公园种植处于1932年改为种植培养处。1935年，公董局机关改组，种植培

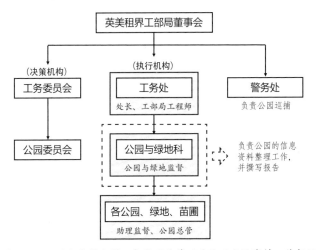

图 4-1 20世纪英美租界工部局园林管理系统及文献资料工作部门

养处被划入技政总管部。种植培养处的主要工作是管理法租界各公园，在公园、总领事署及公董局各机关种植、培养花卉，种植和管理行道树。[2]上海市政府的园林管理在抗日战争前分属于社会局、教育局和工务局，这种分散化管理，使得各辖区的园林布局、园艺风格、管理规程各有差异。[1]

法租界园林的资料工作也是由其园艺主任撰写报告并载入公董局年报。当时这些报告的主要目的是便于公众监督，然而在今天已成为我们了解上海近代公园的重要资料。

抗日战争胜利后，上海市工务局始设园场管理处，直接管理市区公园、行道树、街道绿地及园林苗圃。1956 年设直属于上海市人民委员会的上海市园林管理处，1978 年改制为上海市园林管理局。1982 年上海市人民政府在市园林管理局设置上海市绿化委员会，主要负责宣传、组织、推动全民义务植树运动和群众性绿化工作。[1]

到 20 世纪 90 年代初，大多数公园被下放给各区管理，同时又把多数市属的园林企事业单位组建为上海园林（集团）公司，实行事权下放，政企分开。市园林局逐步把工作重心转移到宏观管理上面，主要担负全市园林绿化行政主管部门的职责。1995 年后，各区又将园林绿化部分管理权力移交给各街道，将大量的事务性工作逐渐分摊开来。

2009 年，根据《中共中央办公厅、国务院办公厅关于印发〈上海市人民政府机构改革方案〉的通知》（厅字〔2008〕17 号）的规定，设立上海市绿化和市容管理局，为市政府直属机构，挂上海市林业局、上海市城市管理行政执法局牌子。[3]将原上海市绿化管理局（上海市林业局）、原上海市市容环境卫生管理局（上海市城市管理行政执法局）的职责划入上海市绿化和市容管理局。其中专门负责公园管理的为上海公园事务管理中心。2003 年，上海市园林绿化行业协会成立，为非营利性的行业性社会团体组织，协会的业务范围是行业管理、技术交流、业务培训、检查评比、中介咨询，行业准入资格资质审核等工作，与上海近代城市公园保护工作关系不大。

通常来说，无论是殖民时期的非租界公园，还是中华人民共和国成立后的所有城市公园，文献资料工作均应由其直接管辖单位负责，并每年撰写年度工作总结和计划；上海市绿化与市容局还创办了《上海绿化市容杂志》，提供了一个面向大众的窗口，但经调研发现各单位并未专门针对公园历史、保护、更新规划设置资料部门，而是多由办公室负责，未制定文献资料工作流程。

另外，由于部分近代公园属于文物保护单位，部分资料的管理工作涉及上海市文化广播影视管理局和上海市文物局。笔者整理出属于上海文物保护单位（或者登记不可移动文物）的近代城市公园或公园中遗存（表4-1）。

表4-1　属于上海文物保护单位的近代城市公园或公园中遗存

上海市县（区）级文物保护单位				
名称	公布日期	区（县）	地址	年代
曲水园	1959年7月21日	青浦区	公园路612号	清
古猗园	2000年11月1日	嘉定区	南翔镇沪宜公路218号	清
区县级文物保护单位				
名称	公布日期	区（县）	地址	年代
复兴公园（玫瑰园、大草坪、沉床花坛、水榭）	2009年6月5日	黄浦区	复兴中路516号	
霍山公园	1994年	虹口区	霍山路118号	
徐氏宅砖雕门楼	2004年1月6日	静安区	七浦路342号（已迁至共和新路1555号闸北公园内）	
区县级登记不可移动文物				
名称	公布日期	区（县）	地址	年代
法国总会／花园饭店	1994年	黄浦区	茂名南路58号	
凡尔登花园／里弄住宅	1994年	黄浦区	陕西南路39弄1-103号	
震旦大学博物馆／昆虫研究所	1994年	黄浦区	重庆南路225号	
大理石亭	2003年12月22日	长宁区	长宁路780号中山公园内	
钱氏宗祠	2000年8月	静安区	共和新路1555号闸北公园内	

注：上海近代城市公园中比较特别的是龙华烈士陵园，因其陵园的性质，所以并不属于绿化和市容局的管理范畴，而是归属于民政系统管辖。另外，由于这里是国民党淞沪警备司令部旧址和龙华革命烈士就义地，因而被列为全国重点文物保护单位和重点烈士纪念建筑物保护单位。

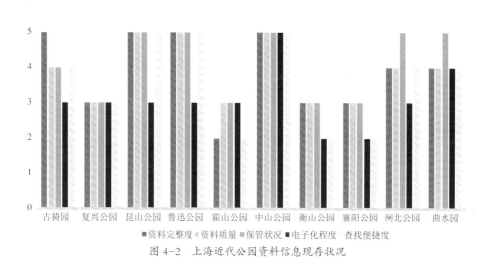

图 4-2　上海近代公园资料信息现存状况

　　为了解上海近代公园文献资料的保存情况，研究团队采用专家调查问卷和实地走访相结合的方式进行了调查，调查对象包括 10 座公园，情况如下（图 4-2）。

　　在调查的 10 个公园中，资料信息保存状况很好和较好的各有 3 个，其余 4 个保存状况一般。历史资料和现状资料完整度在 40%~80% 之间，虽能按一定规则整理存档，但电子化程度普遍很低，主要的信息保存形式仍集中为文字报告、图片等传统形式以及简单的电子文档，仅 4 个公园存有视频资料。总体缺乏成果共享意识，信息共享未能及时有效地进行。另外，各公园管理处的公园文献资料大多只存行政管理资料，少有针对公园保护更新的历史文献资料和空间信息资料。资料来源除各公园管理处外，主要依托于上海的档案管理、图书管理机构以及网络资源（表 4-2）。公园的地理空间信息资料主要集中在上海市绿化和市容管理局科技信息处，该处一直致力于上海智慧公园的建设，实现了公园视频监控、地理信息记录查询等功能。然而，其数据信息目前尚未对公众开放。

　　与近代公园相关的文献资料有《上海园林志》《上海名园志》《上海租

表 4-2　上海近代城市公园文献资料来源

资料来源	保存形式	主要内容	资料示例	相关网站
上海市档案馆	文本、图片、拓片、微缩胶片	历史文献，租界公园年度报告、大事记，更新改造相关文件、图纸	英美租界工部局、法租界公董局年报、周报	上海档案信息网
上海图书馆	图书、地图、各类志书	时代背景，历史变迁，图纸	《上海园林志》《上海租借志》《上海名园志》《虹口区志》	上海图书馆网、上海地方志网站
徐家汇藏书楼	图书、地图、区志	历史文献，时代背景，图片	《徐汇区志》	

界志》等，这里主要介绍上海档案馆所藏的有关近代公园的资料。前文提到的英美租界工部局公报、年报和法租界公董局公报、年报在档案馆是以微缩胶片的形式保存的，需要放到专门的胶片放大机上才可以阅读，因此查阅时颇有不便。与公园相关的内容在报告中的"Parks and Open Spaces"部分，故可以直接找到目录部分，再根据页码索引。该部分详细描述了当年辖区内各公园的经营、发展状况，并附有图片或图纸说明，但由于档案馆规定，无法复制或者拍照，因此不能在这里提供示例资料。

如需要上海档案馆的其他资料，可以登录"上海档案信息网"，在"开放档案一站式查询"中查阅开放的所有档案信息，但网站只提供该档案的馆编档号、起止年限、载体类型等信息，阅览全文则必须去上海档案馆提交复印申请或调档申请。在搜索上海近代公园相关信息时，要注意搜索关键字的选择，因为不少公园名称历经多次变化，不同时期的资料会对应不同的名称，在搜索时可以参考公园曾用名。

总的来说，上海近代公园文档工作尚未形成有效的信息储存利用体系，对于记录的信息分类还不完善，存在的主要问题有：

（1）资料来源分散、缺乏系统化管理。目前，上海城市公园文献资料工作包含在园林日常管理工作中，负责单位为上海市园林部门，与其他单位之间缺乏信息的交流与共享，尚未形成公园保护资料的系统化存档管理体制。

（2）信息提供者与使用者之间存在隔阂。相关信息记录和文档工作未形成规范化体系，造成了信息记录者、管理者与使用者之间的隔阂。近代公园信息和资料采集、管理、利用、分析的技术和方法都缺乏科学指导，无法实现科学化决策和系统化管理，导致在保护规划过程中无法有效地利用资料信息。

（3）信息的分类缺乏科学性。对于采集信息的内容及分类方法的科学性和完整性也有待提高，信息的分类保存方法没有与保护规划过程对接。另外，由于公园与文物的最大不同在于公园的动态演变特征，因此信息资料的及时更新尤为重要。

针对上海近代公园文档工作中存在的问题，可以借鉴英国与美国在景观文档工作方面的经验，结合本书提出的文档工作的工作方法及信息框架，提出如下相应对策与建议：

（1）在管理方面可以借鉴全国重点文物保护单位"分散建档，集中备案"以及"统一标准，分散录入，资源共享"的技术路线，建立一套完整的上海近代公园资料档案报送体系，并设立专门的机构或部门，用科学、系统的手段进行文献资料和档案的收集管理。

（2）建立完整的文档信息流动周期，资料的收集与保存需要考虑资料的利用，加强"源""存""用"之间的联系，使文档工作的资料信息不断更新完善，形成景观遗产保护规划的信息流，从而使文档工作更好地整合并服务于保护更新的过程。

（3）依据文档工作方法及信息分类框架，构建上海近代公园信息系统，实现公园信息的系统化整合，促进不同使用群体之间的交流与信息共享，推动近代公园的保护更新过程。

（4）为了加强管理者和使用群体之间的联系，上海近代公园信息系统应当是个面向多方的信息数据平台，并清晰阐明不同使用者信息获取的途径。

4.2　研究思路

4.2.1　工作框架

依据第 3 章论述的理论方法，结合上海近代公园文档工作的现状，研究团队提出了总体研究思路（图 4-3）。主要分为三个模块，"源"，即资料的来源，需要保证资料收集的完整性和可靠性，采用的方式主要有：档案检索、文献资料收集；现场调研；民间走访。"用"，即资料的使用功能，这一环节决定具体收集哪些资料，包括：维护管理；公众需求；保护更新。"存"，即文献资料的存储管理，是搭建"源"和"用"的桥梁，"存"的内容也是由收集了哪些资料和需要利用哪些资料决定的。

由此可见，三个模块间互相影响与关联，任何一部分的变化都会影响其他二者。在资料收集方面，通过档案检索和资料搜集能够得到比较全面的信

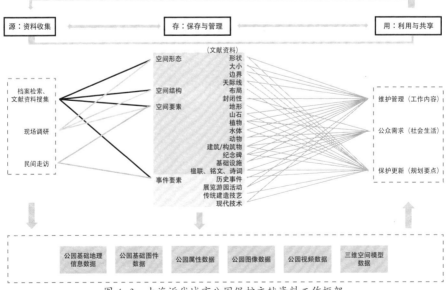

图 4-3　上海近代城市公园保护文献资料工作框架

息，例如文字报告和图纸等，可以得到有关空间形态、结构、要素以及事件要素的信息；现场调研主要通过视觉观察和对现状的测量得到空间信息；民间走访则侧重于对当事人的访谈，了解事件信息。在保存与管理方面，应该记录空间和事件因子的哪些信息则是由使用需求决定的，比如维护管理需要了解公园边界、植物生长、建筑物现状等，而公众则对动物、纪念碑、基础设施更感兴趣，对于保护更新的设计师来说，需要的信息更为全面。

1. "源"与"存"

前文在介绍美国文化景观报告时，曾提到景观研究的文献资料来源，包括：文字资料、公司记录、视觉来源、口述历史、国家公园系统资料库、其他资料库，该分类具有重要参考价值，但缺陷是分类不明确，例如文字资料是按照资料形式分类，而公司记录文档则是按资料来源分类。所以，在总结上海近代城市公园文献资料来源时，借鉴文化景观报告的内容，同时统一按照资料来源分类，使得类别明晰，同时，用于工作流程的部分能够便捷、直接地指导人们对资料的搜索。因此，"源"包括三部分，第一部分是相关单位机构，该类包含内容较多，也相当繁杂，既有与公园管理的相关单位和机构，如上海市容与绿化管理局及其下属的公园事务管理中心等，也有专门负责档案和图书管理的单位，如上海市档案馆、上海图书馆等。因这一来源可靠，且资料相对翔实，所以是上海近代城市公园文献资料的重要来源，对应到前文总结出的上海近代公园保护信息类别也最多，可以提供包括宏观和微观、空间和事件的各种信息。其余两部分，民间走访和现场调查都有很多不确定性，尤其是在民间走访的过程中，要判断资料的真实性，并且还要做好事后的勘误工作。同时，通过民间走访和现场调查获取的信息也有一定的局限性，不够全面，民间走访主要侧重于对于事件信息的了解，而现场调研则侧重于空间信息的获取。

2. "存"与"用"

"存"与"用"的关系与公园保护更新直接相关，具体哪些信息有助于城市景观遗产保护更新规划的合理制定和顺利实施呢？基于前文提出的信息分类框架，需要收集的信息包括公园的基本信息，特征、历史、形态、结构以及图纸等。因此，应当保存的文献资料中应涵盖空间和事件的所有保护信息。除了日常维护管理资料的需求，公园文献资料的保存还应当满足社会生活中的公众需求，包括基本需求、自然环境需求和文化需求[47]。在"存"这一步做到合理保管、清晰分类，才能保障"用"这一环节的顺利开展。

3. "用"与"源"

前文谈到"用"并不代表公园信息资料利用管理流程的结束，恰恰相反，正是"用"的需求指导了"源"资料的收集，而无论是保护规划、维护管理还是公众需求，都需要通过单位机构、民间走访和现场调查的方式获取。

4.2.2 复兴公园资料调查

复兴公园是上海唯一一座法国古典风格的园林，是中西方文化交融的见证，有"上海的卢森堡公园"之称，同时也是黄浦区文物保护单位，在上海所有近代园林中有着极为突出的地位，在上海近代公园文档工作的研究中具有代表性和典型性。

复兴公园位于黄浦区雁荡路105号，紧邻重庆南路、复兴中路，园址原为农田村舍，居住者几十户农民，称顾家宅。1900年法军侵入上海，将顾家宅强行建为屯兵地。1901年法军撤退，法租界公董局将此空地辟为法国公园，俗称顾家宅公园。公园占地130亩，于1909年6月建成开放，专供法国侨民游乐休憩。直到1928年7月才允许华人购票入园。1943年汪伪政权接管，改名为大兴公园。1945年抗日战争胜利后改名为复兴公园。[4]

复兴公园以其精美的法国规则式园林风格闻名沪上，包括图案式沉床花坛、中心喷水池、月季花园，由于年代久远因而具有很高的历史价值。另外，在中华人民共和国成立前风云变幻的百年间，公园也见证了许多历史事件的发生，比如 1937 年（中华民国二十六年）以前，法租界当局每年庆祝法国国庆日的活动大多安排在复兴公园内举行。据记载，租界当局会在公园道路两旁挂彩旗，在草坪上搭建检阅台、观礼台，以举行阅兵典礼，晚上园内彩灯绚烂，燃放烟火，举办舞会，游乐直至深夜。另外，复兴公园也举办过多样的活动，比如军事表演、文艺晚会、各类展览等，1951 年园内曾展出国民党军飞机侵犯上海时被击落的残骸。[5]

　　了解所有这些信息对于复兴公园的更新改造来说具有重要意义。例如，2005 年，上海市政协委员、市科协副秘书长施志健在上海市"两会"上提交了一份《关于将复兴公园改建成科普公园的建议》，建议拆除科学会堂与复兴公园间的围墙，建设开放式科普公园，而来自市科协的 23 名政协委员联名赞同。[6] 然而，由于诸多原因该提案最终并未实行。

　　研究团队基于教学和研究上的丰富积累，对复兴公园进行了资料收集和整理，分为物理空间、社会人群与活动使用、制度法规、公园改造、公园养护管理、多媒体资料记录、其他，共七类。已有物理空间资料包括 2008 年复兴公园总平面图、2009 整体测绘资料、2012 贯标资料及其他资料。同时，研究团队在此基础上对复兴公园的资料继续补充收集，例如文献资料主要考虑以下来源：电子资源数据库的论文、上海近代公园文献馆的相关地图、上海图书馆的地方志、上海档案馆的微缩胶卷，以及其他相关的数据库，收集得到的资料包括历史文献、照片、影像图等（表 4-3）。对于收集得到的数据，依据本书提出的信息分类框架进行整理（表 4-4）。

　　从复兴公园的信息收集整理中可以看出，说明性信息大多缺失，这一方面是由于信息收集存在困难，另一方面说明管理者的记录、管理和维护，以及规划设计师对城市景观遗产的干预处置未能及时有效地记录、公开与共享。这部分说明性信息的记录与共享对于推动文档工作的循环更新，以及消除各使用者之间的隔阂都具有重要作用。因此，需要促进并加强说明性信息的记录、收集、存档与共享。

表4-3　复兴公园文献资料来源

资料来源	相关资料名称	相关网站	备注
上海市档案馆	英美租界工部局、法租界公董局年报、公报	上海档案信息网	
上海图书馆	《上海园林志》《上海名园志》《上海租界志》	上海图书馆网、上海市地方志办公室网站	
上海近代文献馆	地图		
复兴公园展览馆（黄浦区绿化和市容管理局）	牌匾、门票、纪念物		民间资料
电子资源数据库	文献	知网、万方	
其他网络搜索	补充资料		

表4-4　复兴公园现状信息分类整理

信息类别			宏观	信息收集情况	微观	信息收集情况
描述性信息	空间信息		地段与街道格局	□ ○ △ ★	地形地貌	□ ○ ▲ ★
		空间结构	平面布局	□ ● ▲ ☆	建构筑物	□ ● ▲ ★
			空间性质	□ ○ △ ☆	植物	□ ● ▲ ★
		空间形态	形状	□ ● ▲ ★	水体	□ ○ ▲ ☆
			大小	□ ● ▲ ★	动物	□ ○ △ ☆
			边界	□ ● ▲ ★	山石	□ ● ▲ ★
			天际线	□ ○ △ ☆	基础设施	□ ● △ ☆
					楹联铭文等装饰性要素	□ ○ △ ☆
	事件信息	背景事件	发展历程	□ ● ▲ ★	展览活动	□ ● ▲ ★
					文娱活动	□ ○ ▲ ☆
			政策变化	□ ○ △ ☆	体育活动	□ ● ▲ ☆
					庆祝与纪念	□ ○ ▲ ☆
			管理机构变动	□ ○ ▲ ★	军事活动	□ ● ▲ ☆
					民俗活动	□ ○ △ ☆

续表

信息类别	宏观	信息收集情况	微观	信息收集情况
说明性信息	分析评价		遗产保护现状评估	□ ○ △ ★
			冲突和危险的评估	□ ○ △ ☆
	规划设计		设计理念及审美价值	□ ○ △ ☆
			建造技艺	□ ○ △ ☆
			更新改造运用的科学技术	□ ○ △ ☆
	监测检查		监测检查记录	□ ● ▲ ☆
			文物勘测报告	□ ○ △ ☆
	处置实施		场地处置报告	□ ○ △ ★
	干预评估		场地干预报告	□ ○ △ ☆
	维护监测		场地规划管理工作记录	□ ○ △ ☆

4.3 公园数据库构建

4.3.1 建设意义

经过近年的快速建设与改造，截至 2019 年年底上海已有公园近 400 座，公园已成为市民群众日常生活不可或缺的组成部分。上海作为中国近代公园发源地之一，在城市公园中的历史、数量、类型以及市民文化等方面具有代表意义。与公园数量、基础设施建设发展速度及规模形成对照的是，园林绿化管理的相关数据以及信息资料往往难以及时更新，这直接影响了公园管理、服务与养护的精准化与精细化。为此，需要借鉴当前国际上先进的公园管理和城市公共管理经验，进一步优化我国现有的管理与服务系统。[7]

通过建设公园数据库，能够将庞杂的信息、数据更好地分类归档，实现资料的电子化保存；能够方便信息检索，提高资料利用率，关键字搜索可以快速锁定所需的资料，从而充分利用原本闲置或被忽视的资料；能够实现数据的及时更新，尤其是经常变化的动植物数据，能够简化烦琐的传统记录流程，提高管理效率；将 GIS 数据库结合网站发布，用图文交互检索与显示的方式更加直观准确地提取信息，不单使管理者、规划设计师能够更方便地操作和查询数据资料，还可以促进公众参与。利用共享机制与平台，面向不同群体的需求提供资源共享服务，专家及时进行保护更新，管理者及时对共享平台进行维护管理，公众能够方便地浏览和了解公园的历史文化。

近年公园管养模式的改革对统一平台的数据库建设提出了更高的要求。例如，在管养分治模式下，部分公园纸面文档与数字化资料的内容格式、存取调用出现分离。此外，全市性公园事务管理中心、各市区绿化和市容管理局、各个公园之间的数据共享网络平台需要进一步整合。更为关键的是，城市数据、绿化数据与社会数据的整合，由于公园主管部门、行业条块以及公园自身等原因，在信息化程度上差别较大。上述问题都影响了作为全市（市区）公园全生命周期管理所需要的数据完整性与即时性（时效性）。因此，基于公园环境要素构成特点，亟待建立工程生命体、自然生命体、社会生命体的分类综合数据信息平台。

1. 工程生命体

此系统主要包括环境与构筑物、建筑物、标牌管理系统以及非植物设施信息系统等要素的数据信息库，针对这些设施本身的工程寿命与性能特点，统一建设包括地理信息系统和遥感影像数据库在内的空间信息平台，还应将分散存录的各公园管理文献如文档资料、工程档案、资产经济数据、历史文献（如大事记、造园史、节事活动）等以统一信息化的方式存档管理。

2. 自然生命体

此系统主要包括动植物及其栖身环境中重要的水、土壤等自然环境以及人工温室环境等的数据信息库。该系统的内容主要是根据公园的环境和动植物生长、栖息的规律，进一步明确其养护的动态工作管理要求，建立包括动植物信息的空间模型及其空间点属性特征的空间数据库（分类、编码、数据处理、数据库表等），利用航空遥感和卫星遥感等技术结合公园的 GIS 平台，结合移动数据信息采集与巡查系统，完成分区、分类别的自然要素生命期跟踪监管与保护。

3. 社会生命体

此系统数据信息库，结合社区人口数据、志愿者数据、城市交通与相关社会文化活动动态信息库，重点建立公园公共性社会文化活动与周边社区及城市重大节事的信息共享平台，在充分遵循公园分级分类管理体系的原则下，即时动态更新各个公园内的社会人群数量、密度、使用活动、社会矛盾与解决途径等日常公园空间的社会文化生命力信息。

4.3.2 衍生服务

近年对于公园历史文化保护以及生态环境的保护意识逐步增强。因此需要密切结合基础数据库和信息化管理平台，对具有敏感性特点的生命体系统或重点要素，如历史建筑或设施（假山、亭廊设施等）、古树名木、珍稀物种、人流集中场地或灾害性气候条件下的环境安全保障加以关注。借助固定监测站点和巡护双重维度采集，结合历史文物、遗产资源、生态环境、动植物、人群、交通、灾害性气候等公园数据，设置不同的监测与保障等级，建立包括日常性监测保障、重点性监测保障、重大极端条件（如灾害气候或大规模人流）下的预警保障等三级安全保障与自动预警系统，便于管理部门提前制定预案和即时处理突发状况。

1. 精准管理与服务

随着中国城市管理与公共景观管理的社会化管治趋势，上海市公园事务呈现出管理与服务双重维度上的精细化趋势。在宏观尺度上，通过相关法规与政策，分解、细化并制定科学的业务管理流程，利用现代化信息管理技术，对公园空间使用及各类新建和改造活动进行控制、引导和监督，促进公园与城市空间在经济、社会和生态环境方面的协同发展。在微观尺度上，结合工程、自然、社会三大生命体系统的生命力数据，确定公园养护管理内容的决策框架。尤其关键的是，在公园管理与服务的精准化目标实现过程中，有必要让多方管理部门、企业、行业服务甚至相关市民团体介入，而在公园各决策论证与选择的过程中，需要极大地依赖多元主体综合分析与协商上述三大生命体系统。例如，基于季节和时间的公园植物生命力特点、周边居民日常起居的社会生命力特点、特定场地的设施与建构筑物生命力状况，共同决定了公园公共服务水平与质量的高低。

2. 预警与保障

以物联网、综合应用光纤、Wi-Fi、移动互联网等多种网络技术手段为公园智能监测管理体系，可以通过各种信息综合分析与应用，提升园林运营、监测、管理和服务的高度自动化，实现对花草树木、设施、游客、车辆、景点、路线、卡口等多类信息的全方位实时监测。随着近年城市的信息化建设，全园区的多网络全覆盖基本形成，为公园多元网络体系的生命周期管理提供了全面的数据信息支持。基于数据信息互通互联，构建涵盖园区管理、园区票务、园区活动、园区安全、应急指挥等各项工作的综合管理决策和指挥调度平台，为园林的生命周期科学管理提供信息化支撑平台。在此基础上，综合应用大屏展示、网站宣传、呼叫中心、手机导游、交互终端等多种服务方式，构建智能化、网络化、便捷化交互的实时安保系统。基于全生命周期建立的安保联动中心，可以对上述三大生命系统做到实时信息互动，在任何区域，通过 iPad、监控室大屏幕或手机等终端进行 24 小时的公园巡视，监测公园每一个角落的生命力要素，使全生命周期中的运营维护大大简化，并且更加高效安全。

4.3.3 示范项目

公园数据库的建设具有重要的实践意义，基于数据库能提供众多服务，不仅是现实需求，也是未来发展方向。但是，城市公园，特别是历史公园的基础数据库建设相对缓慢。在2015年开始的"上海近代历史公园资源调查及数字管理基础数据库建设"项目中，研究团队开展了上海公园数据库建设的示范性研究，希望提高上海市公园事务管理水平，推动上海市公园事务管理事业健康快速发展，实现对上海市公园的统一信息化、数字化管理、维护与信息发布。其主要目标包括：

（1）资料收集存档：收集公园的历史文献和图档资料，包括：历史文献、历史图档与影像、历年改造建设的工程图档等。

（2）信息化收集：将纸质资料转录为数字化信息存档，将分散存放的各类公园相关资料如（公园测绘资料、植物信息、大事记、造园史、节事活动等）统一存档管理。

（3）数据库建立：建立具有空间点属性特征的空间数据库，在此基础上实现数据评价、决策支持、公共数据开放与社会共享。

下面将简要介绍研究项目的关键内容，即数据库体系架构、数据采集与录入、数据分类与编码、网络平台建设。

1. 数据库体系架构

公园数据库的体系采用分层、模块化的思想构建。体系架构分为标准层、数据层、管理层、服务层、应用层，每层由若干相互独立的模块构成，该架构的建立对系统的拓展性和互操作性性具有指导意义。

标准层提供了行业标准及规范，是搭建数据库体系的依据，为保障系统的共享性、专业性、可操作性打下了坚实基础。数据层是在数据标准化的基础上建立的数据库，实现对近代公园多源、多时相、多分辨率数据的集成和统一储存。该数据库体系的数据层由两个相互关联的数据库组成：以近代公园属性与其空间位置相关联的 GIS 空间信息数据库；以近代公园原始文件资料为主的图文影音数据库。管理层主要实现服务层与数据库之间的关联与控制，完成对数据的定义、维护、访问和修改，同时管理和满足服务层的数据请求，并实现数据的增、删、改、查，数据导入导出等操作。服务层主要提供各种空间信息服务工具，包括对数据层中空间数据的组织管理、查询检索以及空间分析、三维建模与显示等功能。应用层主要为近代公园保护相关研究人员和普通公众提供应用服务，可分为两类用户的应用，即普通客户端用户和专业应用客户端用户。

2. 数据采集与录入

首先需要建立数据采集与录入规范，以便于将纸质资料转录为数字化信息，将分散存放的各类公园相关资料如统一存档管理。

1）建立信息录入规范

以树木为例，对每棵树木进行编码，确保每棵树是唯一编码，标注每个字段的长度，是否可以为空、输入信息为文字或者数字等约束条件。数据录入 Excel 表格时，中文采用全角标点符号，英文采用半角标点符号；Excel 表格中单个单元格不得换行、键入回车键、输入特殊字符。图片需要与树木唯一 ID 身份编码对应，并采用统一的编码规范。统一图片的格式及长宽比例，建立图片 ID 与名称对照表，以便于记录图片内容。为适应网络播放，视频文件统一转为 mp4 格式，且视频分辨率统一。

在采集数据时严格遵守录入规范，以防在 Excel 表导入数据库过程中发生错误或信息丢失。采集信息表中大量重复出现的字段属性，建立字典表，在数据表中以代码标识。同时将采集到的数据录入 GIS 属性数据表和数据库属性表。

2）数据采集

从公园管理部门获取公园资料，并结合实地调查、图书机构文献检索、问卷调查、访问调查等方式对数据进行补充采集。公园文献资料的来源必须明确、全面、高质量，可征询专家意见，多方面主动收集，还可进行民间走访向公众征集民间资料。对已收集到的资料应进行分类、保存和更新，需要从空间形态、空间结构、空间要素、事件要素四个方面对资料进行保存与管理。

（1）实地调查

外业实际调研并补充测绘试点公园，形成专业测绘图件，以补充公园基础图件数据。可分为室外测量及信息采集作业、CAD 图纸绘制、元素属性 Excel 表格整理及 ArcGIS 文件绘制四个步骤。

室外测量作业参照上公园最新竣工图（施工图），利用皮尺、卷尺、红外线测距仪、手持 GPS 等测量工具对公园内现有植物、园灯、坐凳等元素现场定位，并依照比例在图纸上准确表示位置，灌木丛、地被等没有明确点位位置的元素描绘其位置边线。定位同时测量及记录各元素属性信息，其中包括乔木品种、树高、冠幅等；记录灌木、地被的品种；记录园林建筑类、园林小品类、其他设施设备类的类型、材质以及使用状况等。故此，测量作业时还要采集照片作为室内作业参考。

依据竣工图及测绘成果绘制 CAD 图纸，总图中共分为底图、乔木、灌木、其他植物、指示牌、垃圾桶、圆灯、长椅、雕塑、构筑物、喷泉、建筑等图层，并对每个图层中的各个元素依据室外作业精准定位。

（2）动态监测

日常监测周期分为定期和不定期，并对监测结果进行记录。各监测点应按规定的周期开展实时监测／定期监测的日常工作，并确保做好完整的日常记录，保证记录的质量和更新；针对具体监测对象、监测项目、报送形式、上传对象规范记录上报日志和报表的内容格式，说明监测手段和数据来源。还应根据监测对象不同，制定不同的采样周期和报送周期，明确正常情况、异常情况和特殊情况的界限，并制定发生各类变故与事故的相应管理措施和解决办法；规定文件档案数据的报告、保管和存档办法。其中，定期监测：A 类（植物）每月一次、B 类（建筑物、构筑物）每半年一次、C 类（设备设施）

每半年一次、C类（文化活动）每季度一次、E类（历史保护）每半年一次、F类（客流量）每日累计、G类（安全保障）每日巡逻累计、H类（环境卫生）每日一次、I类（规章制度）每季度一次、J类（人力资源）每季度一次、K类（文献资料）每半年一次；不定期监测：遇到特殊情况（如自然灾害、人为因素、生物因素）须及时监测和记录。

（3）问卷调查

公园作为城市中的主要开发空间，是市民和游客开展户外活动的重要载体。在规划与改造开发城市公园时，不仅要考虑游客的需求，还应充分考虑本地人的需求，因此可以借助问卷调查了解民众偏好，从而为公园的建设与管理提供参考。调查结果表明，公园核心的管理服务职能包含绿化养护智能模块、治安保障职能模块、环境卫生职能模块、开展文化活动模块和游客管理模块。

3）数据录入

根据数据的存储格式及系统对其处理方式，可分为如下几种数据源：①地图。空间数据源，是系统的主要数据源，包括各种地形图、用地规划图、规划控制图和其他专题图。②规划参数。属性数据源，既包括空间数据所表现出的属性信息，如用地类型、用地面积、建筑高度，又包括图集中关于相关地块的描述性信息。③图像。栅格数据源，包括扫描图像数据和卫星图像。④CAD数据。园区现有的部分来自 MicroStation 系统的数据。数据的录入可以分为以下三步：

第一步，数据核对。将获取的原始测绘 CAD 文件进行解译分离，分别获得打印版图纸文件和初始 Excel 文件，注意做到图纸编号和 Excel 文件对应。初始 Excel 文件中记录的内容包括：植物类型、片区、中文名、编号、规格、常绿或落叶、生长情况、古树名木等。在公园现场进行数据核对和补测工作。根据经验，常有的错误 / 误差有：植物物种记录错误、植物规格和属性变动、植物死亡缺失、新增种植植物。

第二步，数据关联。首先制作 GIS 底图，坐标系采用 WGS1984，底图位置根据 ArcGIS online 提供的底图，叠加全园测绘底图文件。在编辑模式中，按照 Excel 表中的顺序在 GIS 中打点，并依次记录下每个点的 FID 码。同时，在 Excel 中新建一列 FID，输入相同的数值。最后关联 Excel 与 GIS 文件，在 ArcGIS 中打开 Layer 的 Attribute table，使用 Join 功能，关联 GIS 中的表格和 Excel 文件。需要输入基于的字段（FID）和 Excel 文件的位置。

第三步，数据合并。对公园中不同片区数据进行合并。首先准备不同片区的数据文件，包括上述导出的 Shapefile 文件和各片区的 Excel 文件。对于 Shapefile 图形文件的合并，使用 Arctoolbox/Data Management Tools/General/ Merge 功能，利用 bh 列，关联合并后的 Attribute table 和 Excel 文件。

3. 数据分类与编码

1）数据分类

首先，将数据分为自然要素、建（构）筑物类、设备设施类等大类。

其次，将大类中的元素分为中类。自然要素分为乔木、灌木、其他（草花、地被、竹类、藤本）、动物；建（构）筑物类细分为建筑物（楼、阁、厅、馆、塔、榭）、构筑物（亭、廊、墙、碑、墓）；设备设施类分为小品设施、工程设施、游乐设施。

再次，列出中类元素对应的数据信息。例如，乔木信息包括名称、位置、规格属性、养护管理、古树名木、花期、其他。名称信息包含编号、类型大类（自然要素）、类型中类（植物）、类型小类（乔木）、中文名、拉丁名，其数据类型均为文本格式；位置信息包括所在公园、公园 ID 码、片区、种植方式（孤植、群植、片植、列植、绿篱），其中公园 ID 码为数值格式，其余数据信息为文本格式；规格属性包括胸径、树高、冠幅（单位为 cm，精确到个位数）、是否落叶（常绿或落叶）；养护管理包括生长情况（良好或不佳）、养护等级（分一级、二级和三级）、是否有病虫害（是或否）、病虫害内容、栽种时间；古树名木包括是否为古树名木（包括否、古树名木或古树名木预备木）、古树名木分级、养护等级与措施、负责单位；花期包括是否为观花植物（是或否）、花期开始月份、花期结束月份（参照网络查询结果，并结合公园咨询结果）；其他包括属性变更、图形变更、备注、照片。

2）数据编码

对数据库里属性数据进行编码，制定编码规则。例如：

前两位编码为公园代码，如复兴公园为"FX"，方塔园为"FT"，人民公园为"RM"；

第三至五位编码表示数据信息，第三位编码为大类类型，具体为：1（自然要素）、2（建构筑物）、3（设备设施）；

第四位编码为中类类型，自然要素大类的第四位编码为：1（植物）、2（动物）、3（山石）、4（水体）；

第五位编码表示数据信息，其中植物的数据信息为：1（乔木）、2（灌木）、3（其他）。其余类别也依此方法从1开始重新编号。

第六至八位编码为具体要素的前三个字的拼音首字母。若只有两个字，则第八位编码填第二个字的第二个字母，例如"樱花"为"YHU"，"紫竹"为"ZZH"。

第九位编码对应公园中的分区。1—4分别对应A—D四个区，方便四个区同时开展数据录入。

第十至十二位编码为每个具体要素的编号，从001起编。

因此，复兴公园樱花A区001号对应的编号为FX111YHU1001。

4. 网络平台建设

1）确定公园数据库结构框架

公园数据库结构框架为金字塔形，主要包括基础数据库、管理服务和监测预警。基础数据库位于金字塔底部，为测绘数据结合GIS平台，包含动植物、建（构）筑物、设备设施和古树名木等。在此基础上，管理服务为日常管理服务结合自动巡视系统，包含安全保障、环境卫生、规章制度和人力资源等；

监测预警为自动监测结合预警机制，包含游客量和自然环境等。

2）公园数据库平台界面设计

基础数据库的界面设计分为动植物类、建（构）筑物类、设备设施类、历史保护类。管理服务的界面设计分为文化活动、安全保障、环境卫生、规章制度、人力资源、文献资料。监测预警的界面设计分为自然环境、游客量。

公园数据库主页包括用户和管理员登录、滚动大图、12 个子功能标签按钮，其中登录界面包含用户名、密码、忘记密码、邮箱找回，管理员界面包含管理用户注册和电话邮箱绑定。

在主页左边第一列可选择数据目录（数据的子类别），包括动植物、建（构）筑物、设备设施和历史保护，继续在右边第一列选择区域和对象，左边第二列选择功能（功能见 Word 功能模块），可显示动植物、建构筑物、设备设施或历史保护的基本信息、规格属性、养护管理、数据统计等。每一个功能模块点开之后，右侧会显示不同的属性栏，同时中间的 GIS 图会发生改变。

文化活动、环境卫生、规章制度、人力资源、文献资料和自然环境信息在主页以类似新闻报道一样的条目式显示。

公园绿地的安全保障信息可在主页按照日期或时间查询，屏幕中间显示某日的安全事件，及其地理位置，以及领导审核意见，可生成统计报告和图表。

公园绿地的游客量信息可在主页按照日期、地理区位或公园查询，屏幕中间显示游客量统计图，具备比较和统计功能（图 4-4）。

3）公园数据库 ArcGIS 空间信息录入

公园数据库支持新建、删除、修改卡片、Excel 表格数据输入、输出等基本功能。

公园基本信息，卡片式，每园一表，内容包括：建成日期、开放日期、改扩建日期、地理位置、归属性质（市属、区属、镇级）、类别（综合、社区、专类）、上级主管部门（公园管理事业单位、区公园管理所、转制公司等）、总面积、绿化、水体、建筑、道路面积、游客类型、公园特色、备注等。

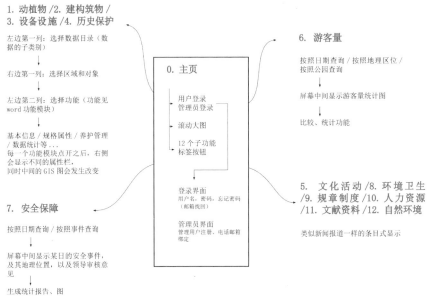

1. 动植物 /2. 建构筑物 /
3. 设备设施 /4. 历史保护

左边第一列：选择数据目录（数据的子类别）

右边第一列：选择区域和对象

左边第二列：选择功能（功能见 word 功能模块）

基本信息 / 规格属性 / 养护管理 / 数据统计等 ...
每一个功能模点开之后，右侧会显示不同的属性栏，同时中间的 GIS 图会发生改变

7. 安全保障

按照日期查询 / 按照事件查询

屏幕中间显示某日的安全事件，及其地理位置，以及领导审核意见

生成统计报告、图

0. 主页

用户登录
管理员登录

滚动大图

12 个子功能
标签按钮

登录界面
用户名，密码，忘记密码（邮箱找回）

管理员界面
管理用户注册、电话邮箱绑定

6. 游客量

按照日期查询 / 按照地理区位 / 按照公园查询

屏幕中间显示游客量统计图

比较、统计功能

5. 文化活动 /8. 环境卫生 /9. 规章制度 /10. 人力资源 /11. 文献资料 /12. 自然环境

类似新闻报道一样的条目式显示

图 4-4　上海市公园绿地基础数据库网页构架

公园建筑基本情况，卡片式，每园一套，选择公园，按原批复类型（管理、休憩、服务、公用、其他）分别输入每栋建筑，每栋建筑一张卡片，内容包括：建筑名称、占地面积、建筑面积、许可 / 审批文号、现有用途（经营业态）、签约甲乙双方、合同起始年、合同年限、年租金、人均消费、违章搭建情况、备注等。

公园图纸：支持 CAD、JPG、Word 等多种文件格式录入图纸，图纸主要为公园最新的竣工图，图上有清晰的红线范围、一一标注园内建筑设施；支持在线修改和图纸输出。支持 Excel 表格输出汇总数据，包括完全输出和关键字选择输出两种选项，关键字为卡片内项目。

4）公园信息网络发布

公园 ArcGIS 空间信息数据库根据公园的全园底图叠加 ArcGIS Online 上海市基础地图，定位好每个公园的相对位置后，进行公园相关信息数据的输

入得出 Shapefile 文件，再在其基础上进行 ArcGIS 的二次开发，实现公园信息的网络发布。

4.3.4　复兴公园数据库建设

在上述提到的数据库建设中，复兴公园是三个示范性公园之一。以下结合详细内容，论述复兴公园的数据库建设过程。工作量最大的莫过于数据整理和转录。需要先对公园测绘总图进行分区，每个区再进行细分（图4-5）。

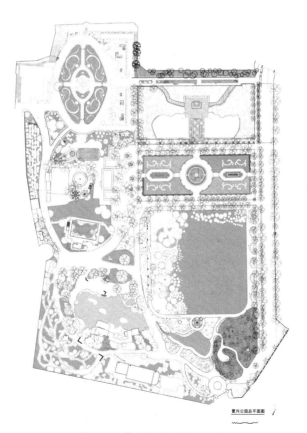

复兴公园总平面图

图 4-5　复兴公园测绘总平面

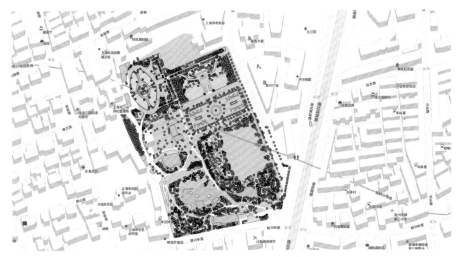

图 4-6　复兴公园 ArcGIS 空间信息录入

　　然后再对每个区的数据详细分类。以乔木数据为例，包括编号、植物名称、规格（高度、胸径、冠幅）、常绿或落叶、树龄、种植方式、生长状况、是否为古树名木以及数据更新时间等。接着将数据转录为数据库要求的数据格式，并链接空间信息录入 ArcGIS 中（图 4-6）。

　　复兴公园 ArcGIS 空间信息数据库根据公园的全园底图叠加 ArcGIS online 上海市基础地图，定位好公园的相对位置，输入公园相关信息数据并导出 Shapefile 文件，然后在此基础上进行 ArcGIS 的二次开发，实现公园相关信息的网络发布（图 4-7、图 4-8）。之后管理者可直接通过网页上公园的相关资料查询及上传相关文档文件，其数据更新也比较方便。数据库信息主要分为公园简介、数据信息、地图信息、文档信息及系统信息。

　　信息系统主要由历史空间事件档案库与历史信息档案库组成，分别记录近代公园的描述性信息与说明性信息，并建立两者之间的联系。同时，上海近代公园信息系统的建设能为文档工作的公众参与提供途径。利用数据库这个信息共享平台，提供公众数据上传方式，通过专家对数据的价值评估，进一步补充和完善近代公园的资料，扩大文档工作的信息来源。

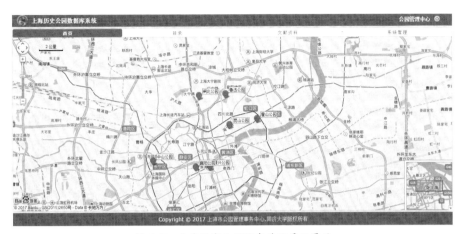

图 4-7　上海近代公园信息系统展示界面

图 4-8　公园数据属性界面

　　现有研究仅完成了档案信息工作的数据库建设示范，未来需要保持公园信息更新，甚至构建三维信息模型和公园的实时监测系统，为智慧公园和数字孪生技术的实现提供基础。

4.4 智慧公园建设

随着互联网时代以新一代信息技术为核心的"互联网+"的到来，各领域积极探索和论证"互联网+"的影响，催生了跨领域、融合性的新兴产业形态。2014年，国家旅游局将北京、成都、杭州等33个城市列为"国家智慧旅游试点城市"，以推动"智慧旅游"的快速发展[8]。2015年8月，国务院印发了《促进大数据发展的行动纲要》。2015年12月14日，工信部印发《工业和信息化部关于贯彻落实〈国务院关于积极推进"互联网+"行动的指导意见〉的行动计划》，李克强总理在政府工作报告中提出要具体实施"互联网+"行动计划，并强调发展"智慧城市"，保护和传承历史、地域文化，让出行更方便、环境更宜居。2018年4月20日至21日，在全国网络安全和信息化工作会议上，习近平总书记提出，要推动数字化、互联网、大数据、人工智能地深度发展。可以说，新一代的信息技术发展在倒逼城市园林领域的变革，智慧公园则是趋势之一。

4.4.1 智慧公园简介

城市公园是城市生态环境的重要组成部分，是市民在城市中接触自然最重要的载体之一，是市民群众日常生活中不可或缺的组成部分。十八届五中全会将"生态环境质量总体改善"作为经济社会发展的主要目标之一，其发展理念为"创新、协调、绿色、开放、共享绿色是永续发展的必要条件和人民对美好生活追求的重要体现"。随着城市空间建设密度的不断增加，市民的休闲游憩需求呈现多元化与质量化的特点，其对于城市公园的管理和服务水平也提出了更高的要求。尤其是在中国城市公共治理模式转型的当前背景下，公园管理与服务面临着人、财、物、事全方位的复杂性任务挑战。针对这一挑战，将"智慧城市"的理念引入城市公园，有利于实现公园管理的智慧化，进而提高公园的管理和服务水平。在物联网技术、云计算技术、地理信息系统等信息技术发展的推动下，以技术为支撑、以服务为目标的"智慧公园"应运而生。

2008 年 IBM 公司提出"智慧地球"的概念，由此人们联想到建设"智慧城市"。智慧城市包含了网络互连、智慧产业、智慧服务、智慧人文四个领域[9]，是物联网、云计算、大数据、地理信息系统等新一代信息技术与城市转型的融合发展，是从根本上改进城市治理理念的一个创新实践过程[10]。建设智慧城市是为了使用互联的基础设施来提升效率，保证社会、文化和城市的发展，其促进了城市规划、建设、管理和服务智慧化的新理念和新模式，体现了城市走向绿色、低碳、可持续发展的本质需求。智慧公园是智慧城市建设的重要组成部分，指运用智能化、信息化、互联网等现代科技手段来进行营造和管理的公园，将公园的科学研究、物种保护、科普教育、资源管理和游憩服务转为数字化表达和智能化控制，使公园按照定位目标和发展方向，实现管理对象的数字化，管理过程的智能化，信息服务的泛在化[11]。

同济大学吴承照教授提出数字化时代精准服务的观点，他就"智慧"提出了独特的见解——即"互动、可决策及可预测"，空间的规划设计与精准的管理系统相结合，这不仅仅需要技术的支撑，还需要精准的服务体系。[12]基于"互动、可决策及可预测"模式下的智慧公园建设可以成为未来公园的重要管理平台，对于公园以及城市智能化管理、节能减排、植物管理、移动信息服务起到重要作用。以上海为代表的城市，正加速进行城市绿色基础设施和重要的社会文化场所的公园管理服务的信息化、智能化、智慧化建设。

智慧公园的建设是传统公园在互联网时代的一次转型升级的机遇，智慧公园建设通过研究互联网思维，对公园在管理目标、管理模式、组织文化、品牌建设、营销服务等各方面进行调整优化，以符合互联网时代的需求。这对提升公园的建设管理水平具有重要意义。同时公园的智慧化建设也可以促进信息技术等手段与传统园林建设的融合，提高整个园林行业的智能化、信息化和机械化水平，推动行业的升级发展。

智慧公园的建设理念是引导公园正确发展的方向和纲领。互联网思维是以用户为核心，以共享、分享为发展理念。公园的建设应该以游客为中心展开各项建设和服务，以游客的需求为导向提高各项建设水平，提升游客的满意度。这种思维方式改变了以往以公园为中心建设公园，然后等待游客上门的"被动待客模式"，变得更为积极主动地去了解市民游客的需求，以提供更多优质服务的"主动引导模式"。

4.4.2　支撑技术

智慧公园的建设发展需要先做好信息技术支撑层的建设，将大量的信息技术手段用在公园的建设上，如大数据、云计算、物联网等技术与公园的生产管理运营结合起来，形成数据的融合与共享。随着科技进步，上述信息技术已经大量运用在电子商务、运输管理、智能化生产等领域，其有较高的成熟度。将信息技术与公园的实际生产、建设管理有机地结合，将会起到极佳的效果。其次需要做好建设管理的基础工作，基础工作包含了公园日常生产管理的方方面面。基础工作通过与信息技术支撑层的结合与支持，形成了"互联网＋"，最终帮助实现智慧公园的发展理念。

1. 物联网

物联网（Internet of Things）是通过各种传感设备，如射频识别(Radio Frequency Identification, RFID)、红外感应器、全球定位系统、激光扫描器、二维码识别终端等信息传感设备，按约定的协议与互联网连接起来，进行信息交换和通信，以实现智能化识别、定位、追踪、监控和管理的一种网络。物联网实现了人与人、人与物、物与物的互联互通。通过将 RFID、传感器、二维码等信息传感设备植入植物、设施、游园路径、建筑等公园的各种物体中，可以实现对公园信息的采集和获取；通过与互联网的融合，公园事物信息可实时准确地传递出去，从而实现更为广泛的互联互通；通过利用云计算、模糊识别等各种智能计算技术，对海量的数据和信息进行分析和处理，能够实现对公园信息的智能化决策与控制。

将物联网技术引入城市公园的防灾避险功能设计中，通过传感器辅助应急处理部门快速、准确地做出决策，并采取相应的行动，实现了实时、准确、高效地采集公园防灾设施以及避难者活动情况的数据。对于面积较大的公园，RFID 技术具有效识别距离较大，能够长距离内通讯、传输等优点，其可满足公园在防灾避险管理层面的需求。常州红梅公园引入物联网技术，完全覆盖了公园内防灾设施，实现了防灾设施、避险路径及场所三者有机融合，形成了具有物联网技术的防灾避险系统。[13]

2. 移动互联网

移动互联网是指以手机移动终端为主体的移动通信与线上互联网所进行的有效结合。在智慧公园的游玩中，游客可通过移动物联网进行便捷操作，如根据定位系统，可了解自身目前所处的景点，以及距离此景点较近的周边景点和相关路线推荐。根据景点介绍系统，可了解所在景点的背景简介等。根据移动互联的信息交流平台，如利用微信、微博等信息交互平台，进行景点的在线交流，包括景点照片的上传和旅游感知的评价等。

韩静华等人基于移动互联网设计了一个植物科普 App "植视界"，用户可以使用移动设备扫描植物挂牌上的二维码标识，则会进入相应的植物页面。页面信息包括植物资料、趣闻和精美图片，目前已应用于北京鹫峰国家森林公园、八达岭国家森林公园、烟台植物园等多个公园。[14]

3. 云计算技术

云计算技术是指通过互联网将硬件、软件、网络等系列资源统一起来，并对此种资源进行统计分析，对数据进行计算、储存、处理与共享，实现随时随地、按需、便捷地访问共享资源的计算模式。在智慧公园建设的应用中，一方面，公园管理方通过对海量数据的收集与处理，了解景点特色与游客需求的同时，有效改进公园的设计与管理，实现对智慧公园建设的优化与完善；另一方面，游客可通过云计算平台获取公园的相关信息，如可通过选择最佳的游玩时间，以此提升游玩公园的体验品质。

以北京城市公园为例，城市公园存在入园游客不均衡以及游客不均衡带来的系列管理问题，如特殊活动时游客量和临时购票人数大幅增加，造成拥堵等问题。秦良娟等人提出采用云计算基础搭建城市公园公共信息服务平台的模式，不仅有助于解决特殊时期管理上存在的问题，也能为游客提供更便捷的服务。该公共服务平台的建设可划分为三个层次：①基础设施服务层，由物理资源层和基础设施虚拟化层构成，目的在于将基础设施设备集中化共享使用，以保证其有效利用；②平台功能服务层，对于公园管理方而言，公园可按需定制个性的旅游公共信息服务，如交通服务、地图服务等，对游客而言，游客可在平台上查询票务信息及订购电子票券等；③公共旅游服务层，该层是公园服务的集成化实现，可按公园需求定制设计含各种旅游服务管理功能的服务系统。[25]

4．大数据

大数据是指通过对互联网上种类繁多、数量庞大的数据进行深层次的加工处理，挖掘数据背后的经济应用价值。大数据的处理流程基本可划分为数据采集、数据处理与集成、数据分析和数据解释[16]。大数据关键在于通过对海量数据的交换、整合和分析数据足迹，发现其内在关联，以达到发现新知识、创造新价值的目的，如在进行智慧公园建设时，通过大数据技术对游客发布的各类海量信息进行深度挖掘与处理，提取出有价值的信息，以此促成正确的决策和行动，实现对游客的个性化、专业化、智慧化的服务。

高德公司开发出高德指数，可将个人出行 GPS 数据信息进行整合，统计出各类区域内统一时间人群的数量、年龄和停留时间。利用大数据进一步分析公园不同时间段的高德指数，可反映出市民游客的出行时间，如双休日或节假日。此外，通过爬取游客在评价网站（如大众点评网）上对公园做出的评价，并利用 ROST 和 Excel 等软件分析评价词频。以北京奥林匹克森林公园为例，公园设立了跑步道，已成为北京市居民跑步锻炼的场所，公园内部环境和空气良好，游人可在园内开展各类活动，利用大数据分析北京奥林匹克森林公园社会服务评价，其热点词有：环境、免费、森林、空气、适合、方便、跑步、锻炼、散步等。[17]

网络大数据可以快速反映出公园的使用强度空间分布的时空变化，为公园社会服务价值提供参考依据；由于网络平台的开放性，公园管理者可以得到大量对于公园的使用评价，从而调整公园的社会服务功能，提高公园的社会服务质量。除此之外，对大数据分析可视化的宣传，可以扩大公园的影响力，引导市民游客的游憩习惯。[17]

5. 人工智能

人工智能是指智能机器模拟人类的智慧行为，如判断、推理、证明、识别学习和问题求解等思维活动，以知识为对象，研究知识的获取、表示方法和智能决策。如人工智能可通过对大数据的分析处理，为人类的决策提供信息依据。在进行智慧公园建设时，可通过人工智能对游玩信息的抓取与分类，并进行深度加工，以此获得所需的信息，既可以降低信息的获取成本，又能提升智慧公园的服务水平。同时，还能为游客提供公园的相关信息，对游客进行个性化与专业化的服务，为游客带来高质量的游客体验。

以上海市虹口区临平北路的"口袋公园"为例，"口袋公园"建立智能停车库，车库内无车道、无人员停留，完全依靠平面移动机器人自动搬运存取。车库设置车辆自动感知和识别系统，可自动检测车辆尺寸，机器人依据尺寸将车辆停在相应的位置。采用远程监控调试技术，存车密度高，对环境影响小，有利于缓解城市"停车难"的问题，因自动化程度高，可以节省大量人力。此外，结合停车信息管理平台，与动态交通信息网络共享数据，实现停车信息共享与联网联控。[18]

6. 3S 技术

3S 技术由遥感、地理信息系统和全球定位系统组成，具有实时、高效、低劳力、智能化的特点，其在城市公园调查中具有重要的应用价值。随着计算机技术、无线电通信技术、空间技术及地球科学的迅猛发展，3S 技术从各自独立发展进入相互集成融合的阶段。一般以遥感数据解译为基础，全球定位系统为辅助支持，充分利用地理信息系统对城市表面特征信息进行综合分析处理。3S 技术实现了观测方法从静态到动态，信息表达从定性到定量的过渡，有助于获取全方位、多角度、多时相的公园信息。

1）遥感

遥感（Remote Sensing, RS）包括高空间分辨率遥感、高时间分辨率遥感、高光谱分辨率遥感以及高辐射分辨率遥感，其在自然资源调查、精细农业和城市管理等领域发挥着重要的作用。在城市土地利用调查中，高分遥感扮演着重要的角色，通过对地面光谱特征的分析，可快速准确区分物体的种类，并对其成分进行定量分析，从而识别出更丰富、更精细的信息。利用高空间分辨率遥感数据，通过内业判读、外业核查获得土地利用变化信息，同时综合运用 GIS 和 GPS 技术，大幅度提高了土地利用动态监测和执法监察的效率、精度和有效性。

微小型无人机遥感信息获取系统是以微小型无人驾驶飞行器为飞行平台，通过机载高分辨率的遥感传感器设备，以实时快速获取高分辨率遥感数据的遥感监测系统。现有的用于遥感信息获取的传感器种类较多，如数码相机、多光谱和高光谱相机、多光谱扫描仪、红外扫描仪、侧视雷达等。由于微小型无人机的载荷量有限，目前应用于微小型无人机遥感信息获取平台的传感器主要以数码相机和轻型的多光谱相机为主。微小型无人机遥感技术具有平台构建容易、运行和维护成本低、可灵活控制、高效快速等特点，在小区域高分辨影像快速获取方面具有明显的优势。无人机技术在植被监测覆盖方面的应用弥补了卫星遥感、人工地面采集等方法的局限性。

2）地理信息系统

地理信息系统（Geographic Information System, GIS）是指通过空间或地理坐标来处理数据的信息系统，可以抓取、储存、修改、分析、管理和展示所有地理信息。GIS 外在是一个数字模型，内在是承载了信息数据的平台。GIS 具有空间可视化功能，可将获取的各种信息图形化，绘制公园各种要素的空间分布图，以二维平面、三维立体以及动态等方式形象展现，便于用户直观分析、查询和统计。GIS 具有制图功能，它可以将各种专题要素地图组合在一起，产生新的地图，为公园管理者和游客提供一个直观的展示平台。公园绿化养护人员可以通过 GIS 监测绿地土壤养分、水分、虫害等的变化情况，根据获取的绿地信息，制定灌溉施肥、喷洒农药等科学管理方案。

3）全球定位系统

全球定位系统（Global Positioning System, GPS）是美国 20 世纪 70 年代末开始建立的第二代卫星导航系统，1994 年开始运营并提供服务。目前 GPS 已是星座构成最完善、定位精度最稳定、应用最广泛并呈现市场垄断的卫星导航系统。GPS 可以提供实时、全天候和全球性的导航、定位、定时服务。公园绿地信息空间和时间变化量的采集是实现公园绿地智慧管理的关键之一，其实时定位和精确定时的功能可为公园绿地的智慧管理提供实时、高效、准确的点位信息，从而对绿地水分、病虫害等进行实时描述和跟踪，以及进行精准灌溉和施肥等。

物联网和大数据技术的快速发展，推动了智慧城市建设的步伐，但是，离开空间地理信息的支持，智慧城市就无法真正实现信息化、智能化和智慧化。利用低空无人机遥感技术可以对城市范围内的人、事件、基础设施和环境等要素实现实时动态识别和信息采集，借助物联网大数据等技术实现信息数据的全面感知和快速提取，为智慧城市的建设提供更多有价值的信息。无人机倾斜摄影测量技术可以从不同的角度采集数据，一方面，通过人机交互进行三维建模，能够准确地复原建筑模型的真实细节构成，还能输出高空间分辨率的带有真实纹理的三角网格模型，降低城市三维建模的成本；另一方面，无人机倾斜摄影测量技术可以快速获取城市的地物信息，包含城市房屋的外框信息和高程信息，以及屋顶的矢量信息，有效解决常规航空摄影无法监测建筑物高度变化的问题。

遥感图像处理、解译、计算和成果图件制作等与 GIS 技术密切相关，GIS 应用技术和水平直接影响遥感图像质量、解译质量和速度、动态变化研究、图件展示和最终成果的质量和水平。遥感和 ArcGIS 技术在城市绿色空间调查中的应用，大大提高了调查的准确性、时效性和全面性，已经可以完全支持包括地面和空中绿化的宏观数据采集[19]。从微观层面上，随着当前物联网技术的普及，尤其是未来 5G 技术对于物联网的巨大推动，公园绿化与绿色屋顶系统可以采用同样的精细化数字运维和监测体系，并统一接入相关绿化管理的后台系统。

4.4.3 公众参与

智慧公园的建设离不开公众的参与，而在我国智慧城市建设过程中，公众参与的缺失，导致重技术轻应用、千城一面、公众感知度不高、城乡数字鸿沟等问题。

因此，首先需要建立参与式治理体系；构建数字化应用平台，增加公众参与渠道；培养公众参与意识，提高公众数字素养。党的十九大报告提出了"智慧社会"理念，这是智慧城市理念的深化和延伸。智慧社会就是数字化、网络化、智能化深度融合的社会。这种全新的社会形态遵循"共建、共治、共享"治理理念，将更加注重公众参与，特别是利用现代信息技术手段为公众参与提供有效途径。[20] 随着社会治理信息化水平的提高，公众参与的媒介发生了重大变化，移动互联网和网络平台成为公众参与的重要途径。

其次，要提高公众掌握信息技术手段的能力，消除"数字鸿沟"，使公众逐步形成网络思维习惯，熟悉在线参与程序。政府可以借助新闻媒体、社区宣传、现场咨询会等形式，建立智慧服务与运用体验馆，举办智慧服务技术与产品展览会，向公众普及智慧技术与管理方面的知识。

再次，要提高政府工作人员的数字素养，提高政府管理者的智慧治理水平，有效引导公众理性，有序地参与智慧社会建设，对线上非理性化参与行为进行必要的监管。

智慧公园的建设要以公众参与为核心，增加公众感受性的指标，建立公众满意度调查机制，提高服务质量，了解公众需求。研究需要访问公园管理方或园林管理局等相关机构，调研各个公园在日常运营中的档案清单和管理方式，旨在实现上海市公园的数字信息化管理、维护与信息发布，公园建设与管理工作切实实现高公众参与度的社会治理模式。

4.4.4 案例分析

1. 德国公园绿地管理数据库 GRIS 系统

德国目前最先进的公园绿地管理数据库 GRIS 系统，是基于公园自然生态要素的动态发展以及社会功能的弹性更新，通过多层级的数据更新、录入和维护，实现多端口的更新和统计分析功能，并支撑虚拟呈现和养护测算功能。在社会服务产品方面，城市与社区智慧管理系统，可以将公园智慧系统与周边城市社会文化系统动态发展同步关联。例如，结合城市与社区的居民数据，旅游与公共游憩机构或市民组织的动态数据，可以即时制定和决策关于游憩场地（时间和空间）供给、社区文化活动与市民交往，志愿者参与治理等城市和社区公园（尤其是新建公园）公共性社会价值的实现措施。

2. 北京海淀公园

海淀公园始建于 2003 年，是一座集自然气息、人文底蕴和时尚感于一体的园林，其面积约为 34 公顷。2018 年 11 月 1 日，海淀公园完成人工智能

（AI）改造，成为全球首个 AI 科技主题公园。主要技术措施如下：

1）雨水收集回灌系统

海淀公园东北侧绿地建设有 9 750 m³ 的雨水收集蓄存池，用于收集周边硬化路面及大湖溢出的雨水。蓄水池运用硅砂材料对收集的雨水进行多层过滤、净化，以确保处理后的水质达到三类以上标准。回灌系统和公园景观水系连通，处理后的水可用作水景观日常用水、临时绿化浇灌用水、保洁冲洗用水等，彻底改变了常规绿地雨水收集因未有效净化而不能循环利用的情况，实现了海绵型绿地建设对雨水"渗、收、蓄、净、用"的循环利用理念。

2）网络控制照明系统

海淀公园体育中心拥有 9 片网球场和 3 片足球场，场地安装的多盏灯均采用网络控制照明系统。该系统通过主机预设定的多种方式控制区域内的分路电磁继电器，实施分时或手动控制照明电路开闭。同时还可以通过手机、电脑等终端登录互联网云端服务器，对主机进行照明电路的实时控制，并实施监控电路开闭状态等。

3）网络控制智能喷灌系统

公园大草坪周边约有 20 000 m² 的景观绿地，其采用网络控制智能喷灌系统。系统通过外置综合气象站收集空气温湿度、土壤温湿度、风向风速等气象信息，并将信息反馈给主机，通过主机预设定的多种灌溉方式控制区域内的分路电磁阀，实施智能分时控制灌溉。可通过手机、电脑等终端登录互联网云端服务器，对主机进行灌溉实施控制，并可动态浏览灌溉情况，查看土壤温湿度等信息。

4）网络控制智能滴灌系统

公园首次引进并采用网络控制职能滴灌系统，对公园管理用房外围约 3 000 m² 的景观绿地进行灌溉。该系统通过外置气象站、水流控制器等传感器将多种信息反馈给主机，通过主机预定的多种灌溉方式来控制区域内的分路电磁阀，实施智能分时控制灌溉。

5）闪讯 TM 害虫远程实时监测系统

全园各处安装设立了 25 处监测点，分布在公园东侧、南侧等片林区域，目前以诱捕、监控美国白蛾为主，设备经过升级调整后，可对公园其他病虫害进行检测防控。

6）风光互补发电应用系统

海淀公园采用 1 kW 垂直轴风力发电机、255 WP 光伏板和 12 V 100 AH 蓄电池，利用太阳能电池方阵、风力发电机（交流电转化为直流电）将发出的电能存储到蓄电池组中。当需要用电时，逆变器将蓄电池组中储存的直流电转化为交流电，通过输电线路送到用户负载处，整套系统可满足公园部分区域的照明需求。系统主要由风力发电机、太阳能电池方阵、智能控制器、蓄电池组、多功能逆变器、电缆及支撑和辅助件组成。夜间和阴雨天无阳光时由风能发电，晴天由太阳能发电，在既有风又有太阳的情况下两者同时发挥作用，实现了全天候的发电功能，比单用风机和太阳能更经济、科学、实用。

7）智能步道排行榜

市民在"AI 未来公园"微信公众号完成注册后，可被人脸识别杆自动识别及记录运动资料，市民可直接在公众号中查询自己的运动信息。

8）智慧灯杆

公园内共安装了 26 根智慧灯杆。智慧灯杆不仅可以照明，市民还可以通过灯杆连接 Wi-Fi，如果遇到紧急情况可直接按下灯杆上的呼叫键，以便与公园管理方联系。此外，园内还安装了一款具有液晶显示屏的灯杆，可直接感应空气温度，以及检测 PM2.5 浓度，然后直接在显示屏上实时公布气温和 PM2.5 浓度。

9）百度阿波龙小巴车

阿波龙体形小巧，车头、车尾和左侧车身设置了座位，可供六七名游客乘坐。车内没有驾驶座和方向盘，仅在角落里放置一台平板电脑。为保证乘客安全，车厢内有一名安全员。阿波龙根据设定路线自动行进，车速大约维持在 10 km/h。如果前方遇到行人或障碍物，阿波龙会主动减速避让或者停车。目前，阿波龙为公园西门与儿童游乐园之间提供接驳服务，全程约 1 km，往返一次约 15~20 分钟。

10）智能凉亭里点歌问天气

海淀公园内西侧有个古香古色的凉亭"承露亭"，经过人工智慧改造，游客可以跟智慧亭交流互动，体验影音娱乐、资讯查询、聊天休闲、生活服务、出行路况、实用工具、知识教育等多个功能。

除了这些智慧应用，公园还新开辟了一个"未来空间"，向公众展示科技前沿内容，如刷脸进门，语音控制窗帘，通过踩踏可实现琴键亮起的钢琴步道，用 AR 教太极拳的太极大师，以及小度机器人讲解员（图 4-9）。

图 4-9　海淀公园平面

3. 上海辰山植物园

辰山植物园是华东地区规模最大的植物园。植物园由上海市政府与中国科学院以及国家林业局、中国林业科学研究院合作共建，是一座集科研、科普和观赏游览于一体的综合性植物园。上海辰山植物园运行综合管理智能化系统，开拓数字化格局，借助智慧公园技术手段增强对外宣传能力，实现商业广告系统有效运营，推动其特色音乐节、健康跑及季节性游园等活动的顺利开展。在现有成果的基础上，将智慧公园建设即综合信息管理平台推向精细化，以更全面的管理和服务满足园区生态环境和游客的动态需求，成为各地建设智慧公园的目标。

园区智能化子系统设计包括：综合网络系统；安保视频监控系统；应急广播系统；智能门禁系统；客流量监控系统；防盗报警及无线巡更系统；计算机存储系统；票务系统；信息发布导览系统（提供管护抚育信息、服务意愿等）；智能路灯监控系统；智能植物养护监控系统（动植物、历史文物等百科图文资料）；能源监控分析系统；智能识别防火监控系统；Wi-Fi 覆盖系统（电子商务服务）；二维码铭牌识别系统（动植物资料查询、特色动植物的介绍）；手机导游系统及其他附属。

辰山植物园在 2017 辰山睡莲展期间推出了手机 VR 全景游园活动（图 4-10），包括 500 m 高空鸟瞰、100 m 低空欣赏和地面近距离观赏。进入 VR 全景游园后首先出现的是位于辰山植物园 500 m 高空的鸟瞰视角，游客可以在这个视角俯瞰整个辰山植物园。在 500 m 视角里可以选择 9 个 100 m 低空视角，能欣赏春景园区域、儿童植物园区域、北美植物园区域、中心展示区、矿坑花园区域、岩石和药用植物园区域、展览温室区域、华东区系园区域和水生植物园区域的景观。通过这 9 个 100 m 低空区域视角还能进入 20 个地面视角。在欣赏园区美景的同时还有专业的语音景点介绍播放，使游客进一步了解辰山植物园。

图 4-10　上海辰山植物园手机 VR 全景

本章参考文献

[1] 周向频，陈喆华. 遗产视角下的近代公园数字化研究及其意义：以上海为例 [J]. 上海城市规划，2016(4): 71–75.

[2] 王绍增. 上海租界园林 [D]. 北京：北京林业大学，1982.

[3] 程绪珂，王泰. 上海园林志 [M]. 上海：上海社会科学院出版社，2000.

[4] 沈福煦. 复兴公园今昔谈 [J]. 园林，1999,5: 14–15.

[5] 上海市地方志办公室. 复兴公园 [EB/OL].[2019–08–12]. http://www.shtong.gov.cn/node2/node2245/node69854/node69860/node69913/node69923/userobject1ai69560.html.

[6] 上海市地方志办公室. 复兴公园 [EB/OL].[2019–08–12].http://www.shanghai.gov.cn/shanghai/node2314/node2315/node5827/userobject21ai99659.html.

[7] 董楠楠，肖杨，张圣红. 基于数字化技术的城市公园全生命期智慧管理模式初探 [J]. 园林，2015(10): 16–19.

[8] 黄诗佳，兰思仁，李霄鹤. 城市公园智慧解说系统使用意向研究——基于拓展的计划行为理论的视角 [J]. 福建农林大学学报（哲学社会科学版），2018, 21（4）：77–82.

[9] 王飞，邵磊. 国内外智慧城市评估研究述评 [J]. 现代城市研究，2018, 6: 85–90.

[10] 吕寒，王敏，惠宁，等. 科研发展对于智慧城市的驱动效应研究——基于北京、上海、广州面板数据的实证分析 [J]. 科技进步与对策，2018, 35(24): 1–5.

[11] 冯小龙. 谈智慧公园在城市中的建设和发展 [J]. 科技论坛，2016: 65.

[12] 同济大学可持续发展与新型城镇化智库. "智慧公园管理与技术前沿"交流研讨会召开 [EB/OL]. (2015–05–29)[2019–08–12]. https://urbanization–think–tank.tongji.edu.cn/31/b3/c200a12723/page.htm.

[13] 史莹，叶洁楠，王梦，等. 城市综合公园防灾避险功能设计中物联网技术的应用 [J]. 南京林业大学学报（自然科学版），2018, 42(4): 187–192.

[14] 韩静华，徐玲玲，牛恒伟. 植视界 [J]. 包装工程，2016, 37(16): 219.

[15] 秦良娟，刘金. 城市公园的信息服务公共平台——以北京为例 [J]. 系统工程理论与实践，2011, 31(S2): 105–109.

[16] 刘智慧，张泉灵. 大数据技术研究综述 [J]. 浙江大学学报（工学版），2014, 48(6): 957–972.

[17] 王鑫，李雄. 基于网络大数据的北京森林公园社会服务价值评价研究 [J]. 中国园林，2017, 33(10): 14–18.

[18] 吴斌，朱黎玲. 移步换景"见缝插针"的景观设计"口袋公园"里的智能停车库 [J]. 城乡建设，2018(4): 60–63.

[19] 董楠楠 . 从数字公园到智能屋顶：高密度立体环境中的绿色空间智慧技术框架初探 [C]//
中国风景园林学会 . 中国风景园林学会 2018 年会论文集 . 中国风景园林学会：中国风
景园林学会 , 2018: 661–662.

[20] 王亚玲 . 公众参与：智慧城市向智慧社会的跃迁路径 [J]. 领导科学 , 2019, 2: 115–117.

第 3 篇　分析评价

　　价值是保护文物或者遗产的根本原因。城市景观遗产同其他文化遗产一样，由于时间的积淀、人的行为活动、被赋予了文化含义，具有历史、科学、艺术、文化、社会等多方面价值。价值评估或者评价是确定对象是否值得保护、保护等级和措施的主要途径。该如何理解价值？国际、国内在城市景观遗产价值评估方面有哪些方法？在哪些方面还需要不断改进和完善？本篇试图回答这些问题，同时，介绍上海历史名园的评选工作。历史名园是从保护管理的角度衍生的术语，因此目前大部分局限在公共园林的范畴；历史名园的评价、评选工作还没有得到普遍性的重视；理论与方法也需要不断创新探索。对上海历史名园的价值评估仅是结合管理需求进行研究实践的开始。

第 5 章
城市景观遗产价值

5.1 理解遗产价值

5.1.1 价值的内涵

为什么保护文物或者遗产？问题似乎太幼稚，答案似乎很自然。"保护遗产就是保护我们的记忆""为了中华民族的凝聚力""文化遗产是不可再生资源，如果消失了会产生不可挽回的后果"，人们可以找到太多理所当然的答案。然而如果细究起来，会发现其原因各不相同，各持己见的回答中也有不少可能不着边际。比尼亚斯在《当代保护理论》（*Contemporary Theory of Conservation*）中列举了各种原因，包括"对前辈的尊重"、遗传的原因、心理学的原因、因为"爱"或者是"对金钱的热爱"、对"权力的热爱"等，他指出传统的保护理论是因为追求"真实性"而保护，当代保护理论更强调"意义"：科学意义、文化意义、情感象征意义。同时他也指出"意义常常难以阐明……因此，很多学者提出的价值和功能概念就非常值得注意了。"[1]

我们保护文物或者遗产，是因为它们具有价值。这一论断虽然简单，却具有两层含义。首先，与传统保护强调真实性、客观性相比，价值具有主观性，对不同的主体而言保护对象价值不同。要认识到这些并不容易，受传统思维惯性的影响，很多人认为遗产的价值是客观的，因此试图通过基于客观的、科学的方法对遗产价值进行量化评估。我们将在本章后面讨论城市景观遗产价值评估的相关内容。另外，不同的政治和文化背景的人群对遗产的价值评价也会不同，类似的冲突在遗产保护中存在不少。

其次，价值仍旧是一个宽泛的概念，价值如何理解？仍旧是一个难题。不同的价值观将导致对价值不同的理解。例如，历史主义者、实用主义者和浪漫主义者对价值的理解可能不尽相同，如何全面理解价值是一个哲学问题。哲学意义上的价值是数量性的存在，具有一般普遍性。在当代有不少著述论及遗产与价值的关系以及评价方法。

一切事物都具有价值。城市景观遗产是一种同时具有时间性和空间性的价值体。保护工作除了从专业角度对其整体和内部单体进行研究外，还应当关注其社会文化背景。城市景观遗产的价值与其各个历史时期内，所有发生的事件、涉及的人、蕴含的文化信息以及它对当时社会的作用息息相关。随着时间流逝，它的价值会在某些方面凸显，在某些方面逐渐淡化甚至消失。城市景观遗产对当今社会的影响也是时刻变化的，不仅因为现存的城市景观遗产依然为人们使用，而且随着社会思潮、文化的发展而具有不同的表现、解读方式。因此，在当今倡导包括社会文化在内的可持续发展、传承历史文脉等背景下，全面考察保护对象的历史背景和源流，充分发掘其包括历史价值在内的综合价值，并且兼顾当代环境下的社会、文化价值，将有助于城市景观遗产保护工作的客观、明确、公平、完整。

最近有关历史保护中的价值讨论，显现出该领域在最近几十年的巨大变化。[3-6] 遗产价值的多样性并非一种新思想，而是早在 1964 年的《威尼斯宪章》甚至更早的 1931 年的《雅典宪章》中就已被认知。除了任何特定对象和场所都具有价值的多样性之外，人们也极易觉察到，这些不同的价值是从不同视角观察到的，它们可能相互冲突（虽然并不总是），而且极易变化。[3]

在大卫·罗文塔尔（David Lowenthal）里程碑式的著作《过往即他乡》（*The Past is a Foreign Country*）中，罗文塔尔关于人们对物质存在的过去的态度，给出了社会史的叙述，明确了在所有现代社会中某种形式的历史保护的必要性。[7] 弗朗索瓦·萧依（Françoise Choay）的鸿篇巨著《历史纪念物的寓意》（*The Invention of the Historic Monument*）勾勒出了这一思想如何从欧洲现代主义之初走到当前的历史运行轨迹。[8]

对于西方学者关于遗产价值的理论探讨国内也有所介绍，例如对奥地利艺术史学家阿洛瓦斯·李格尔（Alois Riegl）、法国著名学者弗朗索瓦·萧依和美国历史保护学者兰德尔·梅森（Randall Mason）理论观念的介绍文献较多，有学者认为三位学者的价值学说最有代表性地反映了西方现代遗产价值理论的发展脉络[2]。

5.1.2　阿洛瓦斯·李格尔：纪念物价值论

20 世纪奥地利著名的艺术史学家阿洛瓦斯·李格尔被誉为"遗产保护的先知"。他首次从遗产对人类的意义角度出发，对遗产保护中最根本的价值问题进行了剖析，对遗产的价值进行了系统、深刻地阐述，并著有《历史建筑的现代膜拜：它的特征和起源》（*The Modern Cult of Monuments: Its Character and Origin*）。

纪念物（德语为 Denkmal）[①]是李格尔所界定的保护对象。他从"纪念物是如何具有价值的"这一视角切入[9]。李格尔指出，一切纪念物本质上是人工的制品，其本义是将人类历史上某个人物或者事件（或者二者相结合）

---

① 德语名词"Denkmal"常被翻译为"纪念物""文物""历史建筑"等。由于李格尔所处时代的"文物"概念与当代有一定差异，"历史建筑"概念过于狭隘，因此本书参考黄璜的文章《李格尔纪念物价值构成的思考和启示》，将其翻译为"纪念物"。

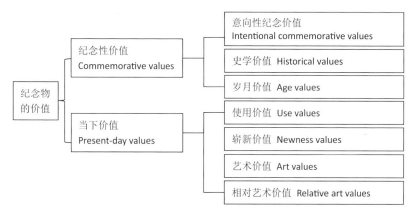

图 5-1　李格尔对纪念物的价值分类

生动地传达给后代。对纪念物价值的认知是使其区别于一般日常物品的根本原因。李格尔依据纪念物建设的目的，将其分为两类：意向的纪念物（为纪念和永恒的目的而建造的建筑，如陵墓、纪念碑、纪念馆）；非意向的纪念物（当时只为实用需求而建，之后才拥有了一定精神意义的建筑，如住宅、园林）。他辨别古迹遗址的各种价值，并提出自己的纪念物价值体系（图 5-1）。

李格尔将纪念物的价值分为纪念性价值和当下价值两大类。纪念性价值针对纪念物自身的存在进程，对纪念物做出价值判断，包括三种价值类型：

意向性纪念价值——纪念物能唤起对特定历史时刻的回忆。比如太平洋战争中，美国士兵将国旗插上硫磺岛的新闻图片，就被"冻结"在华盛顿威灵顿国家公墓的雕像中，也"冻结"在邮票等各种介质里[10]（图 5-2、图 5-3）。

史学价值——纪念物能够代表和记录人类活动的特殊历史阶段，史学价值的核心在于保护真实性。纪念物的年代越久远、越稀有、保存越完整，其史学价值越大。史学价值的保护要求减缓纪念物的损坏、衰败。

岁月价值——事物随着时间的推进积淀的新的价值。岁月价值的实质是人对时光流逝产生了尊重和欣赏的情怀，欣赏"纯自然的变化与毁灭的周流往复"。

图 5-2　硫磺岛升旗照片

图 5-3　硫磺岛战役纪念碑

　　岁月价值的提出，意味着李格尔认识到人类对于过去的情感需要，在他看来，"历史建筑像一种催化剂触发了观者一种生命循环的感觉，这种瞬间情感力量的获得既不依靠学术知识，也不依赖于历史教育……仅仅是由感官知觉引发的"[11]。正如我们平时观看历史遗迹时，即使不能了解其背景、内涵或者形式的意义，但其上斑斑痕迹、锈蚀风化，这些时光的印记总能让我们感受到时间的力量。这种跨越时间的力量是现代的物品无法拥有的。此外，纪念物也具有当下价值，包括：

　　（1）使用价值——能够满足基本使用的价值。历史久远的建筑、街道、场地很多能够继续使用，比如，历史街区的民居、古村落的祠堂和水井、园林和渡口等。这些纪念物即使外观发生了变化，在当今仍具有使用价值。

　　（2）崭新价值——大多数人总是偏爱新的、完整的事物，对于仍在使用的建筑，常常追求"崭新"带来的体面实用，因此事物的崭新程度具有价值。

　　（3）艺术价值——满足人们的审美需求，主要指当下的审美标准，从而与相对艺术价值相区别。

（4）相对艺术价值——受过美学教育的人可以用过去的艺术标准来看待纪念物，这样纪念物便有了相对艺术价值。

从不同视角看待纪念物的价值，便带来了各种价值的阐释和诉求，它们共存于一体，又互相存在冲突。为了更好地阐述对相对艺术价值的理解，李格尔发明了"艺术意志"（德语为 Kunstwollen）的概念，用来表明集体对艺术的共有信仰和倾向，大致可以定义为"艺术的集体意志"。他指出，由于我们看待历史总是通过当下的文化信仰体系，这个体系是持续变化着的，因此，我们对于历史的看法也在不断改变。

对待历史遗产，李格尔强调要"保护"（Conservation）而不是"恢复"（Restoration）。他认为恢复有可能是武断的、带有误解的，岁月价值不依靠历史知识和艺术价值，岁月本身就显示出其价值。他认为意向的纪念物主要强调其活着的纪念价值，并不注重其岁月价值，相反，任何衰败的迹象都会减弱它的纪念价值，如日本伊势神宫自公元 690 年起每 20 年复建一次，是由于宗教的需要，它是李格尔所指的"意向性"的建筑，更注重建筑的完整性，而不是岁月的痕迹；非意向的纪念物作为历史性的物体，不是为纪念而建的，更在意其随着岁月的流逝所具有的岁月价值。李格尔从遗产的价值特性本身去剖析，客观地对待历史和现实，对后来的遗产保护产生了重要影响[12]（表 5-1）。

表 5-1　李格尔的纪念物价值分类和价值内涵、保护措施

价值分类		价值内涵	保护措施
纪念性价值	意向性纪念价值	能够唤起对特定历史时刻的回忆	可以使用包括修复在内的各种手段维持原初状态
	史学价值	具有时间特定性和记录性，反映人类活动在历史演变中的特定阶段	尽可能保持纪念物的原始状态，以及其发展中的历史信息
	岁月价值	包含时间的持续性，从最初状态经过每天的磨损到不完整的状态，源于人们对自然规律的欣赏和敬畏	反对干涉自然规律的老化过程，仅采用必要手段延缓过早的衰败

续表

价值分类		价值内涵	保护措施
当下价值	使用价值	能够满足使用的价值	通过维护、修补，延续使用价值
	崭新价值	仍在使用的建筑物，其完整性具有价值，与岁月价值不冲突	通过修复手段保持纪念物功能或形象的完整
	艺术价值	符合现代艺术意志就拥有艺术价值	现代艺术是没有永恒唯一标准的，随主观和时间而变化
	相对艺术价值	纪念物符合过去的艺术意志便有了相对艺术价值，而这个价值仅被受过审美教育的现代人重视	依据当下的艺术意志去修复文物，可以选择保留或去除岁月痕迹

5.1.3　弗朗索瓦·萧依：价值再现

弗朗索瓦·萧依于 1925 年在巴黎出生，是法国艺术批评、建筑理论与遗产保护、城市规划方面著名的学者，其遗产保护理论的主要思想集中体现在她的《建筑遗产的寓意》（*L'allégorie du Patrimoine*）一书中，书中详细论述了 15 世纪到当代城市历史遗产概念的历史演变，并借此对建筑和城市遗产进行深刻的反思，提出了自己独到的观点。

萧依从辨析李格尔提出的"意向的纪念物"和"非意向的纪念物"两个概念出发，指出二者的差异：前者目的明确，是为了记录时代与记忆的关系；后者则不一定具有类似的目的，其纪念意义是由后人产生的历史共识所赋予的。非意向的纪念物，即历史纪念物，是西方现代历史遗产概念的雏形。在萧依看来，正是历史纬度的视角，将历史遗产的历史价值和艺术价值从原初的纪念价值中分离出来，成为 15 世纪西方启蒙时代遗产概念的革新，强调历史距离感和审美纬度是萧依阐释历史遗产概念发展的主要观点和线索。[13] 以上观点是萧依通过历史梳理对李格尔遗产价值理论的重新阐释和进一步思考，而她对现代和当代遗产价值的考察，都集中体现了法国遗产保护与再利用的理论与实践中"价值再现"（法语为 Mise en valeur）的概念。萧依认为恰当地面对遗产的态度，应以保持持续的创新和建造能力为衡量标准。

工业革命带来的影响是史无前例的，即便是现在仍处于工业革命影响下的"后工业时代"也是如此。在遗产保护领域，工业革命所带来的历史割裂和技术审美更加剧了前工业时代文化遗产的不可再生性。从文艺复兴到启蒙时期人们所认识到的历史距离感，正如罗文塔尔的书名《过往即他乡》所表达的，是由朦胧到现实的时空距离感，但仍然是循序渐进的过程。18 世纪后期开始的工业革命让人们对历史的观念变得复杂和矛盾，既有雨果的浪漫主义，也有拉斯金和莫里斯的保护主义。这一切在现代主义中都变得毫无意义，现代对历史的研究需要从过去解放出来，去创造一个新世界。

萧依关注的是工业革命之后的城市空间遗产。萧依指出，对城市的研究自古以来只关注司法、政治、宗教机构，以及它的经济和社会结构，涉及城市空间的主要是以纪念碑作为主要的媒介。从第二次世界大战到 20 世纪 80 年代，研究城市空间的学者仍旧屈指可数，而如今关于城市空间形态研究的著作数不胜数。这一差异产生的原因是工业革命引起的城市空间的转变。在接下来对城市空间遗产的论述中，萧依辨析了城市的纪念性形象（The memorial figure）、历史性形象（The historic figure）和历史形象（The historical figure）。

城市的纪念性形象较为容易理解，借用拉斯金的观点，萧依认为城市肌理是城市的真正本质，应该受到无条件的保护。因此，古城作为一个整体看起来在扮演着历史纪念碑的角色。毫无疑问，萧依对奥斯曼的巴黎改建进行了批评，尽管在其他文献中，她从城市规划的角度给予奥斯曼的工作以高度评价。[14]

城市的历史性形象不是指将城市看作一座纪念碑，而是从前文所述的历史角度，从历史距离感和审美维度理解城市遗产。同样，萧依借用了卡米洛·西特（Camillo Sitte，1843—1903）的观点，指出工业城市的缺陷是"丑陋"的，而古代城市的价值则集中体现于其城市空间的艺术性。萧依继而指出，一代代的游客、学者或美学家在西特的基础上，发展了城市历史性形象的博物馆角色。虽然城市不可能真正成为博物馆中的艺术品，但是保存城市空间遗产的行动与现代主义者们激进的新城规划形成了鲜明的对比，在城市遗产保护历程中起到了重要的作用。

萧依认为城市的历史形象是前两个形象的合成与超越。她提到，城市的历史形象首次出现在意大利文物建筑保护专家乔瓦诺尼（1873—1943）的理论著作和实践中，他通过将古城群体整合进一种区域规划和开发的总体概念中，既为之赋予了一种使用价值，又为之赋予了一种博物馆价值。因此，城市的历史形象不仅是纪念碑，同时也是一种活的本体。萧依概括了城市遗产保护的三个指导原则，实际上是从三种尺度对城市遗产的保护与再生进行指导的原则：宏观尺度上将城市遗产的保护与再生整合到当地的、区域的和国家的现行规划之中；中观尺度上应关注城市遗产与周边环境的相互关系；微观尺度上针对城市的保护片区应尊重其原有空间尺度和形态，以及交通路线，对其进行整合与重构。

萧依对城市遗产保护的思考，重申了对遗产价值的理解，强调了城市遗产在城市发展和建造中的重要性。她不仅扩展了城市遗产的保护对象，强调对城市肌理、空间艺术和日常生活的关注，而且从实践层面上，采取了灵活的态度。城市遗产的保护实践不是简单的保存、拆除之间的取舍，而是需要从遗产价值出发，深入理解和权衡遗产的纪念性价值、历史价值、艺术价值和使用价值，从城市发展和创新的角度，采用重构、整合、再生的手段进行活态的保护实践。

当代的遗产保护似乎走到了另一个极端，不仅成为一场全球化的运动，而且人们也表现出前所未有的热情。萧依描述到，这是李格尔所言的纪念物崇拜从个人到全球的普世膨胀，其象征就是 1972 年联合国教科文组织通过的《世界文化和自然遗产保护公约》。她批判"突出的普遍价值"（OUV）这一价值判断的模糊性，并嘲讽遗产类型的不断扩大导致了一种诺亚情结（Noah complex）。当然，这并不意味着她无视联合国教科文组织做出的成绩，只是从更加全面的视野批判性地分析当代遗产保护中存在的问题。因为，热情并不代表着保护工作的有效性。在文化遗产保护热情高涨的中国，保护工作却面临更为复杂的问题，一方面大量的建成遗产遭到了建设性的破坏，为了商业利益大拆大建；另一方面保护实践过于谨小慎微、思想保守，导致"假古董"盛行。

对于当代遗产保护的热潮和面临的问题，萧依从文化产业的角度进行了思考。正是因为当代的遗产保护成为一项文化产业，对遗产保护而言，关键而明确的"价值再现"这一概念变得含混不清，其原因是在遗产原本内在的历史和艺术价值之外，多了经济价值的考量，从而导致了"两种价值系统和两种保护风格的对抗"。之后，她详细论述了遗产保护作为文化产业的种种价值再现的实践形式，包括保护与修复（Conservation and restoration）、登场表演（Staging）、动画（Animation）、现代化（Modernization）、变现（Conversion into cash）、交付（Delivery）和再利用（Reuse）。萧依表达了对文化遗产产业化带来的负面影响深深的担忧，认为看似成功的价值再现实践却面临着自我毁灭的危机，经济价值得到实现的同时，却导致大众对遗产历史和艺术价值理解的误区。尽管看似有些危言耸听，但是在包括中国在内的各国，都能发现危机的端倪。我们需要认真思考当代遗产保护所面临的问题。

5.1.4 兰德尔·梅森：价值中心

美国历史保护学者梅森提出以价值为中心的价值理论，他称之为价值中心的历史保护理论（Values-centered preservation）。实际上，梅森致力于超越传统的价值含义，他吸取《巴拉宪章》的精髓，强调遗产的"文化意义"（Cultural significance）。他指出 1979 年由澳大利亚的国际古迹遗址理事会提出的《巴拉宪章》对提升和制定价值中心的保护起到了积极的作用，体现在：首先，它认定的"文化意义"作为保护实践的核心目标；其次，它为更具参与性和更开放的咨询过程提供了平台。从文化意义对价值进行理解和阐述是梅森历史保护的价值理论的核心。

梅森从文化的理解开始价值理论的演绎，在承认文化含义的多元性、模糊性的同时，指出动态性是文化的首要特征：文化是一个过程。从现代文化人类学的视角看，这是一个基本得到公认的观点。基于文化过程的视角，梅森一针见血地指出保护理论必须要重新审视一些老问题。他认为在实践、政治和教育中，保护工作的两种"文化"间存在张力，并命名为"实用 / 技术的"和"策略 / 政治的"。它们展现了制定保护决策的两种途径，或更确切地说，是保护方法谱系中的两个端点。传统的保护工作倾向于"实用 / 技术的"、静态的文化观，聚焦于明确定义的技术或艺术问题、对文物的诠释以及列出单栋建筑或者单个街区的保护名单。保护工作依赖于保护工作者的专业知识，是一种内向型的方法。当代保护工作必须包含对于政治和经济问题的考虑，"策略 / 政治的"思维则设法了解专家和专业工作者之外的利益相关者的诉求，从而在纯技术解决方案和充分考虑政治经济因素的实施方案之间建立共同的基础，是一种外向型的方法。梅森认为最好的保护实践就是这二者的结合。

基于以上对文化的认识和保护工作的理解，梅森指出遗产价值的动态性，并强调了"意义"这一概念的重要性，"场所意义"意味着遗产价值不是固定不变或者内在固有的；它们随情景而转变，它们由时间、场地和参与表达的人们共同塑造。场所意义（遗产价值）不断被改变和再诠释，而且它们的确应该被寄予改变的期望。因此，从"文化意义"的阐释中，梅森指出遗产价值是由各种不同方法、不同的人和机构，以不同的世界观和认识论做出的评价。价值评判并不是一成不变的，与文化一样，也是动态的过程。

在遗产价值的多元性方面，梅森同样从文化出发，试图厘清传统价值理论中文化和经济价值的冲突，认为这一旷日持久的冲突是由认识论的差异造成的，起因于整个 20 世纪根深蒂固的学科分化。建议尝试以术语"遗产价值"（Heritage values）和"当代价值"（Contemporary values）来考虑更广泛的遗产的价值谱系。在梅森的论述中，"遗产价值"就是那些有助于形成场所感的价值，这种场所感由某些来自过去的遗赠赋予，准确地说就是那些需要保存的事物，并在行文中暗示遗产价值可以分为叙述的、联想的、美学的等类型。一般而言，它应当包括与艺术家原创视角相连的艺术价值，也包括随时间积淀的价值。它还应当包括与场地相关的历史价值，以及深藏于场地物质层系中的科学的或"考古的"价值。"当代价值"则指遗产地除了恢复或保留的因素以外，还具有文化意义，比如利润收益、娱乐消遣、生态完整和公共健康等，同样可以分为社会意义、经济意义等。

虽然梅森没有明确提出遗产价值的分类方法，但是却明确指出《巴拉宪章》列举历史的、美学的、社会的和科学的四种价值类型是值得参考的分类体系，同时又指出价值的分类是灵活和变化的，应该根据遗产地的具体情况进行分析。他举例说如果一处遗产具有重要的生态价值，那么就应该将其作为重要的价值类型囊括进来。他甚至在价值评价的方法方面也延续了同样的理念：价值评判也是动态和变化的。首先，不同价值的重要性是不一样的。他指出，传统的保护工作者认为美学价值和历史价值最为重要，但是我们也要重视遗产的当代价值，例如经济价值。认可遗产地其他当代价值的存在，并不意味着遗产保护的核心目的发生改变。恰恰相反，它有助于我们全面评估遗产价值。在具体的价值评价方法上，梅森强调多学科合作和多元评价方法应用，认为不同类型的遗产价值需要不同的评价方法。在价值评价中，价值评价的整合是最为关键的步骤，同时又具有相当的难度，因为整合这些知识的途径取决于许多因素——个性、能力、思维方式、法规、专业训练、场地的复杂度等。他给出的建议是：具体情况具体处理。

梅森的遗产价值理论强调了价值的多元性和动态性，突出遗产当代价值的重要性，以此为核心的保护理论的重要贡献在于，它提供了一套工作框架，公众参与是保护模型的组成部分，在决策过程中，选择的途径是由（几种不同价值组成的）意义作为核心来确定的，决策来自数个不同团体的参与，而不仅仅是几个"专家"制定。

5.1.5　当代的趋势：可持续的遗产价值

对文化遗产，特别是建筑遗产价值的历史梳理中，不难总结遗产价值内涵的历史演变：14 世纪以前，对建筑遗产（城市文化遗产）的保护主要是源于其使用功能；文艺复兴时期，遗产的历史价值和艺术价值受到关注；18 世纪下半叶工业革命以来，怀旧之情让人们对遗产的历史信息和历史记忆尤为重视。前文论述了 19 世纪以来西方主要的遗产价值观念和理论发展，包括李格尔、萧依和梅森，从他们的主要观点中都能发现对遗产价值内涵的拓展，特别是隐含着对遗产文化价值及其延续性的讨论。李格尔对意向性纪念物和非意向性纪念物的区分无疑具有重大意义，岁月价值则强调了价值评判的主观性，体现了遗产价值的文化阐释含义。更为重要的是，他将遗产价值分为了纪念性价值和当下价值，对不同价值的相互关系进行了分析讨论。认为不同类型的遗产，因为核心价值和价值相互关系不同，应采取不同的保护策略。这对现在的遗产保护工作仍具有指导作用。萧依在李格尔遗产价值体系的基础上考察了遗产价值的历史演变，重点是她对工业革命后城市遗产的讨论拓展了遗产的类型，强调对城市肌理和一般历史建筑的关注，从整体的视角理解城市遗产；同时她从文化产业的视角对遗产价值的讨论，不仅是对遗产经济价值的关注，也进一步强调和遗产的文化意义。梅森的价值中心论则将遗产的文化意义作为遗产价值的集中体现，认为遗产文化价值和经济价值的矛盾是遗产保护的关键议题。

在对遗产价值的认识发展的同时，我们对遗产概念和范畴的理解也由原先的物质遗产扩展到非物质遗产，对遗产价值的认识从固有的客观价值扩展为主观和客观价值并重；并开始关注不同群体对遗产的不同认知和态度，从单纯的价值保护慢慢走向关注对遗产文化意义的阐释，提出文化多样性在遗产理解与认识中的重要作用。当代的遗产保护理论与遗产价值的认知进一步体现出以上转变，强调遗产保护的活化利用和遗产价值的可持续性。

2009 年国际文化财产修复与保护研究中心（ICCROM）提出"活态遗产保护方法"（Living Heritage Approach, LHA），并发布了《活态遗产保护方法手册》（*Living Heritage Approach Handbook*），将活态遗产定义为："历史上不同的作者创造并仍在使用的遗址、传统以及实践，或者有核心社区居住在其中或者附近的遗产地"[15]。显而易见，城市景观遗产是典型的活态遗产，最困扰保护工作者和城市规划建设者的问题是城市景观遗产被持续使用，评估、延续其价值是一项既复杂又充满矛盾的任务。我们发现总是处于专家和公众意见不一致、严格保护与发展利用存在冲突等困境中。

活态遗产保护方法则明确提出一个基于遗产社区的、自下而上的遗产管理途径。根据遗产社区与遗产联系的紧密程度，可以将保护的主体分为核心社区、外围社区和保护专家，正如活态遗产的定义中所强调的，核心社区在遗产价值的阐释中扮演着重要的角色，在整个保护策略的制定过程中，核心社区应具有决定权。外围社区的利益是次要的，他们与遗产的联系是间接的、非持续的，因此当核心社区的利益诉求和外围社区的利益诉求发生矛盾时，后者应让位与前者。保护专家不再是传统的决策者角色，而是起着协调和促进的作用，为整个决策过程提供技术支持。

活态遗产保护的首要目标是保持遗产的活态性，与传统的静态保护不同，它承认遗产保护是一个动态的过程，保护工作的本质是管理遗产的变化过程。活态遗产保护强调的遗产文化价值的延续，既包括其功能和空间的延续，也包括传统关怀和社区参与的延续，因此遗产文化价值的延续不仅表现在遗产的物质实体上，更表现在无形的文化意义和社区的认同之中。

如今，对于遗产的思考变得开放化和多元化，很多有识之士提出了具有启发性的理论观点。接下来要介绍一下遗产可持续理论，准确地说应该是由安德烈亚·纳内蒂（Andrea Nanetti）及其同事共同提出的可持续遗产影响因素理论[16]。该理论在复杂理论的基础上指出，在当今数字化时代，遗产应该被广义地定义为"人类经验的宝库"。不得不说这是一个大胆的定义，以至于让人怀疑是不是过于宏大而失去其意义。但必须承认，这一定义与本书第1章就强调的遗产的本质有很多共同之处。

不难理解，人类社会正是通过将知识嵌入文字、绘画、雕塑、建筑档案、口述记忆和仪典表演之中，将艺术和科学传给后代，这都是人类的"遗产"，传统所言的遗址、纪念物、建筑遗产和城市遗产不过是一些文化价值传递的媒介类型。安德烈亚·纳内蒂继而指出，正如生态系统和人类社会，遗产也是一个复杂的系统，"遗产要素是生命体：它们在对环境的不断回应中随着时间发展，具有有限的生命跨度。（在遗产的功用和效益耗尽后）除非我们准备不惜一切代价维持传承机制，否则我们不应该期望一个遗产要素永远存在。"因此，类似于活态遗产保护理论，遗产同样被认为是动态的，随着时间变化的。同时，因为遗产是一个复杂的系统，它的变化也是非线性的，存在着持续、渐进的变化和突然的结构转换。

安德烈亚·纳内蒂在他的理论中提出了"人—遗产—景观"的系统，并认为遗产的价值在于"创造一个更好的未来"。为了实现这个目标，遗产的价值评估应做到以下三点：

1）确定物质和非物质遗产之间的复杂关联；

2）衡量传承和复制的强度，同时估测转型的速率；

3）估计一个遗产在未来可能带来的增值影响。

当前的诸多思考反映出遗产的基本概念在不断拓展，遗产的重要性不在于过去，而是在于现在与未来。遗产是一种资源，需要考虑的是如何对其持续利用，使之为人类的发展做出更大的贡献。

5.1.6　价值评估的意义

遗产的价值认知是评估的基础。城市景观遗产的价值评估应该以价值认知为核心，以保护规划为导向，在全面认识遗产价值的基础上开展保护工作。制定保护策略的核心和首要任务是认识遗产的价值所在，全面考虑遗产价值有助于制定更合理的保护策略。全面、深入地认识城市景观遗产价值，意义体现在如下方面：

（1）加强对景观遗产的整体理解。进行价值评估要求对遗产的各方面历史信息和细节进行整理和记录，并在其历史语境中阐释意义。这个过程涉及景观遗产的一系列关键要素，包括如何划分历史年代，如何划定边界，如何清晰表述其景观特征，如何定义其重要级别，等等。《中国文物古迹保护准则（2015 年修订）》（后文简称《准则》）列举了一系列"构成文物古迹的历史要素"：

> 重要历史事件和历史人物的活动；重要科学技术和生产、交通、商业活动；典章制度；民族文化和宗教文化；家庭和社会；文学和艺术；民俗和时尚；其它（他）具有独特价值的要素。[17]

这些信息共同构成了景观遗产评价的信息基础，对其探究和阐释有助于整体理解景观遗产。

（2）通过考虑场地所有方面的价值，可以让更多的利益相关人参与进来，并了解遗产保护的意义。例如，美国国家文物登录制度规定：对于"联邦政府直接参与的建设项目、联邦政府提供补助金的建设项目以及联邦政府批准许可的建设项目"的审议，需要"州历史保护官员（State Historic Preservation Officer, SHPO）、历史保护咨询审议会（The Advisory Council on Historic Preservation, ACHP）、开发商、其他团体（地方自治体、历史建筑所有者、历史保护协会、一般市民团体等）"共同协商[18]，即政府部分、专家团体、开发商、其他协会和团体共同协商。

（3）价值评估建立在对场地价值综合认识的基础上，这种思维方式能够为更长远视角的遗产管理、规划带来必要的支撑；例如，"划定边界"是遗产（特别是历史街区、名胜古迹、园林等）管理工作必不可少的部分。《实施世界遗产保护的操作指南》规定："划定的边界范围内应包含所有能够体现遗产突出普遍性价值的元素，并保证其完整性与（或）真实性不受破坏"。[19]这就要求对遗产的历史进程中"普遍性价值的元素"体现在怎样的空间范围中进行考察，同时，只有其"完整性与（或）真实性不受破坏"的边界才被认为是有必要保护的。

（4）通过历史环境的历史背景、使用、内涵和当今认识的对比，能发现其中的差异，并指导保护规划和管理措施的制定。

5.2 现有评估方法

景观遗产是文物古迹保护工作的重要对象之一，在 1931 年的《关于历史性纪念物修复的雅典宪章》中就对城市特征、建筑周边景观和眺望景观等有所考虑，甚至详细提出"有必要研究某些纪念物或纪念物群适合配置何种装饰性花木"[20]。1962 年，联合国教科文组织大会第十二届会议更是通过了《关于保护景观和遗址的风貌与特征的建议》，明确指出要对"受到威胁的某些城市中的景观和遗址进行保护"[21]。1981 年，国际古迹遗址理事会与国际历史园林委员会起草的《佛罗伦萨宪章》是首部针对历史园林保护的国际条约。[22]该宪章从以下特征认识历史园林：

（1）有生命的遗产："历史园林是主要由植物组成的建筑构造，因此它具有生命力，即有死有生"。因此，其面貌反映了季节循环、自然生死与

园林艺人希望其保持永恒不变的愿望之间的永久平衡。历史园林中不仅植物
等自然环境在更替，园林也在存续期间发生更新变迁，因此是"有生命的"
历史文化遗产。

（2）见证作用：历史园林是一种文化、一种风格、一个时代的见证，
而且常常还是具有创造力的艺术家独创性的见证。

（3）关联价值：作为历史遗址的历史园林，通常与值得纪念的历史事
件相联系，如：主要历史事件、著名神话、具有历史意义的战斗或名画的背
景[22]。

城市景观遗产尺度、类型多样，加上评价机构、目的、方法和地区的不
同，城市景观遗产的价值评估很难有统一的方法体系，甚至共同的认识与理
解。景观遗产的价值评估方法散见于国际保护文件和各国的保护法规及保护
实践之中，它们都是城市景观遗产价值评估的重要的组成内容或者参考资料。
我们对英国、美国的文化景观或者历史景观的价值评估，世界遗产类型文化
景观的价值评估，以及新近在文化景观框架中针对城镇景观类型的历史城镇
景观价值评估进行阐述，希望能对我国的景观遗产，特别是城市景观遗产的
价值评估起到借鉴的作用。

5.2.1　世界遗产文化景观价值评估

1. 文化景观

"文化景观"这一概念是 1992 年 12 月在美国圣菲召开的联合国教科文
组织世界遗产委员会第 16 届会议时提出并纳入《世界遗产名录》中的。世
界遗产分为：自然遗产、文化遗产、自然遗产与文化遗产混合体（即双重遗
产，如我国的泰山、黄山、峨眉山—乐山大佛）和文化景观。文化景观代表《保
护世界文化和自然遗产公约》第一条所表述的"自然与人类的共同作品"[23]。
一般来说，文化景观有以下类型：

（1）由人类有意设计和建筑的景观。包括出于美学原因建造的园林和公园景观，它们经常（但并不总是）与宗教或其他纪念性建筑物或建筑群有联系。

（2）有机进化的景观。它产生于最初始的一种社会、经济、行政以及宗教需要，并通过与周围自然环境相联系或相适应发展为当前的形式。它包括两种类别：一是残遗物（或化石）景观，代表一种过去某段时间已经完结的进化过程，不管是突发的或是渐进的。它们之所以具有突出、普遍价值，还在于显著特点依然体现在实物上。二是持续性景观，它在当今与传统生活方式相联系的社会中，保持一种积极的社会作用，而且其自身演变过程仍在进行之中，同时又展示了历史上其演变发展的物证。

关联性文化景观。这类景观列入《世界遗产名录》，以与自然因素、强烈的宗教、艺术或文化相联系为特征，而不是以文化物证为特征。此外，列入《世界遗产名录》的古迹遗址、自然景观一旦受到某种严重威胁，经过世界遗产委员会调查和审议，可列入《处于危险之中的世界遗产名录》，以待采取紧急抢救措施。[24]

2. 突出的普遍价值

《世界遗产公约》规定了自然和文化遗产的基本定义，文化景观被归为"文化遗产"，代表了人与自然的"共同作品"。国际古迹遗址理事会采用"突出的普遍价值"（Outstanding Universal Value, OUV）作为评选世界遗产的最重要评判依据。突出的普遍价值指文化/自然价值极为罕见，超越了国家界限，对全人类的现在和未来均具有普遍的重要意义。文化遗产的审查和评估必须在其所在的文化背景中进行，需要满足下列至少一条[19]：

（1）一种独特的艺术成就、创造性的智慧杰作；

（2）一定时期内或文化区域内，对建筑艺术、纪念物艺术、城镇规划或景观设计方面的发展产生过重要影响；

（3）反映一项独有或至少特别的现存或已经消失的文化传统或文明；

（4）是描绘出人类历史上一个重大时期的建筑物、建筑风格、科技组合或景观的范例；

（5）一种或多种文化的传统人类住区、土地利用或海洋利用的杰出典范，或人类与环境的互动，特别是当环境在不可逆转的变化下变得脆弱时；

（6）直接或明显地与具有突出的普遍重要性的事件、生活传统、信仰、文学艺术作品相关；

（7）包含最高级的自然现象或具有特殊自然美和审美重要性的区域；

（8）地球历史主要阶段的杰出范例，包括生命记录，地貌发展过程中重要的地质过程，或重要的地貌或地貌特征；

（9）在陆地、淡水、沿海和海洋生态系统以及动植物群落的进化和发展过程中，仍在持续的重要的生态和生物过程的杰出范例；

（10）原生境保护生物多样性的最重要的自然栖息地，包括从科学或保护的角度来看具有突出的普遍价值的濒危物种的栖息地。

由于文化景观是"自然与人的联合作品"，包含人类与其自然环境之间相互作用的多种表现形式，其范围的划定与其功能性和可理解性相关，审查和评估应当考虑其突出的普遍价值及其在明确界定的地理文化区域内的代表性，以及它们阐释这些区域的基本和独特的文化要素的能力。[19] 因此，文化景观，尤其是城市中的文化景观的突出的普遍价值主要体现为上述标准中的（1）—（7），某些特殊情况下可能会与具有（8）—（10）特征的文化遗产类别相重叠。

3．真实性、完整性

除了必须满足以上"突出的普遍价值"标准之一，还需要对遗产价值的真实性、完整性进行调查、评估和检验。突出的普遍价值的前提是，具有完整性和 / 或真实性的特征，且有足够的保护和管理机制确保遗产得到保护。显而易见，实体的破损、伪造或管理使用不当会造成文物价值的丢失、不可证、不可延续。

《实施世界遗产保护的操作指南》指出，对遗产真实性的评价，要着重考虑"涉及文化遗产原始及发展变化的特征的信息来源"的可信度，并在所在的文化背景中进行分析和判断。[19]"信息来源"有很多种，比如书籍、文章、档案、音像、实物、口述、文学作品等，它们都可以作为遗产价值判断的依据。真实性要求遗产的文化价值的下列特征是真实可信的：

外形和设计；材料和实质；用途和功能；传统，技术和管理体系；方位和位置；语言和其他形式的非物质遗产；以及其他内外因素。此外艺术、历史、社会和科学方面的价值也应被充分考虑，从而充分理解文化遗产的性质、特性、意义和历史。此外，指南中还提到，"精神和感觉"这样的属性在真实性评估中虽不易操作，却是评价一个遗产地特质和场所精神的重要指标，例如，若一处遗产地和社区紧密相关，那么保持社区传统和文化连续性必然是遗产地价值的一部分。

完整性衡量文化遗产及其特征的整体性和无缺憾性，主要内容包括：物理构造或重要特征保存完好，且侵蚀退化得到控制；包括所有表现其突出的普遍价值的必要因素；形体上足够大，能完整地代表体现遗产价值的特色和过程；受到发展的负面影响可被忽视；文化景观、历史名镇或其他活遗产中体现其显著特征的种种关系和能动机制得以保存。

综上所述，世界遗产采用的是突出的普遍价值评估标准和真实性、完整性作为评估条件的评估框架，以《世界遗产名录》作为保护工具，由缔约国申报、咨询机构进行评估的具体途径完成登录过程。

5.2.2　英国的城市景观遗产评估

英国当代的文化遗产保护采用登录注册制度，基本可以分为四种体系：在册古迹（Scheduled monument）、登录建筑（Listed buildings）、保护区（Conservation area），以及注册历史公园与园林（Registered historic parks and gardens）[25]。各保护体系的保护对象、成立时间和管理者各不相同，具体的登录注册方式也有差异，例如，在册古迹由文化、媒体及体育部大臣（the Secretary of State for the Department for Culture, Media and Sport）选取具有"国家级的重要性（Nationally important）"的考古遗址或历史建筑列入名册，因此是一种"在册"（Scheduled）的名录，与登录（Listed）和注册（Registered）的区别在于名录的生成是官方指定的，而且名录增加缓慢，保护管理在四种保护体系中也是最为严格的。登录（Listed）则主要由专家评估进行保护建筑的名录制定，相对而言，保护对象多了很多。

以上保护体系的保护对象都与景观遗产相关，然而，在册古迹主要针对历史遗迹和纪念物，登录建筑主要针对建筑遗产，二者都关注点状的保护对象。保护区的概念则较为广泛，类似国内保护街区的概念，保护对象既包括保护区范围内的在册古迹、登录建筑、非登录建筑，也包括树木等景观要素。

1. 设计的景观

历史英格兰（Historic England）试图整合以上保护体系，提出了《英格兰国家遗产名录》（*National Heritage List for England, NHLE*），将国家遗产分为建筑、考古场地、设计的景观、战场遗迹、船舶遗迹，共5大类44小类，并分别制定了专类标准。其中经过设计的景观（Designed landscapes）分为：乡村景观、城市景观、机构景观（Institutional landscapes）、纪念景观（Landscapes of remembrance）。这里我们主要介绍英国城市景观遗产的价值评估，其方法是基于原有的注册历史公园与园林的评估方法。注册历史公园和花园制度始于1983年，是所有保护体系中形成时间最晚，法律效应最低的保护制度。截至2019年8月，"英格兰具有特殊历史价值的注册历史公园和花园"（Register of historic parks and gardens of special historic interest in England）今已列入了1 669处。[①]

2. 普遍标准

注册历史公园和花园价值评估采用普遍标准（历史时期、稀有度）+专类标准结合的方法。普遍标准适用于所有对象，依据遗产的不同"历史久远度"，对注册遗产的"稀有度"有不同的标准。"历史久远度"以遗产的现有布局大致形成的时间作为衡量的时间点，例如城市景观的历史时期和稀有度的标准（表 5-2）。

表 5-2 城市景观的历史时期和稀有度的标准

布局形成时间	1750 年前	1750—1840 年	1840 年后	1945 年后	近 30 年内
相应的稀有度要求	仍然现存部分	现存的部分足以反映原初设计	对其特殊价值有更高的要求	尤其小心选择	一般仅当品质出色或面临威胁时才有资格注册

在历史时期和稀有度的基本评价标准之外，还可以进一步考虑：

（1）对品味发展有影响的地方，无论是通过声誉还是文学作品；

（2）一种布局风格、一种地方类型，或是国家重要设计师（业余或者专业）作品的早期或代表性的例子；

（3）与重要人物或历史事件有关联的地方；

（4）与其他遗产类别一起具有较强群体价值的地方。

3. 专类标准

专类标准依据不同的城市景观类型分别制定，根据英国城市景观的发展历史，分为城市广场、公共步行道、游乐园、城市公园（Public parks and municipal gardens）、滨海花园、植物园、镇郊花园（Town and suburban gardens）、镇区独立花园（Detached town gardens）、份地花园（Allotments）、苗圃、运动场地等。城市公园是其中主要的类型之一，依据历史公园的发展形成时期不同，评价的标准不同（表 5-3）。

---

① 数据来源于 Historic England 官方网站提供的 GIS 文件，下载地址为 https://services.historicengland.org.uk/NMRDataDownload/.

表 5-3　英国历史公园各发展阶段评价标准

公园主要发展形成阶段	1833—1875 年	1875 年—第二次世界大战期间（1939—1945 年）	第二次世界大战后—30 年前
特殊标准	足够多的景观留存下来，能反映原初设计	景观曾被重点关注过；留存下的平面布局是完整无缺或者几乎未受损伤的	设计被特地记录下来；关键要素基本完整无缺

4. 历史景观特征评估

历史景观特征（HLC）由 20 世纪 90 年代中期英国提出的景观特征评估（Landscape Character Assessment, LCA）体系发展而来，在 LCA 对"景观特征"识别的基础上增加了历史维度的研究，基于 GIS 研究特定场地的历史变迁，确定和描述影响景观形成过程的主要历史因素及其构成，并加以图示，阐释景观的现状与形成原因。[26] HLC 强调历史景观的整体性、历史层积和动态性，指出新旧景观要素都是历史景观的组成部分；历史景观每个发展时期的建设重点和成果可根据"时间深度"进行分类；历史景观保护的关键是管理景观的变化，使之在更新过程中与区域历史发展脉络相适应。自 1994 年英国康沃尔率先开展 HLC 评估以来，该评估体系已得到广泛传播与应用。

5.2.3　美国的历史景观评估

美国的遗产保护管理在联邦政府层面主要由内务部的国家公园管理局（National Park Service）负责，《国家历史地方名录》（*National Register of Historic Places*）则是对美国历史古迹进行识别、评价和保护的国家项目。其评价指标包括：①与美国历史的广泛格局的形成做出重大贡献的事件有关；②或者与美国历史上重要任务相关；③或者体现某一类型、时期或建造方法的独特特征，或代表大师的作品，或具有很高的艺术价值，或代表一个重要的、可区别的实体，其组成部分可能缺乏个体区别；④或者已发现，或可能发现，史前或历史上重要的信息。评价的步骤包括：对保护对象进行归类；从历史文脉判别其史前或者历史意义；依据评价标准评估其重要性；依据评价标准的考虑原则决定是否属于排除类别；评估其完整性。[27]

在以上总体的价值评估标准之外，《国家历史地方名录》也提出了针对性的评估方法，例如乡村历史景观和设计的历史景观的评估方法，但是没有专门针对城市历史景观的评估细则。这里着重介绍设计的历史景观评估方法。历史景观评估与登录制度包含一套完整的工作过程，关注文化遗产的本质、文化背景以及随时间的演进，并立足于文化背景来评估遗产价值。从历史资料的全面整理入手，涉及大量信息来源，包括形式与设计、材料与物质、利用与机能、传统与技术、区位与场所、精神与感情，以及其他内在或外在的因素，并在特定的艺术、历史、社会与科学的范畴加以详细阐述。根据美国国家公园局公布的"如何评价与提名设计的历史景观"，主要工作包括[28]：

1. 收集信息

美国历史景观的保护非常注重文档工作，通过收集历史信息、规划图纸和照片等完成对保护对象的规划、设计、建造等过程的资料整理，同时通过现场调研对其景观设计的历史特征进行确认。在工作指南中详尽地列出了需要收集的信息以及现场调研的内容，主要分为：

描述和图纸记录现有要素和功能。主要是通过文字、平面图纸的方式记录现有的物质要素，包括地形、水体、植物、构筑等，个体要素需要从总体特征出发进行考虑，而且通过航拍照片的帮助可以较为容易完成以上工作。

描述和图纸记录历史要素和功能。历史描述需要依据文献资料和现场观察，应描述保护对象的演变过程，包括最初的场地状态、原始地形和植物形态，以及功能使用、设计和物理空间的改变。如果可能的话，需要详尽描述历史要素的位置。

确定保护对象初步的边界和重要历史时期。依据以上收集和整理的信息，研究的目的是对历史景观遗产保护对象进行时空限定，一方面要确定该保护对象规模和质量达到注册标准的历史时期；另一方面则需要确定初步的空间边界。

（1）边界限定：依据自然边界、历史边界、行政边界等对历史景观进行空间限定。

（2）重要时期限定：即该景观与其重要事件、活动、人物、团体、土地使用或实体特征相关联的时期。重要时期内的历史特征应当保存良好。

2. 判定类型和历史文脉

历史景观在设计和改造过程中发生的重要事件和发展趋势是影响其景观类别的重要因素，需要通过以上信息梳理并经历史研究进行识别和确认。参考现有的美国景观历史研究成果是帮助确定景观类别的主要方法。

重要性的判断必须建立在保护对象的历史知识和对比研究之上，因此，保护对象及其历史发展与风景园林实践之间的关系是关键。其重要性决定于设计的历史景观与其要表达的历史主题之间的联系，以及它与类似景观遗产之间的关系。这些联系可以从地方、州和国家三个层面进行考察，如果保护对象在三个层面都很重要，则需要论述其在三个层面所具有的历史贡献和意义。

3. 分析景观特征

保护对象的哪些特征要素使它成为某一类型、历史时期、设计或建造方法等方面的代表？或者体现它的风格类型的设计哲学？例如，针对美国浪漫主义公园，研究者应关注它的自然景色、本土植物、非规则的形态、弧线的交通流线等特征。一个缺乏特征的设计作品，不具备登录的条件。

4. 重要性评估

按照前文介绍的《国家历史地方名录》的评价指标，评价历史景观的重要性。一般而言，设计的历史景观总是和某些时间或者历史发展趋势相关，例如，某些历史景观的设计起因于一些社会运动。通常，设计的历史景观总是与"③或者体现某一类型、时期或建造方法的独特特征……"相关，例如是不是某一风格类别的最早案例，在设计、建造、植物使用等方面有何创新，是不是著名设计师的代表作品，等等。

5. 完整性评估

完整性评估主要考虑：区位、设计、配置、材料、工艺、场所感以及与周边的融合。需要关注的问题有：保护对象多大程度上传递了它的历史特征？多大程度保留了原始格局？后期的改变是不是可以复原以体现其完整性？

进行完整性评估一方面是审查景观价值所必需的要素是否保存完好，有的要素变化是较为稳定的，可以参考建筑的完整性评估；有的则随时间变化较大，例如植物，若原初植被的设计特色基本能够保留，或者植物的变化不破坏整体氛围，则认为不影响其历史完整性。

另一方面则是考虑原初的设计意图是否被正确体现，因此对保护对象的历史和当下的面貌以及使用状况进行对比是很有必要的。例如，公园的一处空间原初设计的意图是希望塑造一个安静、休憩的场所，而当下的功能却成为一个热闹、运动的场所，则其历史完整性遭到了影响。

完整性评估主要从要素是否存在、现在状况和适合性单方面考虑。如景观的原真状况发生了改变，则需考察改变是否影响其价值在当代的表达。虽然美国设计的历史景观的价值评估中没有明确提到真实性，但是完整性评估的内容中实际上包括了对真实性的考察。

6. 其他特别说明

《国家历史地方名录》不考虑某些特别类型的项目，例如历史人物的出生地、故居和坟墓；宗教机构所有的，或者具有宗教使用目的的项目；被移动的，或者重建的历史建筑；纪念性的保护项目，以及在过去的50年才获得其历史意义的保护对象。当然，如果这些保护对象具有一些特殊条件也可以被考虑，详细的规定可以参考官方文件（*How to Evaluate and Nominate Designed Historic Landscapes*）。

5.2.4　历史性城镇景观价值评估

2005 年维也纳"世界遗产与当代建筑"国际会议发布的《维也纳保护具有历史意义的城市景观备忘录》(*Vienna Memorandum on "World Heritage and Contemporary Architecture—Managing the Historic Urban Landscape"*）第一次正式提出了历史性城镇景观的概念[29]，《关于历史性城镇景观的建议书》正式将 HUL 定义为"文化和自然价值及属性在历史上层层积淀而产生的城市区域，超越了'历史中心'或'整体'的概念，包括更广泛的城市背景及其地理环境"。[30]联合国教科文指出，HUL 是一种工具和方法，而不是一种遗产类型。HUL 方法在时间范围上跳出了历史城区保护中常见的"历史"与"当代"对立的桎梏，注重城市遗产保护的整体性和有机更新，提倡利用"景观方法"(Landscape approach)，从有形和无形要素两方面来认知、识别和评估城市遗产，将遗产保护纳入国家发展战略，与城市发展政策与规划相结合。[30, 31]隶属于联合国教科文世界遗产中心的"历史性城镇景观"项目，其负责人吴瑞梵(Ron Van Oers)在 2012 年指出，历史性城镇景观的概念首先是一种思维模式。学者们也普遍将历史性城镇景观视为一种理念、方法论和思维模式。这导致 HUL 在价值评估方面提出了许多新的理念，但是在具体的理论、方法和技术方面仍有待努力与创新。

1. 活态遗产

价值评估的革新首先要的是重新理解和定义价值的含义，从历史的角度理解价值含义的变化对城市遗产保护管理尤为重要。本章已经较为详细地论述过这一议题，在这里简要的总结：19 世纪遗产的价值主要是指其纪念性价值；20 世纪社会价值受到关注，对历史城镇而言，主要从形态学和类型学两个维度进行价值认知；而当今的历史性城镇景观则将价值的含义扩展到地方的美学价值、象征意义以及当下新的功能与享乐，因此是一种"活态遗产"(Living heritage)。正因为城镇的地方性和复杂性，试图提出统一的价值标准存在现实的困难，被普遍接受的真实性与整体性原则，也被认为需要因地制宜的理解和阐释。这与文化多样性的概念和社区参与的方法紧密相关，真实性与整体性的定义一方面需要尊重地方的历史和文化背景，另一方面则是应该采用从下至上的方法征求社区居民的意见，而不是从上至下由专家决定。

2. 方法与工具

历史性城镇景观被多次描述为一种思维方式、一种保护管路的途径，在诸多相关文件和著作中，其方法和工具也被多次阐述。然而，关于如何进行历史性城镇景观的价值评估并没有详细的论述，只是在整体的方法框架中第一步如此描述：对城市的自然、文化和人文资源进行全面的评估。在价值评估中社区参与的工具是被鼓励使用的，具体而言，可以分为空间制图（Mapping）和参与性规划与价值咨询（Participatory planning & consultations on values）两个步骤。实际上，历史性城镇景观方法提出进一步评估城市遗产的脆弱性，以及在后面的步骤中综合考量遗产的价值、脆弱性和未来发展。与以往的价值评估不同，历史性城镇景观价值评估关注新的价值概念：文化多样性、历史层叠、脆弱性与连续性。

3. 文化多样性

世界环境与发展大会在《21世纪议程》（*Agenda 21*）中首次提出文化多样性（Cultural diversity）的概念；联合国教科文组织在《我们的创造力多样性》（*Our Creative Diversity*）报告和《世界文化报告——文化、创新与市场》（*World Cultural Report: Culture, Creativity and Markets*）中指出，文化多样性和生态多样性一样是客观存在的，可以帮助人类适应世界有限的环境资源，其本身就具有价值；它的价值可以通过多种途径体现，激发新的创造。[32, 33]2001年第31届联合国教科文组织通过的《世界文化多样性宣言》（*Universal Declaration on Cultural Diversity*）指出文化在不同的时代和不同的地方具有各种不同的表现形式，这种多样性的具体表现是构成人类的各群体和各社会的特性所具有的独特性和多样化。文化多样性是交流、革新和创作的源泉，对人类来讲就像生物多样性对维持生物平衡那样必不可少。[34] 从这个意义上讲，文化多样性是人类的共同遗产，应当从当代人和子孙后代的利益考虑予以承认和肯定。2005 年 10 月第 33 届联合国教科文组织大会上通过的《保护和促进文化表现形式多样性公约》（*The Convention on the Protection and Promotion of the Diversity of Cultural Expressions*）中，"文化多样性"被定义为各群体和社会借以表现其文化的多种不同形式。[35] 历史性城镇景观方法倡导文化多样性的原则，不仅认为真实性与整体性不可能具有统一的标准[36]，这在《奈良真实性文件》已经被指出，而且认为文化多样性同样是价值评价的内容和方法。《联合国教科文组织关于历史城市景观的建议书》明确指出应保护历史城市的文化多样性，认为文化多样性和创新性是人类、社会和经济发展的关键资源。[30] 文化多样性方法（Cultural diversity lens）则不局限于价值评价，是一个可应用于保护规划、措施、监测和评估的实用工具。[37]

4. 历史层叠

层叠（Layering）是源自地理学领域的概念和方法，英国的城市地理学家康泽恩（M.R.G.Conzen, 1907—2000）将其发展并应用于世界各地城市的分析研究。历史性城镇景观方法认为城市是自然与人文系统构成的文化意义的层叠结构。《历史城市的新生：对历史性城镇景观方法的解释》将历史性城镇景观描述为自然和文化价值经过长时间层叠和交织性形成的结果，不局限于城市中心的概念，而是包括更广阔的城市文脉和地理环境。如此理解历史性城镇的优点在于让给我们理解其价值是自然与文化融合的整体，不仅如此，其价值不仅包括历史意义，同时也包括未来的发展。从而，在历史性城镇的保护管理工作中，决策和权衡不仅融合了社区和专家的意见，而且将历史、记忆与未来相联系。然而这一概念和方法的现实应用还十分有限[38]。我国学者刘祎绯基于这一理论进一步探索——提出由"城市锚固点"与"层积化空间"为主体，以"锚固—层积效应"为相互作用力，构建"锚固—层积"模型，用以更好地认知与保护城市历史景观。[39]

5. 脆弱性与连续性

相对其他遗产，城市遗产具有自身的特征，除了真实性和完整性，历史性城镇景观的脆弱性和连续性在保护管理工作中同样受到关注，对脆弱性和连续性进行评估是历史性城镇景观价值保护规划、处置措施和发展途径的决策与策略制定的关键内容。

因为全球城市化，城市人口不断增加，给城市遗产的保护带来威胁和挑战。历史性城镇景观的方法认为这既是挑战，也是机遇，并提出了相应的原则、政策和指南以应对存在的威胁，需要认识到遗产面对威胁的脆弱性。这些威胁和压力主要来自环境问题、气候变化、经济发展、旅游兴起等，城市景观遗产面对这些威胁是否具有适应性，或者是否容易遭受破坏，是保护规划、措施和未来发展策略制定的关键因素。以往的遗产保护主要关注价值评估的真实性、完整性原则，主要是局限于静态的遗产现状评估。历史性城镇景观强调遗产保护的动态性，在价值评估中脆弱性就是对未来变化造成影响的判断。

另一个源自动态性特征的评估指标，是遗产价值的连续性。城市处于持续的变化过程，因此无论是从空间上，还是在时间上，城市遗产都是一个连续积累的结果，历史层叠正是这一过程的表现形式。从遗产价值上，李格尔的很早就强调历史价值与现今价值的关系，可以说，将城市遗产视为创新的源泉，关注遗产现今和未来的价值是历史性城镇景观方法的新颖之处。只是目前对城市景观遗产价值评估中连续性的考虑还缺乏成熟的方法以及成功的案例，可以说仍处于探索的阶段。

5.2.5　我国城市景观遗产价值评估

我国遗产价值评估的理论与实践工作不仅吸收、借鉴了国际先进理念和成果，而且在研究工作者持续努力下不断创新。从国家层面，《中国文物古迹保护准则》（以下简称《准则》）为文物古迹的保护，包括价值评估提供了基本准则，指出"价值评估应置于首位，保护程序的每一步骤都实行专家评审制度"。[40] 一方面强调了价值评估的重要性，一方面也明确我国文物古迹价值评估的基本方法是专家评审制度。但是，这并非意味着非此即彼的反对社区参与等公众参与的方法，实际上《准则》同时强调"需要全社会的共同参与"。

在具体的价值分类的评价方法方面，《准则》在强调文物的历史、艺术和科学价值的基础上，充分吸纳了国内外文化遗产保护理论研究成果和文物保护、利用的实践经验，进一步提出了文物的社会价值和文化价值。

第 3 条：文物古迹的价值包括历史价值、艺术价值、科学价值
以及社会价值和文化价值。社会价值包含了记忆、情感、教育等内容，
文化价值包含了文化多样性、文化传统的延续及非物质文化遗产要
素等相关内容。[40]

历史价值是指文物古迹作为历史见证的价值；艺术价值是指文物古迹作为人类艺术创作、审美趣味、特定时代的典型风格的实物见证的价值；科学价值是指文物古迹作为人类的创造性和科学技术成果本身或创造过程的实物见证的价值；社会价值是指文物古迹在知识的记录和传播、文化精神的传承、社会凝聚力的产生等方面所具有的社会效益和价值；文化价值则主要指：文物古迹因其体现民族文化、地区文化、宗教文化的多样性特征所具有的价值；文物古迹的自然、景观、环境等要素因被赋予了文化内涵所具有的价值；与文物古迹相关的非物质文化遗产所具有的价值。

《准则》提出了文物古迹保护管理的一整套程序，评估是其中重要的步骤，不局限于价值评估，同时也包括对文物古迹的保存状态、管理条件、安全因素等方面的评估。强调评估工作必须建立在研究基础之上。《准则》同时指出"评估应以现存实物遗存为主，同时需要考虑非物质文化遗产。历史

考证应结合现存实物。评估必须依据相关的研究成果。"[40]

　　第18条　评估：包括对文物古迹的价值、保存状态、管理条件和威胁文物古迹安全因素的评估，也包括对文物古迹研究和展示、利用状况的评估。评估对象为文物古迹本体以及所在环境，评估应以勘查、发掘及相关研究为依据。[40]

　　从我国城市景观遗产价值评估的发展来看，1982 年公布首批中国历史文化名城名单时，并没有明确的评价标准。1986 年第二批历史文化名城审批过程中确定了三项原则。[41] 国家从 2002 年修订《中华人民共和国文物保护法》开始，逐步建立了中国历史文化名镇名村的申报制度。目前实施的《历史文化名镇（村）评选办法》和《中国历史文化名镇（村）评价指标体系》在申报阶段发挥了非常重要的作用。

　　《中国历史文化名镇（村）评价指标体系》（简称《评价体系》）是在分析历史文化村镇内涵和价值的基础上，试图以全面的体系构建，以指标量化为手段建立的全国性历史文化名镇名村评选的体系。评价对象包括村镇的价值特色和保护措施，突出了保护的整体观念；评价方法和指标以定量为主，对我国历史文化名镇（村）的评选起到了重要的作用（表 5-4）。

　　现行《评价体系》由价值特色和保护措施两大部分组成，权重分别为70% 和 30%，每个指标项都有明确的分数。该评价体系主要服务于"评优"，是一种单一目的支撑下的评价体系，简便易行，可以为城市景观遗产评价所借鉴，但仍存在一些不足[42]：明显的静态封闭特征。这种统一的评价体系有可能将某些具有较高的价值特色但是在申报时尚未建立保护措施的历史文化遗产摒弃在外，或者为了申报而突击建立一些形同虚设的保护措施。缺乏地域性和类型性的考虑。价值评估包括特征评价与真实完整性评价两方面，但此评价体系未体现对同一价值的两方面同时考虑。

表5-4　中国历史文化名镇（村）评价指标体系评分表（部分）

指标	指标分解及释义	分值升降方法	最高限分	实际得分
一、价值特色			70	
1.历史久远度	（1）修建年代现存传统建筑、文物古迹最早	（略）	5	
2.文物价值(稀缺性)	（2）拥有文保单位的最高等级		5	
3.历史事件名人影响度	（3）重大历史事件发生地或名人生活居住地原有建筑保存完好情况		6	
	（4）名人或历史事件等级		3	
4.历史建筑规模	（5）现存历史传统建筑面积		5	
5.历史传统建筑（群落）典型性	（6）拥有集中反映地方建筑特色的宅院府第、祠堂、驿站、书院等的数目		5	
	（7）传统建筑建造工艺水平		2	
	（8）拥有体现村镇特色、典型特征古迹（指城墙、牌坊、古塔、园林、古桥、古井、300年以上的古树等）		5	
6.历史街巷规模	（9）拥有保存较为完整的历史街区数量		4	
	（10）拥有传统建筑景观连续的最长历史街区长度		4	
7.核心区风貌完整性、空间格局特色及功能	（11）聚落与自然环境和谐度		3	
	（12）空间格局及功能特色		3	
	（13）核心区面积规模		3	
8.核心区历史真实性	（14）核心区现存历史建筑及环境用地面积占核心区全部用地面积的比例		8	
9.核心区生活延续性	（15）保护核心区中常住人口中原住民比例		5	
10.非物质文化遗产	（16）拥有传统节日、传统手工艺和特色传统风俗类型数量		2	
	（17）源于本地，并广为流传的诗词、传说、戏曲、歌赋		2	

续表

指标	指标分解及释义	分值升降方法	最高限分	实际得分
二、保护措施			30	
11. 规划编制	（18）保护规划编制与实施	（略）	8	
12. 保护修复措施	（19）已对历史文化村镇内的历史建筑、文物古迹进行登记建档并实行挂牌保护的比例		10	
	（20）对保护修复建设已建立规划公示栏		2	
	（21）对居民和游客具有警醒意义的保护标志		2	
13. 保障机制	（22）保护管理办法的制定		2	
	（23）保护专门机构及人员		3	
	（24）每年用于保护维修资金占全年村镇建设资金		3	
总计			100	

从便利性与相对可操作性的角度，评选主要采用了"自下而上"的逐层申报的方法，即主要由地方自行填写《评价体系》和配套的《中国历史文化名镇（名村）基础数据表》，评选部门根据后者反映的信息对前者的打分进行校核。主要对历史事件、名人影响力等方面进行调整，对价值特征以及真实性、完整性的评价缺少统一调整。

5.3　新的发展趋势

5.3.1　数据革命

遗产信息是遗产意义陈述与价值评价的前提，信息通信技术（ICT）广泛应用于文化遗产的数字化和档案化，打开了遗产信息获取、记录和共享的新领域[43]。包括测量及影像处理技术、景观环境的可视化技术、景观过程模拟技术和新技术应用在内的景观数字化及模拟技术促进了景观环境的测量和可视化 [44]，也提供了景观遗产信息获取、存档和多样化呈现的新途径。得益于 GIS 强大的数据处理和分析能力，景观分析评价已有较多研究成果，在历史景观评估领域也有了一定的研究，如英国利用 HLC 系统，以基于历史地图、航拍照片和环境记录数据等历史资料识别出的历史景观特征类型图为基础，对历史景观的敏感性和价值等级进行区分 [45]，为历史环境的可持续管理提供决策依据。近年来兴起的网络大数据从社交网络（SNS）大数据、具有地理位置的景观照片分析、基于社会感知大数据的人群行为模式、卫星导航数据等多个方面呈现出数据辅助景观规划设计的态势 [46]，随着 Web2.0 技术的发展，非专业人员主导的"用户生成内容"已经成为遗产信息的重要来源之一 [47]，也为景观遗产的评价信息获取提供了新的渠道，特别是拓展了对遗产现今价值的认知。

产生于 2014 年的 BIG TIME BCN（巴塞罗那大时代）是一款借由数位工具制成的巴塞罗那开放动态地图，通过交互可视化的方式展示了两千多年来巴塞罗那超过 7 万个城市区块中的 3 000 处历史遗迹的完整数据信息。历史遗迹的数据信息来源于巴塞罗那地籍总局（Directorate General for Cadastre, DGC）和巴塞罗那遗产目录（Barcelona Heritage Catalogue, CPAB），地籍是描述土地产权与土地划分的行政档案，CPAB 是按照遗产价值列出的建筑遗产清单。BIG TIME BCN 按照地块建设年份进行地籍汇编，根据 CPAB 记录的保护级别（A、B 或 C 级）对遗迹进行地理定位，点击地图即可获得相应位置的历史遗迹详细信息，包含建造年份、设计者、用途、照片、地址和详细介绍等信息（图 5-4）。BIG TIME BCN 最大的亮点在于，用新颖的方式，从城市整体环境的视角记录和描述建筑遗产、阐释城市形象的形成脉络，为公众、研究者和管理方提供了便捷的遗产信息浏览平台，使遗产信息获取与遗产保护成为一种游览体验，提升了社会对历史文化遗产价值的意识，为让公众参与维护和决策制定提供了可能的途径。[48]

图 5-4　BIG TIME BCN 网站界面示意

5.3.2　公众参与

公众参与早在有关"历史街区"的《华盛顿宪章》中就被提及，宪章明确指出历史街区的文化价值保护离不开当地居民及市民的参与。随着对遗产价值多重性讨论的深入，遗产的社会文化价值（Sociocultural values）得到关注，公众参与的方法在遗产价值评价中的作用日益凸显。国外学者梅森最早在构建遗产的社会文化价值框架时指出，尽管他所提出的各个价值分类互相关联并且互有重叠，但正是基于价值主体和定义方式的不同而将其理解为不同的价值，明确了公众参与对于遗产价值讨论的重要性[49]。如今信息通信技术和网络地理信息系统（WebGIS）打开了空间数据发展和公众参与的新领域，国外学者利用公众参与地理信息系统（PPGIS）进行景观价值的识别与评估，已经取得了一定的研究成果[50]。

近年来，网络和社交媒体的广泛应用，以及无所不在的低成本运算增加了理解文化行为和文化表达的可能性，同时也为遗产文物易于得到接受和理解创造了机会[51]，拓展了公众参与景观遗产评估的渠道。众多的博物馆、互联网公司等文化机构提供基于网络和移动端的数字化遗产服务，如何更好地建立开放渠道、共享信息并通过用户反馈信息的收集与分析用于遗产评估也成为重要的研究课题。

澳大利亚巴拉瑞特的城市历史景观数字化实践提出了市民参与工具（Civic engagement tools）、知识和规划工具（Knowledge and planning tools）、金融工具（Financial tools）和管理工具（Regulatory tools）。通过巴拉瑞特城市历史景观网、巴拉瑞特遗产奖、皮尔街的故事、巴拉瑞特可视化地理信息数据库等多个项目和平台，存储、发布城市历史景观的信息，奖励社区遗产保护的杰出工作，利用视频记录、表现地方社区的故事，公众可以从中获取高质量的城市历史景观信息，或借助其中的交流平台共享数据或发表自己的观点。巴拉瑞特城市历史景观数字化实践项目最大的亮点在于，为多方利益相关群体直接参与景观遗产档案制作过程提供了多元化的途径，地方群体对于遗产的理解和多样化的表达被纳入景观遗产档案范围。但目前该项目的地理信息数据库只能进行地理信息的汇总，尚无法进行三维可视化和深层次的综合分析。[52]

5.3.3　景观批评

就方法论层面来讲，景观批评是以一种价值观念为基础，运用正确的思想理论，选择适宜的批评方法和模式，对景观作品、景观所赖以生存的社会环境，景观设计师的创作思想和实践，以及所涉及支撑景观设计师、培养景观设计师制度与体系的鉴定和评价[53]。

批判性遗产研究的重要代表人物、考古学家劳拉简·史密斯（Laurajane Smith）指出，遗产不等同于"物"，而是文化与社会过程，其中所产生的记忆活动创造出理解与参与当下世界的路径。她认为，从这个意义上来说，所有的遗产都是无形的。她还提出，遗产也是话语，是社会实践的形式：话语不仅组织起像"遗"这样的概念及其被理解的方式，也组织起我们行动的方式，社会与技术实践的方式，以及知识被建构和被再生产的方式。遗产的价值和意义并非自然存在，而是出于权力关系中的不同行动主体共同建构的结果[54]。

批判性遗产研究的另一位代表人物罗德尼·哈里森（Rodney Harrison）强调遗产在本质上是一种有关社会的选择性记忆、保护和阐释的政治选择。研究者既要考虑官方主导的遗产话语，也要看到地方层面在遗产、地方与认同之间的联系。在遗产话语中存在着对于过去的多种解读和意义的竞争，其中国家主导的民族遗产的概念与社区能动性之间存在着张力。面对遗产话语中的张力，哈里森强调连接性和对话性，主张在遗产与当代的社会、经济、政治和环境挑战中建立关联。他提出构建包容、民主与对话的空间，在关于遗产的决策中将政客、官僚机构、专家和普通公民汇聚在一起，产生看待、思考和行动的新方案，从而将遗产理解为对话性的文化实践过程[54]。批判性遗产途径在遗产价值评价中主张更具包容性的评价方法和多重价值的整合。始于质疑的遗产保护通过不同观点的竞争实现遗产价值的动态建构。保护者批判性地评估并挑战学科的既有标准，将保护转化为对象选择、质疑、验证、反驳的社会进程。[55]

本章参考文献

[1] 比尼亚斯 . 当代保护理论 [M]. 上海 : 同济大学出版社 , 2012.

[2] 卢永毅 . 遗产价值的多样性及其当代保护实践的批判性思考 [J]. 同济大学学报（社会科学版）, 2009, 20(5): 35–43, 118.

[3] 梅森 R. 论以价值为中心的历史保护理论与实践 [J]. 卢永毅 , 潘钥 , 陈旋 , 译 . 建筑遗产 , 2016(3): 1–18.

[4] DE LA TORRE M. Assessing values in heritage conservation[M]. Los Angeles: Getty Conservation Institute, 2002.

[5] AVRAMIE, DE LA TORRE M, MANSON R. The values and benefits of cultural heritage conservation: research report[M]. Los Angeles, CA: Getty Conservation Institute, 2000.

[6] MANSON R. Economics and heritage conservation: a meeting organized by the Getty Conservation Institute[M]. Los Angeles, CA: Getty Conservation Institute, 1998/1999.

[7] LOWENTHAL D. The past is a foreign country[M]. New York: Cambridge University Press, 1985.

[8] CHOAY F. The invention of the historic monument[M]. O'Connel L M, trans. New York: Cambridge University Press, 2003.

[9] 黄瓒 . 李格尔纪念物价值构成的思考和启示 [C]// 中国城市规划学会、贵阳市人民政府 . 新常态：传承与变革——2015 中国城市规划年会论文集（03 城市规划历史与理论）. 中国城市规划学会、贵阳市人民政府 : 中国城市规划学会 , 2015: 156–165.

[10] 李红涛 . 昨天的历史今天的新闻——媒体记忆、集体认同与文化权威 [J]. 当代传播 , 2013(5): 18–21, 25.

[11] 阮仪三 . 城市遗产保护论 [M]. 上海科学技术出版社 , 2005.

[12] 阮仪三 , 李红艳 . 原真性视角下的中国建筑遗产保护 [J]. 华中建筑 , 2008(4): 144–148.

[13] 李光涵 , 对遗产保护的一种思考：《建筑遗产的寓意》述评 [J]. 建筑遗产 , 2016(4): 116–118.

[14] 邵艾 , 邹欢 . 奥斯曼与巴黎大改造 [J]. 城市与区域规划研究 , 2017, 9(1): 192–213.

[15] BAILLIE B. Living heritage approach handbook[Z]. Rome: ICCROM, 2009: 6.

[16] 纳内蒂 , 张寿安 , 梅青 . 可持续遗产影响因素理论——遗产评估和规划的复杂性框架研究 [J]. 刘寄珂 , 王元 , 罗曼 , 等 , 译 . 建筑遗产 , 2016(4): 21–37.

[17] 吕舟 . 中国文物古迹保护准则 [J]. 中国文化遗产 , 2015 (2): 4–24.

[18] 张松 . 国外文物登录制度的特征与意义 [J]. 新建筑 , 1999, 1: 31–35.

[19] WHC. The Operational guidelines for the implementation of the world heritage convention[Z]. Paris: [s.n.], 2016.

[20] Congrès International d´Architecture Moderne. Athens Charter[Z]. Athens: CIAM, 1933.

[21] 联合国教科文组织. 关于保护景观和遗址的风貌与特性的建议 [Z]. 巴黎 : 联合国教科文组织, 1962.

[22] 国际古迹遗址理事会. 佛罗伦萨宪章 [Z]. 佛罗伦萨 : 国际古迹遗址理事会, 1981.

[23] UNESCO. Convention concerning the protection of the world cultural and natural heritage[C]. Paris: UNESCO, 1972.

[24] 中央电视台. 关于文化景观及其它（他）[EB/OL]. [2019-09-04]. http://www.cctv.com/geography/shijieyichan/whjg.html.

[25] 朱晓明. 当代英国建筑遗产保护 [M]. 上海 : 同济大学出版社, 2007.

[26] 李华东, 单彦名, 冯新刚. 英国历史景观特征评估及应用 [J]. 建筑学报, 2012(6): 40–43.

[27] U.S. Department of the Interior National Park Service Cultural Resources. How to apply the national register criteria for evaluation[EB/OL]. NPS, 1995. https://www.nps.gov/subjects/nationalregister/upload/NRB-15_web508.pdf.

[28] U.S. Department of the Interior National Park Service Cultural Resources. How to evaluate and nominate designed historic landscapes[EB/OL]. NPS, [1995]. https://www.nps.gov/subjects/nationalregister/upload/NRB18-Complete.pdf.

[29] UNESCO. Vienna memorandum on "world heritage and contemporary architecture—managing the historic urban landscape" [Z]. Paris: UNESCO, 23 September 2005.

[30] UNESCO. Recommendation on the historic urban landscape[Z]. Paris: UNESCO, 10 November 2011.

[31] 郑颖, 杨昌鸣. 城市历史景观的启示——从 "历史城区保护" 到 "城市发展框架下的城市遗产保护" [J]. 城市建筑, 2012(8): 41–44.

[32] 世界文化与发展委员会. 我们创造力的多样性 [M]. 巴黎 : 联合国教科文组织, 1995.

[33] 联合国教科文组织. 世界文化报告（2000）: 文化的多样性、冲突与多元共存 [M]. 关世杰, 译. 北京 : 北京大学出版社, 2002.

[34] 联合国教科文组织. 世界文化多样性宣言 [J]. 版权公报, 2002(1): 1–2.

[35] UNESCO. The convention on the protection and promotion of the diversity of cultural expressions[Z]. Paris: UNESCO, 20 October 2005.

[36] ICOMOS. The NARA document on authenticity[Z]. Nara: ICOMOS, 1994.

[37] BANDARIN F, OERS R V. Reconnecting the city: the historic urban landscape approach and the future of urban heritage[M]. Oxford: John Wiley & Sons Ltd., 2015: 245–248.

[38] BANDARIN F, OERS R V. The historic urban landscape managing heritage in an urban century[M]. Oxford: John Wiley & Sons Ltd., 2012: 31.

[39] 刘祎绯. 认知与保护城市历史景观的 "锚固—层积" 理论初探 [D]. 北京 : 清华大学, 2014.

[40] 国际古迹遗址理事会中国国家委员会 . 中国文物古迹保护准则（2015 年修订）[M]. 北京 :
文物出版社 , 2015.

[41] 王景慧 , 阮仪三 . 王林历史文化名城保护理论与规划 [M]. 上海 : 同济大学出版社 , 1999.

[42] 邵甬 , 付娟娟 . 以价值为基础的历史文化村镇综合评价研究 [J]. 城市规划 , 2012, 2:
82–88.

[43] PSOMADAKI O I, DIMOULAS C A, KALLIRIS G M, et al. Digital storytelling and audience
engagement in cultural heritage management: a collaborative model based on the digital city of
Thessaloniki[J]. Journal of Cultural Heritage, 2019(36): 12–22.

[44] 刘颂 , 章舒雯 . 数字景观技术研究进展——国际数字景观大会发展概述 [J]. 中国园林 ,
2015, 31(2): 45–50.

[45] FAIRCLOUGH G. English Heritage. Using historic maps to look further: Historic Landscape
Characterisation in England[EB/OL]. (2005–05–26)[2017–07–26]. http: // hiskis2.dk/
wordpress/wp–content/uploads/2011 /11 /GrahamFairclough.pdf

[46] 党安荣 , 张丹明 , 李娟 , 等 . 基于时空大数据的城乡景观规划设计研究综述 [J]. 中国园林 ,
2018, 34(3): 5–11.

[47] 林轶南 . 用户生成内容（UGC）支撑下的文化景观遗产数字档案系统适用性研究 [C]//
中国风景园林学会 . 中国风景园林学会 2018 年会论文集 . 中国风景园林学会 : 中国风
景园林学会 , 2018: 568–573.

[48] 300.000Km/s. Big Time BCN[EB/OL]. [2019–09–03]. https://300000kms.net/big–time–bcn/.

[49] Mason R. Assessing values in conservation planning: methodological issues and choices[J].
Assessing the Values of Cultural Heritage, 2002.

[50] Brown G. Mapping landscape values and development preferences: a method for tourism and
residential development planning[J]. International Journal of Tourism Research, 2006(8): 101–
113.

[51] 纳内蒂 , 张寿安 , 梅青 . 可持续遗产影响因素理论——遗产评估和规划的复杂性框架研
究 [J]. 刘寄珂 , 王元 , 罗曼 , 等 , 译 . 建筑遗产 , 2016(4): 21–37.

[52] 杨晨 . 数字化遗产景观——澳大利亚巴拉瑞特城市历史景观数字化实践及其创新性 [J].
中国园林 , 2017, 33(6): 83–88.

[53] 宋本明 . 从价值论到方法论 [D]. 北京 : 北京林业大学 , 2007.

[54] 龚浩群 , 姚畅 . 迈向批判性遗产研究 : 非物质文化遗产保护中的知识困惑与范式转型 [J].
文化遗产 , 2018(5): 70–78.

[55] 张鹏 , 陈曦 . 后现代图景下的批判性保护——美国当代建成遗产保护动向 [J]. 建筑师 ,
2018(4): 28–33.

第6章
上海历史名园评选

6.1 历史名园释义

很少有人辨析"历史名园"与"历史园林"两个术语的差异。相对而言，"历史园林"更为常见。但是在我国不少法定的相关规范和标准中，主要使用"历史名园"一词。有学者认为这一差异表现出中国将历史名园看作一个保护对象，而国际上则主要将历史园林作为保护建筑的附属物。[1]对此观点，本书并不认同。从不同术语的表达来推断国内外研究的差异时，需要考虑术语翻译不统一的问题，其实两个术语对应相同的英语 Historic garden。

我们可以对已有的国内外法规稍加分析。1964 年的《威尼斯宪章》对文物古迹的概念规定如下：

> 不仅包含个别的建筑作品，而且包含能够见证某种文明、某种有意义的发展或某种历史事件的城市或乡村环境，这不仅适用于伟大的艺术品，也适用于由于时光流逝而获得文化意义的在过去比较不重要的作品。[2]

虽然《威尼斯宪章》没有明确提出对园林的保护，但是却强调文物古迹的保护不能局限于个别建筑作品，其中拓展的保护对象"城市或乡村环境"虽然有些含糊不清，但并没有历史建筑附属物的含义。关键的是，特别指出保护不仅适用于伟大的艺术品。

明确提出历史园林保护的国际文件是 1981 年的《佛罗伦萨宪章》，该宪章由国际历史园林委员会起草，并由国际古迹遗址理事会登记作为《威尼斯宪章》的附件，主要针对历史园林遗产保护。它提出针对历史园林作为"活的古迹"采用特定的规则予以保存。该宪章已成为国际上共同遵守的历史园林保护准则。宪章给出了"历史园林"的定义，并说明了历史园林和保护建筑的关系：

第一条 "历史园林指从历史或艺术角度而言民众所感兴趣的建筑和园艺构造"。鉴此，它应被看作古迹。（历史园林本质的界定）

第二条 "历史园林是主要由植物组成的建筑构造，因此它是具有生命力的，即指有死有生"。因此，其面貌反映着季节循环、自然变迁与园林艺术，希望将其保持永恒不变的愿望之间的永久平衡。（特征的界定）

第六条 "历史园林"这一术语同样适用于小型花园和大型园林，不论其属于几何规整式的还是自然风景式的园林。（外延的界定）

第七条 历史园林不论是否与建筑物相联系，它都是其不可分割的一部分。它不能隔绝于其本身的特定环境，不论是城市的还是农村的，亦不论是自然的还是人工的。[3]（历史园林和保护建筑的关系）

通过分析可以发现，认为西方国家将历史园林作为保护建筑附属物的观点，至少从文献资料来看是没有根据的，尽管在国际文物保护领域，建筑相对而言更受重视。《世界遗产公约》将世界文化遗产分为文物、建筑群和遗址。直到 1992，《实施世界遗产保护的操作指南》提出了"文化景观"的概念：它属于文化遗产，是"人类与大自然的共同杰作"；包含了人类与其所在的自然环境之间的多种互动表现，它通常能够反映持续性使用土地的特殊技术、其所处自然环境的局限性和特点，以及与大自然特定的精神关系。人类建造的园林及公园景观即属于文化景观的"人类刻意设计及创造的景观"。[4]

在中国，19 世纪中叶后所建的园林称为近现代园林；"建成 30 年以上"或"建成 50 年以上"的具有遗产保护价值的园林通常统称为历史园林。此外，还有一些标准、规范和著作给出了"古典园林""历史名园"等定义：

古典园林

对古代园林和具有典型古代园林风格的园林作品的统称。同时在条文说明中明确指出：古典园林包括中国古典园林和西方古典园林。古典园林不同于古代园林，它既可以是建于古代的园林，也可以是建于现代而具有古代园林风格的园林。古典园林曾用名"传统园林"。

——《风景园林基本术语标准（CJJ/T91-2017）》

历史名园

具有悠久历史、知名度高的园林，往往属于全国、省、市县文物保护单位。

——《公园设计规范（CJJ48-92）》

历史悠久，知名度高，体现传统造园艺术，并被审定为文物保护单位的园林。

——《城市绿地分类标准（CJJ/T85-2017）》

在城市历史发展中具有相当重要的地位和具有相当历史价值的，并在当前被开发为公园之用的著名园林。

——《城市公园设计》[5]

从以上定义可看出，历史名园与历史园林的含义是有少许差异的，而且历史名园这一术语自身的定义也不尽相同。悠久历史、知名度高似乎是历史名园、历史园林和古典园林三个定义的共同点。是不是"文物保护单位"，有没有"体现传统造园艺术"并没有形成统一意见。因此，历史名园与历史园林的差异在于"名"一字，知名度高、体现传统造园艺术和文物保护单位是历史名园与历史园林不同的特征。

进一步分析会发现最新的《公园设计规范（GB 51192–2016）》在术语中去掉了历史名园的定义，并指出"历史名园应具有历史原真性，并体现传统造园艺术"。《城市绿地分类标准（CJJ/T85–2017）》中则修改为："体现一定历史时期代表性的造园艺术，需要特别保护的园林。"从二者的修改可以看出都去掉了"文物保护单位"的限定，放宽了历史悠久的特征，强调了"造园艺术"。前者增加了对传统造园艺术的关注，而后者却从原有的"体现传统造园艺术"中去掉了传统这一定语，更进一步放宽了限定条件。从这些变化可以看出，新的修改顺应了历史遗产保护领域的新发展，历史名园的概念与历史园林已经逐步趋同。然而在保护法规、条例和标准中，仍旧习惯使用历史名园，而不是历史园林这一概念。因此可以这么理解，历史园林是一个较为普遍的学术用语，而历史名园则是强调法定保护的规范用语。

北京市对历史名园的定义为：1949 年以前始建的；北京市域范围内，曾在一定历史时期内或北京某一区域内，对城市变迁或文化艺术发展产生影响的园林；园林格局及园林要素至今尚存。[6]

结合我国现行规范已有的定义，试定义上海市历史名园为：上海市域范围内建成 30 年以上，在一定历史时期或某一区域内，对上海城市演变、文化生活产生影响的公园，其重要空间格局或要素保存完好。

6.2 研究案例参考

历史名园作为"人类刻意设计及创造的景观"可以参考文化景观的价值评估和保护方法。在第 4 章中介绍过国际上对文化景观评价的一些方法，包括英国历史公园和花园的登录保护方法。本节主要介绍国内已有的相关评估与保护方法，包括北京历史名园评选和《上海市优秀近代建筑保护管理办法》，以期对上海市的历史名园评选和保护提供参考。

6.2.1 北京历史名园评选

1. 背景概述

历史名园是北京3 000多年的城市发展留下的历史宝藏中最精华的部分，以天坛、颐和园、北海为代表的众多历史名园，几乎包容了中国传统文化和古代科学技术的各方面，蕴含了丰富的文化内涵。2003年，北京市园林局与北京市规划委员会对北京的历史名园进行了界定，提出了21座历史名园的名单，包括"天坛公园、颐和园、北海公园、玉渊潭公园、紫竹院公园、香山公园、中山公园、陶然亭公园、景山公园、日坛公园、地坛公园、月坛公园、什刹海公园、圆明园遗址公园、劳动人民文化宫（太庙）、恭王府花园、宋庆龄故居、莲花池公园、北京植物园、北京动物园、八大处公园"（图6-1、表6-1）。[1]然而这一名单并没有正式公布。2015年3月9日，历经五年的编制，北京历史名园首批名录向社会公示。编制期间，市园林绿化局公园风景区处等单位对北京市域范围内现存的1 000多处历史园林进行了全面摸底。经过现场踏查、资料分析，最终确定25处入选'北京历史名园'首批名录。在2003年的名单基础上增加了宁寿宫花园、故宫御花园、乐达仁宅园（郭沫若纪念馆）、淑春园4处，将按照皇家园林、私家园林、坛庙园林等类型的不同，分别制定管理保护措施。[6]

2. 评价标准

北京市园林绿化局公布的《关于首批北京历史名园名录的说明》里明确指出，北京历史名园需要满足的基本标准是：1949年以前始建的；北京市域范围内，曾在一定历史时期内或北京某一区域内，对城市变迁或文化艺术发展产生影响的园林；园林格局及园林要素至今尚存。此外，还简要给出了评价标准的框架（图6-2）。[6]

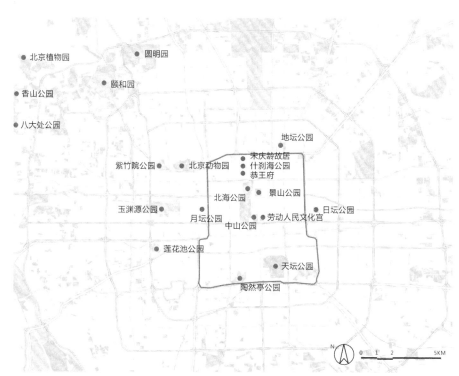

图 6-1　北京历史名园分布（2003 年）

表 6-1　北京历史名园名单概要（2003 年）

历史名园	建造年代	与城市营建之间的联系
颐和园	1750 年	城市的水利枢纽、生态中心
天坛	1420 年	皇帝祭天场所，位于都城之南，在都城中轴线上
圆明园	1707 年	都城西北郊风景集群
北海公园	辽代	原是一片沼泽地，上源为高梁河
玉渊潭公园	近代建御苑	位于金中都西北郊，辽代为一蓄水池，汇聚西北诸水而成大泊湖
紫竹院公园	乾隆年间建"紫竹禅院"行宫	古高梁河发源地，金代为蓄水湖
香山公园	1186 年	依山而建，其中的碧云寺还是城市供水的源头
中山公园	1421 年	祭祀土地神、五谷神，位于都城之西，遵循"左祖右社"的规制

续表

历史名园	建造年代	与城市营建之间的联系
陶然亭公园	1695 年	地处外城偏西，因由元代古刹慈悲庵而有名
景山公园	1179 年	位于都城中轴线上，万岁山作为都城的镇山
日坛公园	1530 年	祭祀太阳大明之神的地方，位于都城之东
地坛公园	1530 年	祭祀"皇地祇神"的场所，位于都城之北
月坛公园	1530 年	祭祀月亮夜明之神的场所，位于都城之西
什刹海公园	历代的风景名胜地	是南北大运河北段的起点，作为城市水库，与都城供水、漕运相关
劳动人民文化宫（太庙）	1420 年	祭祖的宗庙，位于都城之东，遵循"左祖右社"的规制
恭王府花园	1777 年	什刹海沿岸，权臣和珅的私宅
莲花池公园	康熙年间	位于风景区什刹海后海沿岸，清康熙时是大学士明珠的宅第，后为溥仪生父醇亲王载沣的王府花园
宋庆龄故居	历代的风景名胜地	都城重要水源地
八大处公园	园中 8 座古刹最早建于隋末唐初	由西山余脉翠微山、平坡山、卢狮山所环抱
北京动物园	园内清农事试验场（万牲园）建于 1906 年，试验场是在原乐善园、继园（又称"三贝子花园"）和广善寺、惠安寺旧址上修建	长河沿岸
北京植物园	园内卧佛寺始建于唐贞观年间	西山北的寿牛山南麓

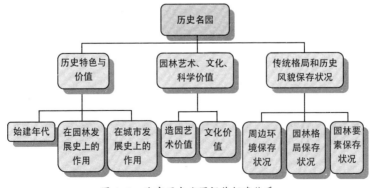

图 6-2 北京历史名园评价标准体系

评价指标区分了历史名园的各类价值和保存状况，进一步将价值分为了历史价值和艺术、文化、科学价值两大类，最终形成了历史特色与价值；园林艺术、文化、科学价值；传统格局和历史风貌保存状况三类指标（图 6-2）。历史价值从始建年代、园林发展史上的作用、城市发展史上的作用进行评价。园林的艺术、文化、科学价值主要体现在造园艺术和文化价值。保存状况主要从周边环境、园林格局和园林要素三方面进行评价。虽然北京历史名园的评选没有公布评价过程的具体细节，但是从评价指标看，常用的方法还是结合层次分析法进行专家打分，从而衡量候选园林的价值。

北京历史名园的评选采用的方法将历史园林的"价值"与"保存状况"分开考虑，这与联合国教科文组织在评价世界遗产时对"突出普遍价值"以及"真实性、完整性"的分别考虑相一致。在价值评估时对价值进行了分类，确保了不同视角价值阐释的全面性。但是遗产价值的定量评价方法一直受到众多质疑，有专家认为遗产的品质、价值并不适宜采取定量分析；不同种类的价值更无可比性，利用权重进行定量计算来评估园林的价值高低有其主观性和局限性。例如，年代较远、艺术成就较低的园林与年代较近、艺术成就较高的园林价值孰高孰低？这确实是"仁者见仁，智者见智"的问题。

保存现状不是遗产的价值属性，并不适合评估价值的大小，而应作为价值评估有效性的指标；另外从上面可看出现有的测度指标不够明确和统一。对于精确度量指标如"年代"和"规模"，可以用具体的单位和数值来表达；对于模糊度量指标，如"历史事件""历史人物""知名度""艺术特色"等指标，不能用具体的单位和数值来表达，只有程度上的差别。如"历史人物"，可以有世界名人、全国名人、地方名人、普通人的区分。因此，应设置清晰的、分等级的度量指标说明。

6.2.2 上海优秀历史建筑

上海自 1843 年开埠以来,历经百余年,至 1949 年中华人民共和国成立,已成为中国乃至亚洲最大的城市之一。总体而言,上海的历史建筑是中西方文化交流、碰撞的结晶,是国际化大都市不可或缺的历史文化遗产,使得上海具有区别中国其他城市,乃至世界范围内其他城市的独特建筑风貌。上海优秀历史建筑的保护管理工作成绩斐然,其方法值得上海历史名园保护管理借鉴参考。

1. 评价标准

上海在多年探索研究的基础上,颁布了《上海市优秀近代建筑保护管理办法》《上海市历史文化风貌区和优秀历史建筑保护条例》《上海市人民政府关于进一步加强本市历史文化风貌区和优秀历史建筑保护的通知》等一系列法规、规章,不但给保护工作提供了法律保障,而且对实际管理提出了具体的方针、原则性办法和程序。这一系列的法律法规已在上海的城市建设与风貌保护工作中发挥了非常积极的作用。下面简要介绍相关法规中对优秀历史建筑的定义和评选标准。

1991 年公布的《上海市优秀近代建筑保护管理办法》规定:

【定义】第二条 本办法所称的优秀近代建筑,是指本市范围内自 1840 年至 1949 年期间建造的,具有历史、艺术和科学价值的下列建筑(包括建筑群,下同):

(一)在近代中国城市建设史或者建筑史上有一定地位,具有建筑史料价值的建筑物和中国著名建筑师的代表作品;

(二)在建筑类型、空间、形式上有特色,或者具有较高建筑艺术价值的建筑物;

(三)在我国建筑科学技术发展上有重要意义的建筑物、构筑物;

(四)反映上海城市传统风貌、地方特色的标志性建筑物、构筑物和街区。

【分级】第三条 优秀近代建筑根据其历史、艺术、科学的价值，分为以下三个保护级别：

（一）全国重点文物保护单位；

（二）上海市文物保护单位；

（三）上海市建筑保护单位。

【管理】第四条 市文物管理委员会（以下简称市文管委）负责属于文物保护单位的优秀近代建筑的保护管理。市房屋土地管理局（以下简称市房地局）负责属于上海市建筑保护单位的优秀近代建筑的保护管理。市城市规划管理局（以下简称市规划局）负责优秀近代建筑保护的规划管理。[7]

《上海市优秀近代建筑保护管理办法》主要是对优秀近代建筑进行保护管理，因此时间阶段清晰确定。就价值评估而言，则强调了历史、艺术、科学价值。因为制定时间较早，相对而言对价值的理解还较为片面，与《准则》提出的价值分类[8]相比，没有明确提出社会和文化价值。可以与后来2002年通过的《上海市历史文化风貌区和优秀历史建筑保护条例》（已于2019年第三次修正，新增了第四条）进行比较。后者规定：

【定义】第九条 建成三十年以上，并有下列情形之一的建筑，可以确定为优秀历史建筑：

（一）建筑样式、施工工艺和工程技术具有建筑艺术特色和科学研究价值；

（二）反映上海地域建筑历史文化特点；

（三）著名建筑师的代表作品；

（四）与重要历史事件、革命运动或者著名人物有关的建筑；

（五）在我国产业发展史上具有代表性的作坊、商铺、厂房和仓库；

（六）其他具有历史文化意义的优秀历史建筑。[9]

我们可以将两个文件的相关规定进行比较，针对上海优秀近代建筑和上海优秀历史建筑的定义和价值评估，可以分为精确指标和模糊指标（表6-2）。精确指标主要是时空范围，因为保护对象不同，我们可以看出，上海优秀历史建筑的时空范围更大，更具有弹性。例如，在空间上并没有规定一定在上海市范围内；而在时间上，"建成三十年以上"很显然是一个动态的时间阈值。

相对而言，模糊指标（主要是价值指标）则基本类似，虽然表述有所不同，但基本都涉及了历史、艺术、科学、文化价值；另一个共同点则是，二者都没有关注保护对象的社会价值。

表6-2　上海优秀历史建筑标准比较分析

法规	《上海市优秀近代建筑保护管理办法》	《上海市历史文化风貌区和优秀历史建筑保护条例》
关键词	精确指标	
地域	本市范围内	反映上海地域建筑历史文化特点
时间	自1840年至1949年期间建造的（应指始建时间和第一次建成时间在该时间段内）	建成三十年以上（应指第一次建成时间）
关键词	模糊指标	
历史价值	在近代中国城市建设史或者建筑史上有一定地位，具有建筑史料价值	与重要历史事件、革命运动或者著名人物有关的建筑；产业发展史上具有代表性的作坊、商铺、厂房和仓库
艺术价值	中国著名建筑师的代表作品	著名建筑师的代表作品
艺术、科学价值	建筑类型、空间、形式上有特色，或建筑艺术价值较高	建筑样式、施工工艺和工程技术具有建筑艺术特色和科学研究价值
	在我国建筑科学技术发展上有重要意义	
文化价值	反映上海城市传统风貌、地方特色，具有标志性	反映上海地域建筑历史文化特点

2. 评选步骤

上海优秀历史建筑的评选步骤主要分为推荐、专家调查评审、公示、批准。现以第五批名单为例，说明上海优秀历史建筑的评选步骤。

2013 年 10 月，通过网站发布征集推荐名单的公告，推荐条件根据《上海市历史文化风貌区和优秀历史建筑保护条例》第九条规定。推荐人需要提交以下材料：（一）历史建筑的地址、名称等现状情况；（二）历史建筑特色、价值等推荐理由，以及反映建筑特色和价值等的照片、图纸、文献等材料。推荐的优秀历史建筑名单统一由上海市历史文化风貌区和优秀历史建筑保护委员会办公室汇总，并由市住房保障房屋管理局、市规划国土资源局、市文物局根据《上海市历史文化风貌区和优秀历史建筑保护条例》的规定程序开展后续工作。2014 年 9 月，召开《上海市第五批优秀历史建筑申报》专家评审，市规划院历史风貌保护团队历时大半年，对 200 余处历史建筑进行矢量化落图，并现场踏勘进行甄别，在全市范围内，重点针对 44 片历史文化风貌区开展地毯式踏勘与遴选，共踏勘 8 000 多幢历史建筑，提出 419 处第五批优秀历史建筑初步名单。2015 年 3 月，第五批优秀历史建筑名单公示，名单在上海市规土局（www.shgtj.gov.cn）及上海市房管局（www.shfg.gov.cn）外网向社会公示，并接受意见建议反馈。同月，上海市风貌区扩区名单公示。3 月公示后对反馈意见进行了梳理，再次经过专家评审，最终形成 426 处第五批优秀历史建筑正式名单上报市政府，8 月 17 日市政府批复同意。2015 年 9 月，第五批优秀历史建筑获批。桂林公园、和平公园、昆山公园、闸北公园作为"历史公园风貌街坊"被划入《风貌保护街坊推荐名单》。

在整个评选过程中，政府主导、专家研究和公众参与相结合，虽然公众参与只体现在网络公开和结果公示两个方面，但就目前我国遗产保护的现实情况而言，算是比较务实、合理的方法。因此，总体而言，上海优秀历史建筑的评选工作是科学、公开且高效的。

6.3 评价体系构建

　　历史名园的评价体系由评价对象、评价内容、评价指标、评价方法等构成，评价目的是评价体系的前提。目前，国内的历史建筑、历史文化名镇（名村）、历史名园等相关已有评价体系多从便利性与可操作性出发，主要以"评优"为单一目的。同时，在评估中采用量化方法似乎成为一种主流，因为它使评价过程看起来更加客观、科学，但是数据准确性、指标合理性、结论有效性有待验证。进行上海历史名园评选，旨在更好地保护、继承和发扬上海市优秀园林历史文化遗产，弘扬民族传统和地方特色。在以"评优"为目的的评价体系基础上，希望通过研究建立可以服务于整个保护管理过程的综合评价体系，提高评选的合理性。

　　上海市历史名园的评选，主要是对现存的市区、市郊公园进行全面调查。基于前文分析，评价标准体系需要重视的关键问题为：①应将历史园林的"价值"与"真实性、完整性"分开评判；②价值指标如何科学分类？③对于模糊的评价指标，如何具体化以利于评价？另外，评价工作还应结合上海市历史变迁和园林演变特点，以及时代的发展与需求。上海市园林的特殊性在于，其始建时间大多可追溯到明清时期，且经历了历史动荡，大部分园林都经历了后期重修与改建。因此，传统意义的"真实性、完整性"概念更适用于文物古迹质量的评价，在历史园林评价中并不适用。园林遗产的活态性决定了它处于不断的演进中，与每个历史阶段的社会局势、大众审美、建造技术息息相关。针对上海园林发展情况，在尊重园林作为活态遗产在其全部发展周期内的建造风格的基础上，考虑依据公园现状主要布局及风貌特色形成的时期，将历史园林分为古代、近代和现代，以便在园林历史中找出其主要价值所在，并为以后的针对性保护提供参考方向（图6-3）。

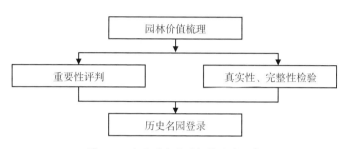

图 6-3　上海历史名园评价思路示意

6.3.1　评价框架

　　根据总体思路，上海历史名园的价值评价和评选工作总体分为以下内容：首先是对上海历史园林进行初步调研，结合文献研究，明确上海历史名园的价值分类。在此参考《准则》提出的价值分类方法[8]，分为历史、科学、艺术、社会、文化价值。但是没有直接依据价值分类构建抽象的指标体系，而是希望能将各类价值具体化。同时借鉴景观遗产文档工作信息分类方法的思路，将历史名园的各类价值具体化为事件、人物以及园林本身的设计建造（其实属于事件和任务的子集），从而将五类价值进行评价值标的细化。其次是价值评价工作，方法是对五类价值的细化指标进行重要性评判。具体采用专家打分的方法，因为价值指标具体为确定的事件、任务和设计建造过程等内容，专家更加容易对这些具体内容进行重要性的评判。接着，对初选历史名园进行调研和真实性、完整性的检验。将具体的评价指标与历史名园的物质、非物质要素进行对应检验，了解现状情况，并评估相应评价指标的真实性和完整性。最后，提交研究报告和评选名单，通过专家审定，由相关管理部门进行登录和公布入选名单（图 6-4）。

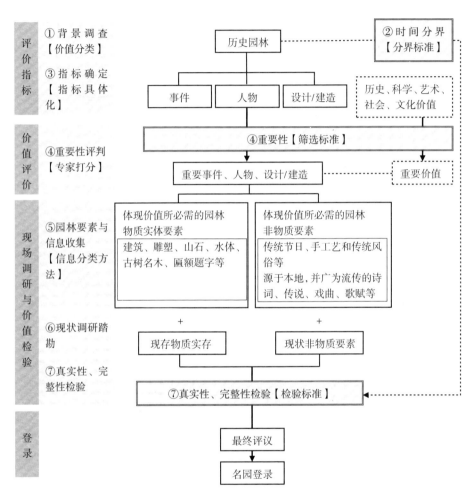

图 6-4 上海历史名园评价过程示意

注：图中①—⑦为主要步骤；【 】为相应方法。

6.3.2 评价方法

1. 资料收集与初步调查

历史名园评价、评选的工作必须建立在充分的历史资料收集与分析工作上。研究团队梳理了上海历史园林的背景资料，包括档案图纸、影像资料、名人事迹、改造记录、历史评论等，从中发现园林的价值所在。主要资料来源为：上海城市近现代史、年鉴、大事记；上海城市建设史、园林发展史，重要人物、大事记；全国重点文物保护单位（上海部分）、上海市文物保护单位、近现代重要史迹及代表性建筑、上海市优秀近代建筑名单、上海市优秀历史建筑名单、上海市不可移动文物保护单位名录、上海市历史文化风貌区名单等。

历史园林的价值分类法参考了《准则》提出的历史、科学、艺术、社会、文化价值[8]。研究团队通过资料分析、理论思考和讨论，提出了价值分类的指标细化方法。例如，历史价值包括：在园林发展史上的作用、史学研究价值、重要性等级；社会价值包括：记忆价值、教育价值、情感价值；文化价值包括：文化内涵、文化多样性、文化延续性（表6-3）。

表6-3 历史园林价值分类及含义

价值分类	可能的细化分类	含义
历史特色与价值	在园林发展史上的作用	在上海市园林发展过程中有特殊意义； 是早期的或代表性的风格范例／基地案例； 是具有市级重要性的设计师作品
	史学研究价值	为历史研究提供史料、做出例证
	重要性等级	园林的最主要／最初价值体现在哪个级别：国家、区域、市、区、县级
园林科学价值		独特的建造方式、材料、技艺、种植
园林艺术价值		与代表性风格有关； 与重要设计师有关； 有较高艺术价值； 对园林艺术趋势或审美流派产生影响； 显著体现某一风格、时期的特点
园林社会价值	记忆价值	知识、历史记忆的记录和传播； 文化精神的传承； 社会凝聚力的产生
	教育价值	
	情感价值	

续表

价值分类	可能的细化分类	含义
园林文化价值	文化内涵	通过当地节日、手工艺、习俗、诗词、传说、戏曲、歌赋等多种形式体现的文化内涵的丰富性;
	文化多样性	多民族的物质和非物质文化体现;
	文化延续性	文化传统、生活方式、思想观念的延续性和影响力

2. 历史名园的时间界定

文化遗产的时间界定包括保护对象时间范围的确定和阶段的划分。时间体现的是文化遗产的历史重要性，历史悠久是评判遗产历史价值的最普遍的标准，但并非一定如此，时间并非是均质的，对特定的对象，特定的时期可能具有重要的意义。因此，在美国历史景观遗产评价中，将"重要时期"作为时间界定的方法（表6-4）。[10]

正如前文所讨论的，在界定保护对象的时间范围时，也需要具体情况具体分析。如果保护对象是较为含糊的集合，时间范围也是不确定的、弹性的；而当保护对象的限定非常明确，时间范围的界定也更加具体。相对而言，历史名园并非是一个具体时间范畴的对象集合，因此，界定一个具有弹性的时间范围可能更加适合。考虑到上海的历史发展，以及参考上海优秀历史建筑的时间范围界定（虽然一直强调景观遗产并非依附建筑遗产，但是不能否认二者的密切关系）。本书将上海历史名园的时间范围界定为建成30年以上的历史园林。

表6-4 上海、北京、英国、美国对文化遗产时间界定的现有规定

地区	时间界定具体内容
上海	《上海市优秀近代建筑保护管理办法》对"近代建筑"的时间规定为：自1840年至1949年期间建造的 [7]；《上海市历史文化风貌区和优秀历史建筑保护条例》规定"历史建筑"的时间为：建成三十年以上 [8]
北京	《关于首批北京历史名园名录的说明》规定"北京历史名园"为"1949年以前始建" [6]

续表

地区	时间界定具体内容
英国	分为 3 个阶段： 主要布局形成阶段在 1833—1875 年； 主要布局形成阶段在 1875 年—第二次世界大战期间； 主要布局形成阶段在第二次世界大战后，直到距今 30 年前。 越久远的园林，在登录时对"真实性、完整性"的要求越低[11]
美国	认为遗产价值有其时空背景和物质基础，以"重要时期（Period of significance）"来确定，建立"遗产价值——重要时期——具体因素（事件、活动、人物、团体、土地使用或实体特征）"的对应关系；多个重要时期分别评判[10]

从上表我们看到，英国将历史园林划分为三个阶段，根据主要园林布局形成的时期进行划分。从中国城市发展和园林风格的视角看，可以将我国历史园林划分为三个阶段：古代园林、近代园林和现代园林（表 6-5）。

表 6-5　上海历史园林的时间分界标准

历史园林	时间
古代园林	现状主要风貌形成于 1840 年前
近代园林	现状主要风貌形成于 1840 年至 1949 年间
现代园林	现状主要风貌形成于 1950 年至距今 30 年前

我国古代园林大多数是中国古典园林风格，发轫于商周秦汉时期，隋唐进入全盛期，追求"诗画互渗"的意境；宋至清初逐渐成熟，写意的"文人园"成为主流；清中叶至清末鸦片战争前（1840 年）是成熟后期和集大成的阶段，整体造园理念和技艺以承袭为主，理论探索趋于停滞，我国古典园林"虽由人造，宛若天开""壶中天地"的风貌特色在此时期达到稳定。唐代虽已开始重视公共园林建设，但其规划设计到清代仍未引起系统性的广泛关注。[12] 上海的古代园林可溯源至南北朝，明嘉靖年间进入建园高潮，以董其昌为首的松江画派强调绘画对造园的指导，重视花木搭配与池鱼景观的

营造[13]，布局紧凑，变化繁多[14]。明中叶至清中叶，上海私家园林达数百处。现今保存完好的仅剩秋霞圃（1478 年）、豫园（1559 年）、古猗园（1573 年）、醉白池（1644 年）、曲水园（1784 年），并称上海五大古典园林。

第一次鸦片战争让中国开始了解国外的造园风格和形式[15]，1840—1949 这百余年间，上海园林的观念、技术、制度、内容与形式发生了历史性的变革，近代园林现状主要风貌形成于此时期。19 世纪 80 年代上海陆续出现以营利为本、对公众开放的私有园林，但它们仍以中国传统古典园林风格为主。[14] 20 世纪初，在城市公共娱乐空间理念的引导下，租界公园数量显著增加，政府主导下的以大众公园为主体的市政园林体系取代了传统的私家园林，成为园林发展的主体，与之相适应的园林观念、技术和制度体系也在不同程度上得以建立，呈现出类型化、大型化、专业化特征和多元折中式园林形态与造园风格。[16] 代表性园林有以体育运动为特色的虹口公园（今鲁迅公园）、以观赏游憩为主的兆丰公园（今中山公园）、顾家宅公园（今复兴公园）等综合公园。

近代园林奠定了上海最早的城市公共开放空间格局。1949 年后，上海借鉴当时苏联讲究功能分区的模式，建设了大批市民休闲娱乐开放空间。随着改革开放的深入，城市绿地建设热潮兴起，沿袭自近代园林的西式造园手法（大草坪、大水面、自由曲线 / 轴线对称、强调几何形体、人工化的景观小品等）和源于中国古典园林的自然山水造园手法交相辉映，成为上海现代园林的主要特征。[17，18] 代表性的园林有人民公园、和平公园、长风公园等。

3. 评价指标与园林要素

"事件""人物""设计 / 建造 / 种植"三类指标将历史名园的五类价值具体化，同时与园林要素对应分析，以确定哪些园林要素是传达历史价值必不可少的（表 6-6）。从而构建了"价值分类—分类指标—园林要素"的评价指标体系。

表 6-6　价值媒介与园林要素对应

价值媒介	价值关键词	园林要素	
		物质实体要素	非物质要素
事件	发生地 见证场所 见证物 重要关联 重要影响	主要是园林空间要素，包括： 区位、建筑、艺术品、园林小品、平面布局、场所、环境风貌、植物特色、山水格局、痕迹或遗迹等	有关历史事件或人物的：节日、手工艺和传统风俗； 源于本地，并有一定知名度的诗词、传说、戏曲、歌赋； 场所感、独特风貌、历史记忆、集体情感与共鸣
人物		名人生活场所、题字碑刻、有特殊意义的场所或风景等	
设计 / 建造 / 种植	首创 杰作 类型典范 杰出例证 重要关联	与周边环境的关系、建筑、小品、设计、布局、场所感、风貌、特色、材料、工艺、痕迹或遗迹等	形式、风格方面的艺术、审美价值； 工程技术，材料利用，建造方式； 设计、建造、种植或功能的创新思想理念； 与园林界大师或风景园林领域的历史趋势、理论流派有直接关联

　　基于以上指标体系，价值评估可以更加客观具体，具体方法就是前文所述的重要性判断。例如选择园林较为突出、独特的价值，判断其是否满足下列上海历史园林的重要性评价标准中的任意一条，若有一项达到，则认为其具有上海市级别的重要性。

　　（1）在上海城市历史上有一定地位，具有园林史料价值的园林和中外著名大师的代表作品；

　　（2）在园林类型、空间、形式上有特色，或者在上海市具有较高园林艺术价值；

　　（3）在上海市园林工程科学技术发展上有重要意义；

　　（4）反映上海城市传统风貌、地方特色的标志性园林空间。

4. 真实性、完整性检验

将评价指标具体化、与园林要素对应分析的方法，其优点是同时还可以判断园林要素的完整性、真实性。对于不同历史阶段的上海历史名园，真实性、完整性检验的要求也有所不同，历史时期越久远，真实性和完整性的标准就越宽松（表6-7）。

表 6-7　历史园林要素汇总及真实性、完整性检验标准

要素分类	物质实体要素	非物质要素
汇总	园林空间要素实存，包括：区位、建筑、艺术品、园林小品、平面布局、场所、环境风貌、植物特色、山水格局、痕迹或遗迹等； 园林要素与周边环境的关系、色彩、体量、设计、布局、场所感、风貌、特色、材料、工艺等； 名人生活场所、题字碑刻、有特殊意义的场所或风景等	有关历史事件或人物的：节日、手工艺和传统风俗； 源于本地，并有一定知名度的诗词、传说、戏曲、歌赋等； 形式、风格方面的体现的艺术、审美； 工程技术、材料利用、建造方式特色； 设计、建造、种植或功能的创新思想理念； 与园林界大师，或风景园林领域的历史趋势、理论流派有直接关联； 场所感、独特风貌、历史记忆、集体情感与共鸣

标准 类型	真实性、完整性检验标准	
	物质实体方面	非物质方面
古代园林	物质实体基本现存且保持原貌； 若实物遗存很少，或大部分已经过改建或重建，则要求：经过修复或重建，基本能够反映重要的历史面貌和场所特色； 部分古树名木保持完好	园林的重要历史区域与周边风貌协调； 独特历史记忆和文化传承得到体现； 园林的独特风貌和文化特色得到广泛认同和重视
近代园林	现存物质实体较完整且基本维持原貌； 若近代实物部分无存，或大部分经过改建无法恢复原貌，则要求：现状能够反映重要的历史面貌和场所特色； 古树名木保持完好	园林的重要历史区域与周边风貌协调； 独特历史记忆和文化传承能够明显体现； 园林的独特风貌和文化特色得到广泛认同和重视
现代园林	现存物质实体完整，能够反映其重要的历史面貌和场所特色； 若现代实物经过改建，则要求：现状能够反映重要的历史面貌和场所特色； 古树名木保持完好	园林的重要历史区域与周边风貌协调； 独特历史记忆和文化传承得到突出体现； 园林的独特风貌和文化特色得到广泛认同和重视

6.4 名园评选过程

上海历史名园的专项研究是一个小规模、小资金和尝试性的研究项目，因此没有进行大规模的公众参与评估。尽管如此，研究团队仍对国内外的相关研究仔细调查，提出了前文已经阐述的评价框架、步骤和方法，在这里不再赘述。在实际的研究过程中，研究团队通过资料分析和初步调研拟定了上海历史名园推荐名单，但没有机会通过行政组织的方式公开收集推荐名单。之后，通过专家评价的方式，选出第一批上海历史名园。然后，研究小组对拟选定的第一批历史名园进行实地调研。工作内容包括：①现场踏勘，预先搜集各个园林有记录的历史遗存，并与现状进行比对，判断现状历史遗迹的真实性、完整性，以及公园整体风貌是否能反映其历史价值，并邀请管理部门进行推荐，根据专家意见进行完善和补充，初步确定首批上海历史名园名录；②调查上海历史名园保护现状并提出建议。挑选若干历史名园，与公园主要管理者进行交流访谈，总结并整理管理者对保护条例的意见和建议；③对公园游客进行问卷调查，深入了解游客对于公园历史文化保护、历史名园保护条例的态度。在对名园保护现状进行分析研究的基础上，结合保护理论研究和实践经验，提出保护工作的建议及策略措施。

6.4.1 拟定初步名单

依据上海历史名园的时间界定标准，基于资料审查、分析，筛选出主要历史公园，依据园林空间布局及风貌特色形成的时期，提出上海历史名园的推荐名单（表6-8）。针对不同历史时期分为古代（1840年以前建成）、近代（1840—1949年间建成）和现代历史名园（1949年后建成），按照评价框架，制定详细的价值评估指标体系。

表 6-8　部分上海历史园林的历史时期划分

上海历史名园	现状主要风貌形成时间		主要风貌类型
秋霞圃	建筑可上溯至宋代、明代。1726 年汪氏园（秋霞圃）捐给城隍庙，1759 年东边沈氏园也合并入，成为邑庙后园，此时秋霞圃主要布局和风貌形成，为明代园林风格	现状主要风貌形成于 1840 年前	古代园林
豫园	主要布局和风貌形成于乾隆年间（1784 年）修复，保持明代风格，首次成为城隍庙的庙园（公共园林），得"豫园"名		
古猗园	1748 年得名"古猗园"，风貌为明清风格，主要布局形成于乾隆年间，并作为城隍庙灵苑开放为公共园林		
曲水园	主要布局和风貌形成于乾隆年间		
醉白池公园	现存"内外八景"主要为清顺治七年（1650 年）工部主事顾大申在明代旧园遗址上所辟建		
黄浦公园	园林为英式风格、主体布局、大草坪、百花园、凉亭等造景元素形成于抗日战争前	现状代表性景点、主要风貌形成于 1840 年至 1949 年间	近代园林
复兴公园	公园主体（法式、中式、自然式）园林区形成于 1920—1930 年间		
衡山公园	1926 年公园首次建成开放		
龙华革命烈士陵园	龙华革命烈士纪念地 1959 年列为上海市文物保护单位，现为全国重点文物保护单位		
襄阳公园	1942 年开放，保持原有法式风格		
中山公园	公园各个景观分区及园林设施于 1930 年代基本建成		
闸北公园	1959 年时面积达到现状的一半，且有宋教仁墓、钱氏宗祠两座（近代）市级保护单位。1980 年代基本建成现状		
昆山公园	公共租界工部局始建于 1892 年，作为儿童公园毗邻西童女书院，现为综合性公园		
鲁迅公园	现状主体布局形成于 1949—1966 年间，1956 年鲁迅墓迁入		
霍山公园	为纪念第二次世界大战时犹太难民避战的历史而建，现状与犹太风格、周边历史建筑风格融合		

续表

上海历史名园	现状主要风貌形成时间		主要风貌类型
汇龙潭公园	1929 年前身"奎山公园"开放，较多景点为 1970—1980 年间扩建和迁入，因此划为古典风格的现代园林	现状主要风貌形成于 1950 年后，并有 30 年历史	现代园林
人民公园	1950 年开始改建，1952 年首次建成开放		
桂林公园	1949 前夕几乎被毁；1958 年首次建成开放，2014 年公园列为市级文保单位		
光启公园	1978 年徐光启墓辟建为公园并开放		
方塔园	1978 年于兴圣教寺遗址上建成，为典型的中西合璧园林		
静安公园	虽保留百年悬铃木，且初次建成开放于 1955 年，但 1978 年、1999 年经历较大改动，"八景"亦为新建，因此划为现代园林		

1. 古代历史名园

对于传统的古典园林遗产，时间的久远度、现存状况能否反映其文化内涵是判断其价值的重要指标（表 6-9）。

表 6-9　古代历史园林部分信息汇总

园林名称		秋霞圃	豫园	古猗园	曲水园	醉白池公园
始建时间		明代	1559 年	明代嘉靖年间（1522—1566 年）	清乾隆十年（1745 年）	明代约 1628 年
县（区）		嘉定区	黄浦区	嘉定区	青浦区	松江区
事件				"一·二八事变"缺角亭		
人物				明代嘉定竹刻名家朱三松、明代文人董其昌		"醉白"匾额与董其昌的典故；著名画家程十发

续表

园林名称		秋霞圃	豫园	古猗园	曲水园	醉白池公园
设计/建造/种植	文物古迹情况	上海市市级文物保护单位	全国重点文物保护单位			
	现存古树名木					
	园林设计思想				以水景取胜，堂堂近水，亭亭靠池；"二十四景"是当时青浦县城主要公共园林	自然布局手法，步移景换，小中见大；用花墙组成园中园，似隔非隔，匠心独运
	园林建造手法					
	造园大师					
重要性等级		市级	国家级	市级	市级	市级
现状评价		保存修复较好	保存修复较好	保存修复较好	保存修复较好	保存修复较好
是否登录		是	是	是	是	是

2. 近代历史名园

由于近代公园的建成时间不到百年，因此，对于近代历史公园价值的衡量，应该强调其社会、文化价值，即近代历史公园通过其物质实体（历史遗迹、纪念物等）、历史人物、事件记忆、群体情感等所包含的综合价值。依据国际古迹遗址理事会《准则》，社会价值包含记忆、情感、教育等内容，文化价值包含文化多样性、文化传统的延续及非物质文化遗产要素等相关内容[8]。见上海现存近代公园清单（表6-10）。

表 6-10　上海现存近代公园清单

行政区	公园名称	开放时间	现状	曾用名
黄浦区	黄浦公园	1868 年 8 月	现合并入外滩绿地	外滩公园、公家花园
	复兴公园	1909 年 7 月	仍较高程度地维持原貌	顾家宅公园、法国公园
徐汇区	衡山公园	1926 年 5 月	现为区域性综合公园	贝当公园
	龙华烈士陵园	1928 年 2 月	现由民政系统管理，但本书中仍将其视为公园	血花公园
	襄阳公园	1942 年 1 月	现为区域性综合公园	杜美公园、兰维纳公园、林森公园
长宁区	中山公园	1914 年 7 月	现为全市性综合公园	极司菲尔公园、兆丰公园
静安区	闸北公园	1929 年 9 月	现为区域性综合公园	宋公园、教仁公园
虹口区	昆山公园	1898 年 7 月	现为区域性综合公园	昆山广场、虹口公园
	鲁迅公园	1906 年 6 月	现为纪念性公园	靶子场公园、虹口公园、虹口运动场、虹口娱乐场、中正花园
	霍山公园	1917 年 8 月	现为区域性综合公园	司德兰公园、舟山公园

3. 现代历史名园

对于现状主要风貌形成于 1949 年至距今 30 年前的现代上海园林，则其岁月价值被弱化，因此主要看其在现当代历史中是否具有重大意义：包含现代的重要事件、活动、社会趋势等历史信息；现状能充分反映重要人物的生活痕迹；现状某设计对上海现代城市发展有重要意义。其中最后一点具体可以包括：现状能充分反映某种现代的独特设计、建造、种植或使用上的创新；与现当代景观园林界大师有关；与现当代风景园林领域的历史趋势、理论流派有关。由于现代公园数量太多，现代历史名园清单在此省略。

研究团队邀请了熟悉上海园林历史和保护管理工作的相关专家，基于资料和前文评价标准对推荐名单中的公园进行评估，初步拟定第一批上海历史名园（表 6-11—表 6-13）。对于五座古代历史园林，由于它们均整体列为国家级或市级文保单位，可认为其历史价值足够登录上海市历史名园。

表 6-11   五座古代历史园林的文物保护单位信息汇总

园林名称	文物保护单位类别	批次	公布日期	行政区	年代	类别
豫园	全国重点文物保护单位	第二批	1982 年 2 月	黄浦区	明清	古建筑及历史纪念建筑物
醉白池	上海市级文物保护单位	第八批	2014 年 4 月	松江区	明清	古建筑
曲水园	上海市级文物保护单位	第八批	2014 年 4 月	青浦区	1884—1910 年	古建筑
古猗园	上海市级文物保护单位	第八批	2014 年 4 月	嘉定区	明至民国	古建筑
秋霞圃	上海市级文物保护单位	第三批	1984 年 5 月	嘉定区	明正德年间(1506—1521 年)	古建筑

表 6-12   近代历史名园初步名单

行政区	公园名称	始建时间	开放时间	面积(平方米)	现状
黄浦区	黄浦公园		1868 年 8 月	20 646	现合并入外滩绿地
	复兴公园	1909 年 7 月顾家宅公园开放	1909 年 7 月	88 938	仍较高程度地维持原貌
长宁区	中山公园	始建于 1914 年,1944 年改称中山公园至今	1914 年 7 月	209 000	现为全市性综合公园
静安区	闸北公园		1929 年 9 月	136 900	现为区域性综合公园
虹口区	鲁迅公园	1896 年由公共租界的工部局的靶子场扩建而成	1906 年 6 月	223 300	现为纪念性公园
	昆山公园	1893 年	1898 年 7 月	3 024	现为区域性综合公园
	霍山公园	民国六年(1917 年),租界工商局辟为公园	1917 年 8 月	3 700	现为区域性综合公园

续表

行政区	公园名称	始建时间	开放时间	面积（平方米）	现状
徐汇区	龙华烈士陵园	1928 年	1952 年	近 200 000	风景名胜公园
	衡山公园		1926 年 5 月	11 900	现为区域性综合公园
	襄阳公园	始建于 1942 年，1950 年改名为襄阳公园	1942 年 1 月	22 066	现为区域性综合公园

表 6-13　现代历史名园初步名单

行政区	公园名称	始建、开放时间	面积（平方米）	园林类型
黄浦区	人民公园	为第三跑马场（后称跑马厅，建于清同治元年 1862 年）北半部，1952 年 10 月开放	188 500	综合性公园
	蓬莱公园	建于 1953 年 10 月	35 336	综合性公园
	南园	1957 年 10 月开放	15 838	综合性公园
	淮海公园	1958 年 7 月开放	25 641	综合性公园
	绍兴公园	1951 年 5 月	2 411	综合性公园
徐汇区	光启公园	始建于 1641 年，1978 年 5 月开放	13 200	风景名胜公园
	桂林公园	始建于 1929 年，又名黄家花园，1958 年开放	35 500	综合性公园
	漕溪公园	1935 年落成	31 300	综合性公园
静安区	静安公园	1953 年改建公园，1955 年开放	33 600	综合性公园
虹口区	和平公园	1958 年建成	176 310	综合性公园
普陀区	普陀公园	1954 年开放，是普陀区最早建成的公园	13 187	综合性公园
	长风公园	1959 年国庆节	366 000	综合性公园
宝山区	临江公园	1956 年 3 月开始筹建，原名"共青公园"	约 77 000	风景名胜公园
松江区	上海方塔园	寺塔（俗称方塔）建于宋熙宁至元祐年间（1068—1093 年间），1982 年 5 月开放	121 333	风景名胜公园
嘉定区	汇龙潭公园	"潭"于明代万历十六年（1588 年）疏浚，1979 年开放	约 47 000	综合性公园

6.4.2 实地勘察与检验

对于拟选定历史名园进行实地调研和真实性与完整性的评价检验是评选工作重要的内容。虽然在初步名单拟定之初已经做过初步的调研和资料分析，但是现阶段的调查更有针对性。实地调查主要是针对物质性要素进行现状勘察和评价，例如对价值指标重要性评价中历史园林的历史遗存（包括文物遗迹、文保单位、园林布局等具有历史价值的园林要素）逐个核查。调查对象包括初步名单中所有的园林，实际上因为古代历史名园的五座园林历史价值和重要性已经得到确认（参见表6-11），所以调研的主要对象是近现代园林，核查的主要内容是历史遗存及实际保存状况等（表6-14）。

表 6-14　主要近现代历史园林的历史遗存及实际保存状况

	园林名称	开放时间	面积（平方米）	需要考察的历史遗存	实际保存状况	是否登录
近代园林	复兴公园	1946 年	88 900	法式园林风格，南片为中式园林区； 沉床园，一个方形，一个椭圆形月季花坛； 规则花园衬托建筑中轴线； 1983 年马克思、恩格斯纪念雕像	好 好 好 好	是
	中山公园	1914 年 7 月	209 000	英式园林风格：大草坪、月季园； 中式园林风格：陈家池、鸳鸯湖； 日本园林风格：东南侧带状假山、樱花林； 2013 年恢复了铜钟、四不像、音乐台； 刻有霍格名字的英文简称 "EJH" 和 "兆丰洋行" 繁体字的界石； 大悬铃木； 1935 年西洋古典式大理石亭； 始建于 1916 年的牡丹亭（中国式凉亭）	好 好 好 好 无存 好 好 好	是

续表

	园林名称	开放时间	面积（平方米）	需要考察的历史遗存	实际保存状况	是否登录
近代园林	鲁迅公园	1906 年 6 月	223 300	全国重点文物保护单位鲁迅墓，鲁迅纪念馆（鲁迅铜像、鲁迅纪念亭）； 震撼近代史的尹奉吉义举纪念地梅园（梅亭）； 欧式自然风景园（西式岩石园、音乐台、玫瑰亭、玫瑰园、日晷）； 友好纪念钟（松竹梅区北部）于1984 年庆祝中日青年友好大联欢时建造	好 好 好 好	是
	人民公园	1952 年	188 500	五卅运动纪念碑； 张思德塑像； 南极石； 陈毅市长题园名	差 中 中 好	是
现代园林	方塔园	1982 年 5 月	121 333	全国重点文物保护单位宋代方塔； 市级文物明代大型砖雕照壁； 市级文物宋代望仙桥； 市级文物明代兰瑞堂（又名楠木厅）； 市级文物清代天妃宫； 市级文物清代陈化成祠堂； 仿古长廊（内有董其昌怀素贴）； 古堑道； 何陋轩； 塔影舫； 湖石五老峰、美女峰、假山，如来石幢、古寺柱础； 地形改造仿县境中有名的九峰三泖，在园中堆 9 个土丘，开挖河池，并点缀亭榭；保留原有的大片竹林	好 好 好 好 好 好 好 好 好 好 好 中	是

续表

	园林名称	开放时间	面积（平方米）	需要考察的历史遗存	实际保存状况	是否登录
现代园林	光启公园	1978 年 5 月	13 200	1981 年建椭圆形徐光启墓，1988 年 1 月 13 日被国务院列为全国重点文物保护单位； 著名数学家苏步青题写碑名； 1983 年 10 月，立徐光启半身花岗石雕像； 墓左侧徐氏手迹碑廊	好 好 无存 中	是
	桂林公园	1958 年	35 500	市级文保单位"黄家花园旧址"； 四面厅； 60 余米长的长廊，由三个亭子相接，亭顶塑龙头称谓"多角龙头亭"； 四面厅东侧亭子里有蒋介石为黄手书的"文行忠信"石碑； 苏州木渎严家花园的湖石、立峰，石公石婆； 江南传统布置方式（门楼、半亭、鹿亭、四教厅、石舫、双桥、观音阁、颐亭、大假山、双鹤亭、元宝池、飞香厅、飞香水榭、荷花池、馨泉厅、菱渚）	好 好 好 好 好 好	是
	汇龙潭公园	1979 年	约 47 000	"打唱台"是一座金碧辉煌、精雕细刻的"百鸟朝阳"台，始建于 1888 年； 始建于 1885 年的怡安堂； 始建于 1886 年的缀华堂； 建于 13 世纪的万佛宝塔； 畅观楼、九曲桥、嘉乐亭等； 明代忠节侯峒曾、黄淳耀两先生纪念碑； 百年以上的枫杨； "潭水泛赤"（小刀会就义遗址）； 魁星阁	好 好 好 中 中 好 好 无存 中	是

经过实地调查，结合初步名单中的园林真实性、完整性评价结果，研究团队提出了上海历史名园名单的修改意见。经过专家研讨，最终确定拟登录的第一批上海市历史名园共 25 座（表 6-15）。

表 6-15　拟登录的第一批上海市历史名园名单

古代历史名园（5 座）	豫园、醉白池、曲水园、古猗园、秋霞圃
近代历史名园（9 座）	黄浦公园、复兴公园、龙华烈士陵园、襄阳公园、中山公园、闸北公园、昆山公园、鲁迅公园、霍山公园
现代历史名园（11 座）	光启公园、汇龙潭公园、人民公园、上海方塔园、桂林公园、和平公园、静安公园、临江公园、蓬莱公园、南园、淮海公园

实地踏勘不仅是对价值承载要素的真实性、完整性的核查，同时也能发现保护管理中存在的问题。例如，人民公园和汇龙潭公园的历史文物现状存在诸如保护不佳、风貌不协调等问题，需要进行改进。人民公园主要是五卅运动纪念碑保护不到位；张思德塑像位于公园边缘步道旁，没有体现其历史价值，公园缺乏整体文化氛围；汇龙潭公园作为上海为数不多的古典园林，其历史建筑基本已被翻新改建，如嘉乐亭未能修旧如旧、展现历史风貌；对重要文物疏于保护管理，如魁星阁的碑刻、人民公园的五卅运动纪念碑和南极石缺少适当保护措施。

6.4.3　现存问题与建议

1. 公园管理者访谈

为了进一步了解上海历史名园在保护管理上存在的问题，研究团队进行了访谈和问卷调查。首先与公园管理方进行了交流访谈，访谈的目的分为三个方面：了解名园遗迹分布、改造保护状况和公园管理者对历史保护的态度；了解管理工作中对历史保护和实际需求的权衡，了解管理方对历史名园评选制度的期望；了解管理方对保护管理制度的诉求。由于园林风格不同，历史遗迹现存状况、影响力、历史文化保护的侧重点均不同。对访谈进行汇总分析后发现，公园管理方对保护管理的意见反馈与历史名园园林风格有密切关系，根据风格特征大致可以分为"传统园林""传统与现代结合的园林"和"近代租界园林"。从公园管理者的角度来说，对传统园林保护意识比较强，公众对公园的历史文化价值需要进一步了解，在保护管理方面压力较大，有必要制定游园守则；对于传统和现代相结合的园林，一方面强调保护管理，一方面也希望引入新的技术手段，存在的主要问题是如何协调周边开发和改善文化氛围不足的现状，而加强管理、引进人才是急需的措施；对于近代的租界园林，改造更新是面临的主要问题，一方面需要体现历史文化，另一方面希望加大投入，而创新的改造理念是公园管理者最关注的。

2．公众问卷调查

除了对公园管理方访谈，研究团队在综合相关文献与已有研究结论基础上，为进一步深入了解城市居民对公园历史文化的关注度和看法，针对鲁迅公园、复兴公园（图6-5）、中山公园、方塔园（图6-6）、光启公园、桂林公园六座近现代公园做了问卷调查，分析后有以下发现：

1）公众对历史文化关注度不高

总体看来，公众主要关注六座城市公园的休闲、放松、健身、交往功能；市区大型公园活动空间充足、种类丰富多样，除了一些具有文化品牌和独特风格的公园，游客对文化的关注度不高；郊区、市区小型历史公园的游客对文化的关注比例略高。

2）公众对公园历史的熟悉程度各不相同

六座公园中对鲁迅公园、复兴公园的历史较为熟悉的游客比例最大，公众对中山公园、方塔园、光启公园、桂林公园的历史都较为陌生。究其原因，公园的知名度有一定影响，鲁迅公园、复兴公园都具有较高的知名度，而光启公园和桂林公园知名度相对较低，方塔园虽然在专业领域具有广泛影响，

图 6-5　复兴公园

图 6-6　方塔园

但是对公众而言知名度并不高。中山公园是个例外，公众对其历史不了解的原因可能与其历史特色不明显相关。

3）公众大多具有保护意识，满足其使用需求是前提

从游客对公园历史古迹保护和更新的态度来看，公众对中山公园、复兴公园和鲁迅公园在强调保护的同时，也认同"更新"的重要性；对于以传统园林为主要风格的其余三座公园，市民的保护意识都很强。公众认为"保护更重要"的原因包括"有科研教育价值、遗产不可再生、应加强保护、引起回忆和怀旧，提高区域知名度，增强文化特色，提高旅游、商业吸引力"等因素；认为"更新更重要"则是出于"满足现状使用是首要目标，游客需要更加现代化的公园设施，只要能带来历史文化的体验和感觉就可以不必要保护遗产"等想法。这从一定程度上说明，公众在保护意识与使用需求方面存在博弈。

6.4.4 结语

上海历史园林不仅在我国园林发展史上占据重要地位，而且在当代城市中仍发挥积极作用，是"活着的遗产"。然而上海历史名园尚无明确的概念界定和具体的保护名录，价值判断标准模糊，保护方法莫衷一是，导致专家、公众对其价值，尤其是近代和现代园林价值的无知性忽视，以及城市发展过程中带来的建设性破坏。本章研究从文化遗产研究视角对上海历史名园进行了明确定义，从价值分类、分类指标、园林要素三方面入手构建详细的价值评估指标，并进行了实地踏勘，初步拟定了上海历史名园名录，总结了价值评估与保护更新工作的现存问题，有针对性地提出了建议。本章研究表明：对上海历史名园进行明确定义和详细分类，以价值认知为导向构建评估框架，拟定上海历史名园名录，为上海历史名园评选与保护更新工作提供了有效的评估方法和量化的参考依据，确立了上海历史名园的遗产保护地位。

将上海历史名园发展演变与价值评估置于城市发展变迁的时代背景中，将其视为见证上海由古至今社会变迁与城市化进程的空间媒介，从历时性与共时性双重视角考察其价值，有助于动态地分析上海历史名园产生变迁的深层动因，为在保护更新实践中延续其自身气韵、顺利实施活态保护奠定了理论和实践基础。

本章参考文献

[1] 高大伟. 历史名园对伦敦、巴黎和北京建设世界城市的重要意义 [J]. 中国园林, 2011, 27(1): 37–41.

[2] ICOMOS. International charter for the conservation and restoration of monuments and sites. Decision and resolutions[C]. Venice: [s.n.], 1964.

[3] ICOMOS. The Florence Charter[M/OL]. (1982–12–15) [2019–08–10]. http://www.getty.edu/conservation/publications_resources /charters.

[4] UNESCO, WHC. The Operational Guidelines for the Implementation of the World Heritage Convention. CC–77/CONF.001/8. 1977.

[5] 孟刚. 城市公园设计 [M]. 上海: 同济大学出版社, 2003.

[6] 北京市园林绿化局. 关于首批北京历史名园名录的说明 [EB/OL]. (2015–03–06)[2019–08–09]. http://yllhj.beijing.gov.cn/zwgk/gsgg/201510/t20151012_159281.shtml.

[7] 上海市人民政府. 上海市优秀近代建筑保护管理办法 [A/OL]. (1991–12–05)[2019–08–09]. https://wenku.baidu.com/view/3bef5df07fd5360cba1adbd5.html.

[8] 国际古迹遗址理事会中国国家委员会. 中国文物古迹保护准则（2015 年修订）[M]. 北京: 文物出版社, 2015.

[9] 上海市第十五届人民代表大会常务委员会. 上海市历史文化风貌区和优秀历史建筑保护条例 [N]. 解放日报, 2019–10–11(9).

[10] MCCLELLAND L F, KELLER J T, et al. National bulletin 30: guidelines for evaluating and documenting rural historic landscapes[EB/OL]. U.S. Department of the Interior, National Park Service, 1999. http://www.nps. gov/history/nr/publications/bulletins/nrb30.

[11] Historical England. Urban landscapes register of parks and gardens selection guide[Z]. Historic England, 2017.

[12] 周维权. 中国古典园林史 [M]. 北京: 清华大学出版社, 2010.

[13] 王东昱. 上海与苏州古典园林的比较分析 [J]. 中国园林, 2011, 27(4): 78–82.

[14] 周向频, 陈喆华. 上海古典私家花园的近代嬗变——以晚清经营性私家花园为例 [J]. 城市规划学刊, 2007(2): 87–92.

[15] 刘曦婷, 周向频. 近现代历史园林遗产价值评价研究 [J]. 城市规划学刊, 2014(4): 104–110.

[16] 王云. 上海近代园林的现代化演进特征与机制研究（1840—1949）[J]. 风景园林, 2010(1): 81–85.

[17] 周向频, 杨璇. 布景化的城市园林——略评上海近年城市公共绿地建设 [J]. 城市规划汇刊, 2004(3): 43–48, 95–96.

[18] 陈永生. 园林艺术的现代性与民族性——对中国现代园林艺术创作走向的思考 [J]. 中国园林, 2005(6): 72–74.

第4篇 规划设计

规划设计作为景观遗产处置与干预的技术方案尤为重要。城市历史园林是典型的景观遗产，需要保护更新理念、方法和技术上的与时俱进，本篇不仅将讨论城市历史园林的意义、保护理论的核心问题和保护更新实践的案例与进展，而且也将讨论在城市更新的背景下，工业遗产的保护更新。从景观的角度研究工业遗产保护，可以更加整体地理解工业遗产的含义、全面地分析保护对象，从而拓展保护的实践领域。对工业用地的再利用和丰富城市公共开放空间是城市工业遗产景观再生的两个重要内容，从城市工业遗产的景观再生模式到上海的实践案例，作者试图从景观遗产的视角阐述工业遗产对于城市及其居民的重要性，以及塑造人居环境的可能性。

第7章
城市历史园林的保护与再生

7.1 城市历史园林

历史园林是典型的景观遗产，集中体现了各国人民的聪明才智与文化艺术。《中国大百科全书》将其定义为："在一定的地域运用工程技术和艺术手段，通过改造地形（或进一步筑山、叠石、理水）、种植树木花草、营造建筑和布置园路等途径创作而成的美的自然环境和游憩境域，就称为园林。"[1]例如，被誉为古代世界七大奇迹之一的空中花园，让现代的人们对古巴比伦神秘的文化和浪漫的传说心生向往。又如，说到法国的文化艺术，不能不提凡尔赛气势磅礴的皇家园林。中国园林同样是中国文化的一张名片，具有悠久的历史。然而在我国，历史园林的保护并非是一个被广泛讨论的话题。与建筑遗产相比，对历史园林的重视程度相去甚远。另外，历史园林相对建筑遗产而言更加脆弱，保护难度更大。历史园林与历史建筑相比较，它具有自身的特点。但是在保护领域，历史园林的保护理论与方法却大量沿用或者借鉴历史建筑的保护理论与方法，这说明此方面研究还远远不够。

城市历史园林简言之就是城市范围内分布的历史园林。它们不仅仅是遗产保护的对象，对城市而言，城市历史园林还是重要的城市空间类型，对城市的可持续发展、居民的生活和城市文化特色的塑造具有重要的意义。公园是在属性上特指具有公共性质的园林。《城市绿地分类标准》中描述得更加具体：" '公园绿地' 是城市中向公众开放的，以游憩为主要功能，有一定的游憩设施和服务设施，同时兼有健全生态、美化景观、防灾减灾等综合作用的绿化用地。它是城市建设用地、城市绿地系统和城市市政公用设施的重要组成部分，是表示城市整体环境水平和居民生活质量的一项重要指标。"[2]

城市历史园林大多数分布于老城区，贴近居民生活，便于日常使用。首先，它们具有园林绿地的功能，而且老城区一般建设密度高、绿地少，是城市公共绿地指标最低的区域。根据《上海市城市总体规划（1999—2020）》实施评估，上海普遍存在公园绿地的数量、布局、设施无法满足居民使用需求的问题，城市空间品质有待提升。[3]针对老旧社区公共绿地匮乏的问题，2015年《上海市15分钟社区生活圈规划导则》提出通过鼓励开放附属空间、改造使用状况较差的公园绿地、街道界面微空间等方式加以补充。[4]因此，将城市历史园林纳入城市绿地系统规划，对于修复城市生态环境，增加老城居住绿地面积，平衡和优化老城绿地布局，改善老城居住环境有重要作用。

其次，老城区建筑密度高，建筑普遍年久失修，市政设施落后，人口密度较大。以上原因导致居民生活环境品质较低，亟须改善。中国共产党第十九次全国代表大会提出，我国社会主要矛盾已经转化为人民日益增长的美好生活需要和不平衡不充分的发展之间的矛盾。"城市双修"、上海市15分钟社区生活圈规划等工作重点关注存量发展的背景下，城市生态系统的修复和社区生活环境品质的提升。[5]保护利用老城区中的历史园林可以增加公共空间和社区游园，为居民提供较好的社区环境，缓解生活环境逼仄压抑的现状，提供社会交往、文化生活和健康运动的去处，满足周边群众的文化休闲需求，从而改善老城环境，提高居民生活品质。

最后，保护历史园林不仅可以最大限度地保护园林文化遗产，展示文化遗产的价值，同时也能增强城市特色，体现城市软实力。目前，我国城市建设存在千城一面的困境，各城市为城市建设的特色和风貌塑造所苦恼。《住房城乡建设部关于加强生态修复城市修补工作的指导意见》指出，应当通过老旧城区小规模、渐进式改造更新等工作保护城市文化、延续历史文脉。[6]历史园林的物质和非物质文化遗产是城市文化之本、城市特色之源，应当得到重视，予以专项保护。

7.2　如何保护历史园林

　　尽管历史园林的保护与更新属于传统的研究与实践领域，国际上很早就有针对性的保护文献《佛罗伦萨宪章》，各国在理论和实践方面也积累了大量的成果和案例，但是，正如前文指出的，对这个议题的研究仍需加强。对于历史园林的自身特征，需要不断重申，它是一种具有生命力的遗产，这是历史园林区别于建筑遗产等其他类型遗产的本质属性。正因为这一特征，不能简单地将建筑遗产保护理论与方法照搬到历史园林保护领域。历史园林不仅仅是"保护"的问题，针对有生命的对象，"再生"这一术语更加契合，它能更加贴切地描述历史园林保护与更新的工作内涵。

　　1. 历史园林：有生命力的遗产

　　正因为"遗产"被简单地定义为"一种不可再生的资源"，从而导致一些人产生了静止、狭隘的保护观，认为遗产保护工作主要是评估保护对象的价值，划分保护区域，维持保护对象的历史现状。当代保护理论虽然对以上观点进行了批判，但是这一错误观念的影响仍然广泛且深远。因为对很多保护对象而言，以上观点确实说明了保护工作的核心内容。然而对历史园林而言，这样的观点从一开始就是错误的。

　　在《佛罗伦萨宪章》对历史园林的定义中，明确指出历史园林是具有生命力的：

第二条 "历史园林是主要由植物组成的建筑构造，因此它是具有生命力的，即指有死有生"。因此，其面貌反映着季节循环、自然变迁与园林艺术，希望将其保持永恒不变的愿望之间的永久平衡。[7]

实际上，园林又何止只有植物具有生命？它就是一个活的生态系统，有物质和能量不断循环流动的水体和土壤，也有数不清的动物和微生物生存其中。这一切都具有生命力，因此历史园林就是"活"的遗产。《佛罗伦萨宪章》虽然是针对"历史园林"的保护宪章，却脱胎于建筑遗产保护的框架，从其第二条中将历史园林描述为"建筑构造（Architectural composition）"即可见端倪。在第三条中，明确提到与《威尼斯宪章》的关系：

第三条 作为纪念物，历史园林必须根据《威尼斯宪章》的精神予以保存。然而，既然它是一个活的纪念物，其保存必须根据特定的规则进行，此乃本宪章之议题。[7]

《佛罗伦萨宪章》试图针对历史园林的特征提出保护管理的方法与措施，体现"特定的规则"，集中体现在维护、保护、修复、重建的具体措施（第十条至第二十二条）。然而实质上维护、保护、修复、重建仍来源于建筑遗产保护的处置框架，并没有体现出历史园林的本质属性，相反却体现出《威尼斯宪章》对于真实性的刻板强调。园林，特别是中国古典园林，其生命力不仅体现在植物随时间的动态变化，四季变更，落叶、开花、结果；更体现在随着时间的流逝展现的一种灵动的意境和历史累积的痕迹。正如童寯先生曾言："惟谈园林之苍古者，咸推拙政。今虽狐鼠穿屋，薜苔蔽路，而山池天然，丹青淡剥，反觉逸趣横生。"[8]

2. 历史园林的真实性

《威尼斯宪章》提出的真实性（Authenticity）是世界遗产保护的重要原则之一，1972年《世界遗产公约》进一步确定了文化遗产保护的真实性原则，但是其定义却没有确切的共识，相关的争论有很多。1994年，国际专家专门就真实性定义的问题进行商讨并发表《奈良真实性文件》，认为"将文化遗产的价值和真实性置于固定的评价标准之中来评判是不可能的"[9]，真实性的理解受到保护对象的属性、信息来源和评价主体的文化背景等因素的影响，因此，关于保护对象的真实性如何"达成共识"是至关重要的。

《佛罗伦萨宪章》延续了《威尼斯宪章》对真实性的强调，在相关条款（第十三条、第十五至十七条）基本照搬了建筑遗产保护的措施。体现出差异性的，主要是历史园林中植物的保护与处置措施，例如第十一、十二条。植物相对于建筑的不同之处就是它具有生命，在不停生长、成熟、枯萎甚至死亡，必须定期"更换"，真实性不可能体现在原来的植物本身，因此《佛罗伦萨宪章》强调保存其真实的"品种"。当然除植物之外，《佛罗伦萨宪章》还强调了保存历史园林"生态平衡的自然环境"，这与一般的纪念物、建筑遗产是很不相同的。虽然在相关条款中针对历史园林的特征，区别性地提出了保护与利用的措施，但内容较为简单，给保护工作者如何理解历史园林的真实性留下了很大空间。[7]

该如何理解历史园林的真实性可能是个见仁见智的问题，需要具体情况具体分析。针对中国历史园林，一方面要体现园林的生命力，另一方面可以借鉴我国古典园林的营造理论。当然，我国历史园林也不仅指古典园林，因此，以下仅作为对我国历史园林真实性的一家之论。

历史园林的生命力特征决定了它是一个动态的系统，不仅其构成元素是具有生命力的，而且构成元素的相互关系也是变化的。因此，不能片面、静态地看待历史园林的真实性。如何理解系统变化的规律才是认识其真实性的关键。同时，要深入理解中国历史园林，还需要具有中国文化的基础。冯纪忠先生曾用"形、情、理、神、意"五字中文范畴概括了中国传统风景园林审美历程的重点阶段，认为根据不同历史时期，古人造园模仿自然可以分为以上五个阶段[10]。但是现存的历史园林主要集中在明清时期，从不同历史时期判断历史园林的真实性意义不大。不妨借鉴冯先生之学说，将历史园林的真实性分为三个层面，即历史园林所表达的 "神"与"意"，这是历史园林真实性在精神层面的体现；历史园林设计所遵循的"情"与"理"，这是历史园林真实性在设计建造思想的体现；历史园林的构成元素体现出的"形"，这是历史园林真实性在物质空间层面的体现。中国园林其本质是"自然"，因此也是中国历史园林的真实性评价的最终标准。

首先，"神"与"意"是历史园林体现出的文化精神，神似自然、抒情达意，是主客体的统一。保护历史园林的真实性，首要的是理解其所要体现的"意境"，以此作为出发点评价其价值、审视拟定的保护措施。虽然看似抽象，但是可以具体为保护历史园林更重要的是再现历史典故，与现代生活相结合重新演绎其内在价值，举办适合的文化活动，保护历史园林的周边环境的文化氛围，让当代人能体会到历史情境下古人的志气、意愿和心情，从而学习、思考和体验。

其次，"情"与"理"是历史园林空间营造的两种方法，既有情景融合，也有谋划布局。保护历史园林的真实性，重要在保护其整体的空间结构和山水格局。古人造园以抒情达意，其主要手法是移情山水，已达到情景交融、物我两忘的境界。而发展到唐朝后期，借鉴山水画的方法进行园林的堆山理水、谋篇布局成为历史园林山水格局营造的主要方法。保护历史园林，需要理解其空间的历史演变过程，掌握各个时期空间营造的意图与方法，去伪存真，从而保护历史园林空间格局的真实性。

最后，历史园林的"形"也有其特性，既要保护其灵动的植物水体，也要科学保护其建筑小品。这方面的保护工作，应该说研究与论述较多，不再赘述。

3. 保护更新与景观再生

历史园林需要长期的维护，如果因各种原因产生较大的破坏，还需要进行有效的修复。历史上也有维护和翻新的做法，但是与现代保护理论还是有较大差异。对园林而言，维护和修葺是常有的事，古人没有现代保护的理念，做法较为随意，经常改造和重建。《园冶》有云："旧园妙于翻造，自然古木繁花"。[11]对维护、修葺、改造而言，保持"自然"本色，即历史园林的真实性，在古代亦被认为是重要的原则，但是并不需要拘泥于一砖一草。无论在中国还是西方国家，都有历史园林几经改造更新的案例，园林主题随改造而变换，空间元素自不待言。例如，苏州留园始建于明代万历二十一年（1593年），为太仆寺少卿徐泰时的私家园林，称为"东园"。徐泰时去世后，"东园"渐废，清代乾隆五十九年（1794年），园为吴县东山刘恕所得，在原址改建，经修建于嘉庆三年（1798年）始成，因多植白皮松、梧竹，竹色清寒，波光澄碧，因园内竹色清寒，故更名"寒碧山庄"，俗称"刘园"，因刘恕爱石，园林以奇石著称。清末，园又为常州人盛康购得，盛康仿随园之例，取其音而易其字，改名留园，并在其子盛宣怀的经营下不断扩大增建，名声远播，成为吴中名园。不仅园林名字几经更换，而且空间、景物和特色也有所变化。而从变化中，又能寻到每次更迭对旧园的延续。

西方现代保护理论强调最大限度地保护古迹历史上的本来面貌，对修复而言有严格的规定，例如西方国家风格性修复的方法。在18世纪德国人温克尔曼就提出现代古迹修复的基本原则，认为修复艺术品需要先研究其风格，准确推定其历史时期，然后再进行修复[12]。法国历史学家梅里美和杰出的建筑师和保护理论家尤金·维奥雷·勒·杜克进一步使风格性修复成为古迹修复，特别是建筑遗产修复的重要原则。然而从建筑遗产保护的角度，维奥雷·勒·杜克倡导的风格性修复并非严格的保存与修复，实质上更偏向于当代的再创造，只是这一创造基于建筑建造的内在逻辑。风格性修复的理论已经被国际保护界弃之不用，而在我国建筑遗产领域还是主流的保护理论。[13]尽管风格性修复遭到诸多批判，它仍旧为现代保护奠定了基础，当代保护理论是基于风格性修复的扬弃，其中很多观点至今仍具有其价值。

《佛罗伦萨宪章》强调了历史园林的文化意义，包括作为"一种风格"：

　　第五条　作为文明与自然直接关系的表现，作为适合于思考和休息的娱乐场所，园林因而具有理想世界的巨大意义，从词源学的角度具有"天堂"的含义，并且也是一种文化、一种风格、一个时代的见证，而且常常还是具有创造力的艺术家的独创性的见证。[7]

然而，在具体的修复、重建与利用的条款中，《佛罗伦萨宪章》则更加突出对历史文化信息的保存。从前文对历史园林"真实性"的分析，研究团队认为在对现有物质元素和历史文化信息保存的基础上，风格性修复甚至意境复原未免不是一种合理的策略。基于保护的再生策略，可能是历史园林这一活的遗产最恰当的保护管理途径。在这里，再生的含义包括：文化意义的再现；整个系统的循环平衡；活的要素的生长过程。实际上，在我国历史园林的修复更新的工作中，并没有刻意追求"真实性"的复原，而更加强调历史意境的再现。例如 1984 年，由东南大学朱光亚教授主持修复重建的绍兴市宋代沈园，一方面保留了葫芦池、水井、土丘等遗存，同时也按照历史风格、宋代法式重建和新建了孤鹤轩、半壁亭、宋井亭、冷翠亭、闲云亭、放翁桥等建筑和构筑物，再现诗人陆游《钗头凤》一词的意境，不失为成功的案例。

随着我国城市建设的快速发展，城市环境产生了翻天覆地的变化，城市历史园林面的保护面临巨大的挑战，主要体现在：城市交通与通信技术迅猛发展，城市历史园林周边环境变化(城市扩张、生态环境变化、周边空间变化)，城市历史园林功能使用变化（城市居民生活方式的改变），以及城市历史园林建造技术变化（传统技艺的失传）。因此，需要在变化中寻求城市历史园林的适应性保护方法和再生途径。

7.3　城市历史园林保护案例

7.3.1　国外城市历史园林保护

很多著名城市公园的发展过程都伴随着不断更新，并由此形成了相对成熟的历史公园遗产保护与更新的方法，例如美国的中央公园、英国的邱园、法国的蒙索公园、西班牙的桂尔公园等。下面将分别介绍法国阿尔贝·卡恩园林（Des Jardins Albert Kahn）、英国伯肯海德公园（Birkenhead Park）以及美国展望公园（Prospect Park）的保护更新工作。

1. 法国阿尔贝·卡恩园林

法国是当前历史园林保护经验较为丰富的国家，学习法国的历史园林保护与更新的实践工作具有借鉴、参考价值[14]。法国历史园林众多，阿尔贝·卡恩园林是巴黎市郊一个著名的历史园林，颇具特色。

阿尔贝·卡恩于1860年3月出生在法国东部与德国毗邻的阿尔萨斯地区，虽出身贫寒，但是通过努力成了法国成功的银行家。然而这并非他的理想，他的理想是致力于促进不同民族之间的相互了解、合作与和平共处。卡恩认为，不同文化背景的人们的相互认知是和平共处的前提条件，卡恩为此做出了不懈的努力。他不仅资助和鼓励年轻人走出国门"睁开双眼"看世界，而且自己也身体力行，先后游历了北美洲、亚洲和南美洲。阿尔贝·卡恩于1908年访问日本，翌年11月来到中国上海，这是他一生中唯一一次中国之旅。后来的阿尔贝·卡恩博物馆馆长让娜·博索莱伊（Jeanne Beausoleil）女士认为，这次旅行拉开了"地球档案"计划实施的序幕。在中国23天的游历中，卡恩先后到了青岛、天津、北京、汉口、南京等地，最后于2月6日乘船离沪前往香港。卡恩的随行司机阿尔贝·杜帖特在所到之处拍摄了大量的纪实性照片和电影胶片。之后，卡恩用20余年的时间完成了用影像记录世界的"地球档案"计划。

阿尔贝·卡恩园林位于巴黎郊区布洛涅–比扬古（Boulogne–Billancourt）。1893年，阿尔贝·卡恩租下了这里的一幢豪宅。1894年，园景师欧仁·德尼（Eugène Dény）在房子的花园里进行了园林绿化。1895年，卡恩买下这栋房屋和相邻的4块土地，并决定在这里建造一座美丽而独特的花园。法国两位著名园艺师亨利·杜尚和阿奇尔·杜尚设计了包括一个由玫瑰园和一个果园组成的法式花园（图7-1）。直到1920年，卡恩共收集了23块地块，拥有近 4 公顷的花园。每次土地收购都让他有机会创造一个不同的花园，称为"（花园）场景"（de scène）。除了法式花园，还包括英式花园、蓝色的森林和沼泽（forêt bleue et un marais），然后是金色的森林和草地（forêt dorée et une prairie），日式村庄，最后是孚日森林（forêt vosgienne）。正是由于他对文化多样性的兴趣，阿尔贝·卡恩园林由世界各地不同类型的花园组成，被称为"世界花园"，象征着世界的和平，是许多著名艺术家、哲学家、科学家、实业家和政治家聚会的地方。他在日本访问时结识了一些日本皇室成员，并从日本请来了两名园丁来打造日式花园（图 7-2）。在 1929 年股市崩盘后，卡恩破产，这些花园后来被塞纳河地区接管。1937 年，他的花园被改造成公共公园，人们用来散步和冥想。但卡恩一直住在这栋房子里享受着他的花园，直到 1940 年，他在德国占领法国期间去世。①

图 7-1　阿尔贝·卡恩的法式花园

① 资料来源于 http://albert-kahn.hauts-de-seine.net/，引用日期：2019-10-6。

图 7-2 阿尔贝·卡恩的日式花园

　　阿尔贝·卡恩园林不仅历史悠久，而且历久弥新。它至今仍是巴黎郊区一个具有吸引力的旅游景点。据统计，每年有超过 20 万游客来此游赏。今天，游客不仅可以欣赏到 20 世纪初的花园样貌，而且能欣赏到 21 世纪的当代日本花园和 1999 年风暴灾难之后修复的孚日森林阿尔萨斯斜坡。这都得益于 1989—1990 年间由巴黎 92 省（Hauts-de-Seine）相关部门资助的花园修复，以及后来持续不断的保护管理和更新改造。

　　然而，国内关于法国历史园林保护的研究文献很少。在法国华夏建筑研究学会主编的《法中历史园林的保护及利用》中，让娜·博索莱伊的一篇文章《阿尔贝·卡恩花园——急需找回灵魂》对阿尔贝·卡恩花园的保护管理进行了论述[16]。

　　阿尔贝·卡恩的影像记录不仅是他一生中伟大的计划，体现了他的哲学观和价值观，同时也为园林的修复提供了档案资料。修复人员深入研究了阿尔贝·卡恩博物馆保存的 1910 年至 1950 年间拍摄的 2500 件玻璃板的彩色照片，从而可以真实地再现原始场景，并依据花园中不同场景的特点，采取了不同的修复策略。其中，日本花园的修复体现出重塑"灵魂"的理念，希望基于卡恩的人生、思想和哲学观念修复和更新花园。

在外交部和日本大使馆的推荐下，巴黎 92 省于 1990 年委托日本景观设计师高野文明（Fumiaki Takano）对这座花园进行了改造。高野文明把花园想象成是对阿尔贝·卡恩一生的致敬。该项目由日本和法国共同出资。日方得到日本传统文化协会会长村田先生的捐赠。日式花园占地 1 公顷，大约有四分之一状况良好，所以高野文明保留了这部分，翻新了花园的其余部分。在设计开始前，设计师就讨论尝试从传统中革新，而不是照搬老的日本大师之作。已经有太多参考设计手册建造的高度风格化的日式园林，以至于人们早就不再能被类似的复制品所打动。事实说明设计师的策略是正确的，当石头花园第一次出现的时候，那些习惯了有池塘和小溪的环形花园的人们无疑感到震惊，同时花园也引起了争议。设计师就是希望在先锋派的巴黎尝试基于传统的新理念。

象征主义是日式园林的常用手法，在日本，主要用象征的手法表达佛教和道家的思想。高野文明在设计中尝试用同样的手法，表达两个不同的主题：一方面，用水隐喻阿尔贝·卡恩的一生。卡恩很喜欢水，设计师尝试用水的不同形态表达他生命的不同阶段：出生、青春、成功、过渡、动荡、结束、轮回。让参观花园的人在花园漫步时，能体会到卡恩所生活的世界和价值观。另一方面，将卡恩普世主义的哲学作为花园创作的基础。卡恩主张将接受文化差异作为发展国际关系的开端。因此，在本次日式花园的翻新中，不仅日本的工作人员参与其中，而且来自 20 个不同国家的许多人也参与了这个过程。他们在此过程中增进了彼此之间的了解，这是一种参与式设计和建造的过程。

日本人的美往往以"侘寂"（wabi）和"寂寂"（sabi）为代表，这两种美都是世故而淡泊的美，"少即是多"。许多日本园林都是基于这个理念。

这次更新，设计师试图在这个花园中表现出绳纹文化（Jomon culture）中更多的原始和乡土美，以及日本艺伎和文身艺术的装饰和点缀的色彩。从二元的世界观到多元相关的世界观。花园的目的是表达灰色和模糊的世界，而不是二元的、非黑即白的西方观点。

二十余年后，在阿尔贝·卡恩博物馆的更新方案竞赛中，日本建筑师隈研吾（Kengo Kuma）于 2012 年 10 月 29 日再次以创新的理念在五项国际知名建筑师的提案脱颖而出。这座占地 2 300 m² 的新建筑被设计成折纸，塑造一个开放空间，引导景观，促进人们在花园中游荡和沉思。它将容纳永久参观路线、临时展览、纪录资源中心、家庭发现区、书店、餐厅和茶室。历史悠久的现有建筑将在很大程度上向公众开放：板房、温室的侧翼及其露台、会议室和孚日（Vosges）谷仓。设计方案对卡恩遗留的历史遗产的质量和一致性给予了最大的尊重，遗迹和新建部分将保持清晰的区分。隈研吾为大自然提供了一个必不可少的地方。他努力将他的建筑和谐地融入景观中，从而完全与布洛涅 – 比扬古遗址的现状产生共鸣。建筑师的工作也被定义为东西方的融合。

2. 英国伯肯海德公园

与法国相比，英国城市公园具有更悠久的历史，例如，利物浦市的伯肯海德公园被认为是世界上第一座真正意义上的城市公园，其知名度较高，国内相关研究文献也较多。加上英国很早也建立了文化遗产保护体系，因此其城市历史公园保护工作非常值得学习。

伯肯海德公园由英国风景园林师约瑟夫·帕克斯顿（Joseph Paxton）总体设计，肯普（Edward Kemp）进行种植设计和监督施工，占地 50.6 公顷，公园于 1847 年 4 月 5 日正式开放。公园建造之初政府为了缓解资金紧张的局面，将外环的土地划分出售，依据购买者的需求设计住宅建筑，因此公园整体布局上分为内外两环，外环为居住用地和运动场地，内环为由湖面、缓坡地形、疏林草地、密林等构成的公园绿地。[17]

公园从 1878 年起经历了数次更新，总体布局基本保持不变，主要对建筑进行维修、改造。1977 年，伯肯海德公园所在的区域被政府确立为历史保护区，1995 年英国遗产将其注册为一级登录景观。2007 年至 2009 年，唐纳德英索尔（Donald Insall）联合事务所受委托完成了《伯肯海德公园保护区评估》[18] 和《伯肯海德公园保护区管理规划》（Birkenhead Park Conservation Area Appraisal and Management Plan）[19]，以保障公园保护与更新工作的科学与合理性。这两份文件分别以遵守英国遗产 2006 年发布的《保护区评估导则》和《保护区管理规划导则》为前提 [20]。

《伯肯海德公园保护区评估》作为管理规划的基础，对公园要素和遗产价值进行了全面综合的评估。评估报告对保护区的区位、地形和地质等自然条件以及用地进行了分析，确定了保护区范围和边界：公园保护区长约 1.4 km，宽约 0.8 km；其边界几乎完全沿用了原公园方案的范围，即公园东南西北向道路内沿所围绕的范围。

评估报告还梳理了公园的历史变迁，从而对用地和空间进行了分析。公园保护区的土地分为：风景园林用地（Landscaped parkland）、公园设施及运动场地（Park facilities/sports grounds）和居住用地（Residential）。其中大约三分之二的土地是风景园林空间，也是最初确定为公园的用地，只有少数建筑分布。公园设施及运动场地主要以开放空间和半开放空间为主，同时包括体育设施、医疗中心、日间护理中心和社交俱乐部等。这一部分空间用地一开始并没有作为公园用地进行规划设计，因此园林化程度和景观质量不如第一部分的公园绿地；外围的居住用地包含个人房屋、公寓、老人住宅和学校等，公共用地的比重较小。虽然如此，对城市天际线和建筑本身的保护仍旧十分重要。

评估的内容主要分为三部分：第一部分主要是景观质量，除了用地分析，主要是对空间关系和特征、视线和风景、绿化和种植进行分析评价。第二部分主要针对城市景观与建筑进行分析，包括主要城市街区的肌理、尺度、重复与多样性、主要的单体建筑、公园的边界界面等，细致到园门、栏杆、围墙、路面、构筑物等现状特征。第三部分则是建筑及其材料和细部，对建筑风格、主要建筑师和设计师、建筑构件和材料等进行了详细论述。除此之外，报告对存在的负面因素也做了详细分析，主要是针对建筑，但是也涉及街道、家具、标志和铺装材料等细节。

评估报告最后总结了伯肯海德公园保护区的主要特征，详细的现状分析和评价为下一步的保护更新规划管理构建了基础。《伯肯海德公园保护区管理规划》根据公园遗产价值的评估结果，针对总体规划及相关规划，新的发展建设和对现状建筑以及场地的改变，总体的建筑质量、公共领域、高速公路以及地方参与，提出相应的政策和行动建议，形成了问题—政策—行动建议的保护管理方法，并针对不同问题制定详细的表格，包括位置和行动的优先级别。从总体和具体项目两方面出发，对历史建筑和构筑物、公共空间提出了修缮和提升的建议，针对存在问题提出了对策。

值得注意的是，伯肯海德公园保持着每三到五年更新一次管理文件的频率[20]。2018年发布的新版《伯肯海德公园保护区管理规划（2018—2022）》相对2009年的版本而言，从量和质上都有了飞跃，文本的页数是原来的近六倍，由简介、公园描述、设计和利益相关者、管理、质量标准、评估、目标、行动计划、资金规划、监管和评审等部分组成。通过公园保护区的确立和相应保护管理规划的制定，公园的园林环境和历史建筑都得到较好的保护，修缮和改建基本符合保护区历史面貌特征和区域整体风格，是一个较为成功的城市历史公园保护案例。[21]

3. 美国展望公园

与英法相比，美国是一个年轻的国家，然而诞生于英国的"公园运动"很快被复制到美国城市。1858年，设计师弗雷德里克·洛·奥姆斯特德（Frederick Law Olmsted）和卡尔弗特·沃克斯（Calvert Vaux）在纽约市曼哈顿完成了中央公园，成为举世瞩目的项目，也是城市公园运动的里程碑。在同一座城市,这为当时正在商业扩张和快速发展的布鲁克林区做出了榜样,詹姆斯·斯特拉纳汉(James T. Stranahan)担任布鲁克林公园委员会的负责人,负责公园从始建到完成的监督工作。在 19 世纪 60 年代早期,斯特拉纳汉认为布鲁克林的一个公园"将成为我们社区所有阶层最喜欢的度假胜地,让成千上万的人在一年中的所有季节享受纯净的空气,健康的运动……"[22]。1866 年,斯特拉纳汉聘请奥姆斯特德和沃克斯设计展望公园,基地面积约240 公顷,是一片贫瘠多石的农田和残余的森林。设计的核心是占地约 36 公顷的长草甸、林地山沟(Ravine,后来也成为这一景点的名称)、蜿蜒的小路和风景优美的观景台,以及一条以瀑布、泉水和约 24 公顷的湖泊为特色的水道。公园于 1867 年正式开放(此后建筑工程又持续了 7 年),并且取得了无与伦比的成功。仅在 1868 年 7 月份,未建完的公园就有游客超过10 万人次。

到 19 世纪末,由于游客过度使用等原因,公园不堪重负。在 1887 年的一份公园年度报告中指出,公园的草已经磨损,土壤已经持续使用了 15 年,没有休息或营养,水分也很少,如果这种情况继续下去会导致树木死亡,公园被毁。因为城市美化运动,19 世纪 90 年代时公园进行了一次修复工作,纽约市在公园修复工程中投入了大约 10 万美元。奥姆斯特德和沃克斯将展望公园作为一个牧灵度假胜地的设计概念受到了城市美化运动的影响。公园的主要入口用柱式和雕像进行了装饰,其他建设包括大军广场(Grand Army Plaza)的士兵和水手纪念拱门,以及布扎风格的船屋(Boathouse)。

罗伯特·摩西(Robert Moses)在大萧条之后崭露头角,作为纽约市公园专员,他利用富兰克林·罗斯福总统公共工程管理局提供的资金,启动了大量的开发项目。摩西设想将展望公园作为市民娱乐的场所。1935 年建造了展望公园动物园以及公园周边的新游乐场,20 世纪 50 年代对公园进行了大规模翻新以及建造音乐台(Bandshell),1961 年建造了凯特沃尔曼纪念溜冰场(Kate Wollman Memorial Skating Rink),现在是勒弗拉克(LeFrak)中心的所在地。

20世纪70年代，纽约市遭遇了一场严重的财政危机，展望公园开始走向衰落，公园的景观和建筑严重失修。到1979年，每年的访问量下降到历史上最低的200万人次。最初是民众意识到应该对公园进行保护和修复。当公园部门于1964年提议拆除展望公园船屋时，当地保护主义者积极发起保护活动。1905年的船屋由麦金（McKim），米德（Mead）和怀特（White）的门徒设计。随着拆迁的消息，当地保护组织对公众宣传保护公园的历史构筑物的意义。到1964年，公园专员在公众的压力下阻止了拆迁计划。当地的居民开始游说公园管理部门，终于霍华德·戈登（Howard Golden）向市长爱德华·科赫（Edward Koch）提出了他们的担忧，并在公园专员戈登·戴维斯（Gordon Davis）的帮助下制定了恢复公园的计划。1980年，塔珀·托马斯（Tupper Thomas）被任命为监督恢复工作的第一位展望公园管理员。

1987年，与公园专员亨利·斯特恩（Henry Stern）一起工作的市民们成立了一个新的非营利组织——展望公园联盟，与该市一起领导展望公园的转型。展望公园联盟的工作首先是恢复建于1912年的旋转木马，后于1990年对公众开放。旋转木马的修复成为公园重生的象征。20世纪90年代，该联盟扩大到包括一个由建筑师、景观设计师和建筑监理组成的内部团队，致力于保护公园设计师奥姆斯特德和沃克斯的原初愿景，同时让公园满足当代需求。

20世纪90年代中期，该联盟开始了一项雄心勃勃的计划，耗资900万美元对林地山沟进行修复，作为公园林地25年修复计划的一部分，这是布鲁克林仅存的一片森林。在修复工作中，为稳固斜坡使用了超过3 500立方码的表层土，引进了16万株本土植物。今天已经成立了一个专门的自然资源团队来照顾公园的林地。

千禧年之际，联盟承担了重建阅兵场的任务，这是一个占地约16公顷的体育活动中心，现在由联盟与纽约市合作维护。此外，联盟还斥资1 250万美元对联盟运营的展望公园网球中心（Prospect Park Tennis Center）进行了翻修。在修复了历史悠久的船屋之后，该联盟与奥杜邦纽约（Audubon New York）合作，于 2002 年重新开放公园 1905 年的新古典主义杰作，成为美国第一个城市奥杜邦中心。如今，展望公园奥杜邦中心是联盟教育和公共项目的主要目的地之一，每年吸引游客 7.5 万人次。

联盟在 2013 年完成了对公园东南角部分的重新设计，整合了奥姆斯特德和沃克斯的质朴美学、社区的休闲需求，以及现代公共空间的可持续设计元素。该项目回收了数英亩的公园用地，湖边的新勒弗拉克中心全年提供各类活动和服务。

通过展望公园联盟的一系列保护和修复工作，展望公园再次成为布鲁克林被公众喜爱的公共绿地，每年超过 1 000 万人次到访。在未来 10 年，该联盟将开展一系列新项目，包括恢复公园的东北角。联盟的成功离不开布鲁克林社区的投入和支持。

4. 小结

选取的法国、英国和美国三个案例在保护更新工作中既有共同之处，也各有特点：法国的阿尔贝·卡恩园林的修复得益于阿尔贝·卡恩个人的爱好，园林的历史资料以影像资料的方式得到保存，为后来的修复起了关键作用，另外，不断地维护和创新设计为公园的保护与更新注入了新生的力量，使公园一直保持强大的生命力；英国的伯肯海德公园则主要基于英国体系化的保护制度，对公园全面的调查评估和管理规划为公园的保护更新工作保驾护航，其优势是协调了保护与发展的关系，对公园的绿地空间和历史建筑等制定了详细的保护导则，因此能使公园及周边环境在不断发展的情况下保持历史风貌和较好的空间格局与细节质量；美国的展望公园则体现出公众及其建立的非营利组织在公园保护中起到的巨大作用。当今国际上对历史公园保护已经综合了以上各种方法和措施，根据具体情况选择适宜的保护管理方法，同时也认识到保护与发展的关系，协调历史保护与再生发展之间的平衡。

7.3.2　国内城市历史园林保护

国内城市历史园林的保护工作主要关注分布于城市范围的古典园林，对城市公园的保护工作还比较少。一方面是因为保护意识较为薄弱，另一方面是因为我国城市还处于高速发展和转型期的过渡阶段，城市公园的建设任务重于历史公园的保护更新。随着城市化进入成熟阶段和"城市双修""城市更新"成为下一阶段城市建设的主要基调，城市历史公园的保护更新将成为工作的重点。尽管如此，我国在古典园林保护工作上还是取得了很多成绩，例如北京的圆明园、苏州以及扬州等地的古典园林等。

1. 圆明园遗址公园

圆明园被称为"万园之园"，是清代皇家园林的集大成者，由圆明园、长春园和绮春园组成，实际上还包括很多小园林，统称为圆明园。圆明园始建于 1709 年（康熙四十八年），然而其命运多舛，1860 年（咸丰十年）惨遭英法联军焚掠，1900 年又遭八国联军洗劫，之后又多次被匪盗破坏，成为一片废墟。

1949 年起开始了圆明园的保护工作。1976 年正式成立圆明园管理处，逐步对圆明园进行修复。1985 年，长春园和绮春园经过整理作为公园向市民开放。1988 年，圆明园获批第三批全国重点文物保护单位。然而对于如何保护圆明园，业界一直存在困惑与争论。尽管 1983 年经国务院批准的《北京城市建设总体规划方案》明确把圆明园规划为遗址公园，但是据郭黛姮教授记述，圆明园的保护工作遇到很多困难。一方面是圆明园被单位和个人占用的情况严重；另一方面，对保护措施众说纷纭，包括复建、建设大学校园、建设旅游宾馆、旅游开发等不同意见[23]。当时的保护工作者具有科学精神和国际视角，坚持了《威尼斯宪章》《佛罗伦萨宪章》等国际文件中提出的原则，强调对古迹真实性和历史园林山水文化的保护。经过不懈努力，2000 年终于通过了《圆明园遗址公园总体规划》，用规划的手段控制圆明园周边地区的建设，明确了圆明园的性质、职能和保护原则，并为相关法律、各项专项规划和详细规划的制定提供了依据。

之后对圆明园具体的保护规划管理工作中，也体现出前瞻性的理念和科学合理的方法，主要体现在以下方面：

（1）深入理解保护的"真实性"原则。即使是现在，对真实性的理解也难免流于肤浅和意见分歧。在圆明园保护工作中，已经认识到真实性的保护不仅仅是保持原状和不做新的建设，而是要尊重整体的历史环境，力求系统地保护圆明园蕴含的历史、文化和艺术等方面的价值，同时深入发掘历史文化信息，创新体现圆明园的文化艺术精髓。这突出表现在对圆明园文化内涵的表达上，中国人造园注重意境，善于运用象征的手法建造传统园林，因此，在历史园林的保护工作中同样需要善于运用同样的方法。例如圆明园的九州清宴，其寓意就是天下太平、河清海晏。景区由九个小岛组成，体现了古人对天下的认知。保护规划就要认识到景区特有的文化含义，在规划中对最大的岛屿及其建筑群系统地发掘整理，进行保护和展示，其他岛屿则手法各异：天然图画基于考古发掘恢复岛中有池，池中有岛的景致；镂月开云原名"牡丹院"，将种植牡丹作为主要特色；碧桐书院强调绿树成荫的效果，补种梧桐等树木；慈云普护恢复原有小塔及小瀑布；上下天光的重点在其临水曲桥；杏花春馆植文杏以点题；坦坦荡荡重点恢复鱼池以为观赏之趣。在这些景点的恢复和保护中，正确理解原有创作的意图、体会景观之意境实际上是真实性的体现。

（2）科学严谨的研究调查和考古发掘。圆明园的修复和保护工作面对很多现实问题，也引发很多理论争论和公众的舆论，如何回答这些问题？需要建立在不断地理论研究和调查发现之上，特别是在规划过程中，科学合理的规划措施也需要以严谨科学的现状调查为基础。1984 年 12 月成立的圆明园学会在这方面做了大量的资料收集和理论研究工作，为圆明园的修复和保护提供了基础。不仅如此，据报道从 1996 年开始，我国就对圆明园遗址进行考古发掘，至今已有四次大规模的考古行动。例如 2008 年恢复开放的九州景区，山水格局的恢复就是在多年的实测图纸和现场的科学钎探和挖掘基础上进行的。特别是植物的恢复，因为历史原有植物基本被焚烧和破坏，现场的植物多为中华人民共和国成立后大规模的植树绿化活动栽植，需要长远的计划逐步恢复其原貌。规划设计人员综合分析了资料，包括清朝五帝圆明园御制诗文中有关植物的描述、乾隆《圆明园四实景图》、嘉庆《圆明园内工则例》中列出的《树木花木价值则例》、圆明园遗址公园总体规划及专项规划、现状保留的植被现状等，提出了植物景观的规划设计方案[24]。

（3）多元适宜的规划措施和展示方法。对于圆明园内遗址如何进行保护和展示，采用了多元的规划策略，主要分为四类。在明确所有景点位置的基础上，对有代表性的景点通过考古挖掘展示其遗址，主要为建筑遗址，包括朝寝建筑、园林建筑，例如长大光明、九州清宴、廓然大公、濂溪乐处等。有的遗址因为深埋地下，则在其上种植低矮的灌木以勾勒出建筑轮廓，例如鸿慈永祜、澹泊宁静等景点。对于多数建筑遗址采取维持现状的做法，展示其有特色的山水、园林景观风貌，以增加遗址的趣味性。部分建筑进行了复建，约占原有建筑面积的 10%，以满足必需的功能，如绮春园宫门、正觉寺等。在遗址展示方法上也是因地制宜，例如对西洋楼和方壶胜境景区，主要是收集现有残留构件，归位和整理；万方安和则在整修和归位的基础上引入湖水，再现历史场景；通过初步发掘发现，菱荷深处只剩下亭榭游廊基址的木桩，当时甚至提出了建造玻璃桥于其上，以利于游客观赏的当代手法。

（4）与时俱进的功能更新和技术应用。为了满足当代的需求，功能和基础设施需要不断更新，这方面实际上是很多历史园林保护和维修的主要内容。另外，保护和展示在技术应用上也需要与时俱进。清华大学郭黛姮教授牵头的"数字圆明园"项目，将三维建模、虚拟现实技术、增强现实技术与传统建筑技术相融合，通过数字化技术手段，最大限度地"恢复"圆明园原貌，为我国历史园林保护工作做出了很好的尝试。

当然，圆明园遗址公园的保护规划工作还有很多不尽人意的地方，争议和讨论仍旧在继续[25]，这是保护工作的一种常态。现在，北京提出对三山五园整体的保护设想，将继续推动圆明园乃至北京城市景观遗产保护规划管理工作，为城市的可持续发展和文化遗产保护做出贡献。

2. 苏州古典园林保护

苏州古典园林是我国传统私家园林的代表，1997 年和 2000 年分两次，共有 9 座园林被联合国教科文组织录入《世界遗产名录》。苏州园林蕴含的价值和园林艺术是被广泛研究的议题，刘敦桢、童寯、陈植等人对苏州古典园林的建筑、假山、整体格局等进行了建筑测绘和文献考证，对苏州古典园林的保护研究有重大贡献，然而其保护管理却较少被关注。大约从 2000 年起，开始有相关研究的论文发表，如郑致明的《苏州古典园林的历史、价值和保护对策》认为，大气污染、水植物染和噪声污染是导致古典园林自身及周边环境质量下降的主要原因并提出了对策[26]；程洪福的《浅论苏州古典园林的修复与保护——以耦园古建筑保养及环境整治为例》以 2008 年耦园的古建筑保养及周边环境整治为例，提出要严格按照世界遗产保护管理的要求，实施"原材料、原工艺"修复，确保"修旧如旧"，并认为在修复过程中实施工程监理和监测预警的双重监督，可以确保修复工艺和质量，保护世界遗产的真实性[27]；王劲韬的《苏州私家园林保护刍议》通过保护与发展的问题，认为应该从遗产历史的真实性入手，强化遗产本体保护[28]；雍振华、黄莹的《世界文化遗产（苏州古典园林）监控体系建构研究》提出要通过遗产要素、旅游压力、管理保障体系监测，建设一套有效的苏州古典园林监控体系，来促进苏州古典园林的保护与管理[29]。

虽然针对性研究不多，但是中华人民共和国成立后苏州古典园林的保护工作得到高度重视，取得长足成绩和经验，主要表现在维护修复、部门管理、法规制定和人才队伍。

苏州古典园林的修复工作可以大概分为三个阶段：20 世纪 50 年代初，

对历经三四十年代严重破坏的园林进行了抢救性的保护修复，对留园、拙政园、环秀山庄、网师园、沧浪亭等完成了清理、修复工作；20世纪70年代末，针对"文化大革命"时期受到破坏的园林名胜逐个修复，包括修复艺圃、耦园和曲园等一批著名的古典园林；20世纪90年代末，在申遗成功之后，遵照"保护为主，抢救第一""修旧如旧"的原则，先后修复艺圃住宅部分、留园西部"射圃"、拙政园李宅、环秀山庄边楼等，开展留园曲溪楼、狮子林燕誉堂维修工程，这些修复工程完整再现了苏州古典园林的风貌特征。

在部门管理方面，除苏州园林管理部门外，由专家、学者组成的"苏州市园林修整委员会"于1953年6月成立，指导开展古典园林保护和修复的工作。申遗成功后，2002年成立"苏州市世界遗产保护领导小组"代表市政府行使全市的世界文化遗产保护职能。2005年成立"苏州市世界文化遗产古典园林保护监管中心"，开展针对9座列入《世界遗产名录》的园林的保护监测工作。

在法规制定方面，苏州在1997年制定了首部园林保护和管理的地方性法规《苏州园林保护和管理条例》。之后还出台了《苏州市园林保护管理细则（试行）》《世界文化遗产苏州古典园林监测工作管理规则》等规章制度。

虽然苏州从1949年开始不断培养园林保护和建设人才，做出不少成绩，但是专业人才仍旧匮乏，特别是具有传统工艺的匠人不断减少。虽然中国传统木结构营造技艺（苏州的"香山帮"传统建筑营造技艺）被列入《人类非物质文化遗产代表作名录》，但是后继乏人，技艺面临失传的困境并没有改变。

7.4 上海近代城市公园的保护与再生

中国的近代城市公园融合了复杂多元的思想理念，在风格和形式上既有对西式公园的模仿和学习，灵活运用了中西元素，也有对古典园林形式与审美的传承，拓展园林手法与材料；在功能和活动上体现了休闲娱乐、环境美化、

教育宣传、政治教化的时代特色。随着中国近代城市的发展和建设规划方案
的推出，城市公园也成为绿地开放空间系统的构成部分，这在近代上海、天津、
武汉等城市规划方案中得以体现[30]。

近代园林在上海历史园林中占大多数，近代公园是"公园"这一新的
城市开放空间类型在中国城市发展的开端。上海近代公园无疑在中国园林发
展的历史上扮演了重要的角色，曾经占主流的租借公园和自建公园现今留存
下来的不到一半。现存的近代公园在城市的高速发展下不断被更新改造。如
何进行有效的保护与更新？这是典型的城市文化景观在保护管理工作中面临
的、需要不断探索的问题。

7.4.1　上海近代城市公园概述

研究团队根据中国近代史的一般性划分，将上海近代公园的时间范围定
义为始建年代或重建、改建后作为公园开放的时间在 1840—1949 年之间。
虽然史学上对于中国的近代史时间划分存在着多种争议，但是经梳理分析后
发现，1840—1949 年间的公园建设活动的确存在不同于其他时间的特殊性，
也与晚清至民国这一阶段的历史背景相呼应而呈现出所谓的"近代特征"，
因而采用了这一最为普遍的划分方法。因此，本书中的上海近代城市公园指
中国近代史阶段（1868—1947 年）①，在上海城市范围内建设，或重建、改
建后向公众开放的，具有生态、美化、游憩、防灾等综合功能的公园绿地。

上海城市公园的源头为黄浦公园，该园是著名的租界公园，甚至在开放
之初都是禁止华人进入的，而正是租界公园，占据了上海近代城市公园数量
的大半。1840 年鸦片战争上海被辟为通商口岸之后，西方殖民者大量涌入。
为了能够延续西方的生活方式，也出于对公共演出、聚会等场所的需要，建

---

①　中国近代 1840—1949 年，上海的公园中形成最早的为 1868 年的黄浦公园，形成最晚的为 1947 年的
　　中山植物园，因而上海公园具体的时间范畴为 1868—1947 年。

造了大量的西式花园或公园，承载了休闲、游览、体育活动等功能，比如德国花园俱乐部（后改为法国总会、锦江俱乐部，今为花园饭店）。租界公园的建设和管理者主要为租界工务管理部门，比如英美租界工部局（Municipal Council）建造了公共花园（今黄浦公园）；法租界公董局（French Municipal Council）建造了顾家宅公园（今复兴公园），另外也有一些社团。①

在私人方面，首先是许多外国侨民基于对生活基础设施的需求，竞相购地建造住宅以及附属花园，样式多以西式花园洋房为主，例如兆丰花园（今中山公园北部）。其次，国内的一些达官富贾为了彰显财力及享受生活，建造了自己的私人花园，如小万柳堂、小兰亭、黄家花园（今桂林公园）等，风格主要为中式，也有部分受殖民影响而呈现出中西合璧的样式。这些私人花园发展到后期转而向公众开放，也变成了公园的性质。

在政府方面，上海各地方政府也相继开始了公园的建设。例如青浦县（现为青浦区），自清光绪十年（1884 年）至宣统二年（1910 年）修复、重建了当地的庙园——曲水园，并于宣统三年（1911 年）改由县公款公产管理处管辖，作为公园开放。宝山县（现为宝山区）将几座相邻的小园子合并，改建为城西公园。崇明、嘉定、金山等县（现为区）在此时期也都有小公园建设。民国十六年上海建市后，辟建了一批市立功能性公园，包括市立园林场风景园、市立动物园、市立植物园、市立第一公园等，但是这些公园后来都未能幸免于日军的炮火。

通过梳理，符合前文得出的上海近代公园概念的共有 41 座，进一步调查后发现现存仅 12 座，已经废弃的共 29 座（图 7-3—图 7-5），废弃后多作居住、商务、教育等用地（表 7-1）。

---

① 三国租界原本是由 1854 年"上海西人大会"决议成立的工部局（Municipal Council）统一管理，但是 1862 年法国从中退出，自组了法租界公董局，剩下英美租界合称"公共租界"，仍由工部局管理。

表 7-1　上海各区近代公园建设情况

行政区	公园名称	开放时间	现状	曾用名
黄浦区	黄浦公园	1868 年 8 月	现已并入外滩绿地	外滩公园、公家花园
	复兴公园	1909 年 7 月	仍较高程度地维持原貌	顾家宅公园、法国公园
	河滨公园	1890 年	已废弃，现为商务用地	储备花园、华人公园、苏州路儿童游戏场、国际花园
	凡尔登中心公园	1917 年	已废弃，现为花园饭店	德商总会、法商总会
	上海市立公共学校园	1922 年	已废弃，现为居住和学校用地	
	苏州路儿童公园	1931 年	已废弃，现为街头绿地	河滨公园（东）
	上海市立动物园	1933 年	已废弃，现为学校用地	
	震旦博物院植物园	1933 年	已废弃，现为居住用地	
	上海市立植物园	1934 年	已废弃，现为世博会博物馆	
静安区	地丰路儿童游戏场	1917 年	已废弃，现为学校用地	
	南阳公园	1921 年	已废弃，现为商务用地	南阳路儿童公园
	新加坡公园	1931 年	已废弃，现为学校用地	
	大华路儿童游戏场	1934 年	已废弃，现为商务用地	
	胶州公园	1934 年	已废弃，现为静安区工人体育场	晋元公园
	静安寺路儿童游戏场	1936 年	已废弃，现为居住用地	
	闸北公园	1929 年 9 月	现为区域性综合公园	宋公园、教仁公园
徐汇区	衡山公园	1926 年 5 月	现为区域性综合公园	贝当公园
	龙华烈士陵园	1928 年 2 月	现由民政系统管理，但本书中仍将其视为公园	血花公园
	襄阳公园	1942 年 1 月	现为区域性综合公园	杜美公园、兰维纳公园、林森公园
	宝昌公园	1924 年	现为街头绿地	

续表

行政区	公园名称	开放时间	现状	曾用名
长宁区	中山公园	1914 年 7 月	现为全市性综合公园	极司菲尔公园、兆丰公园
虹口区	昆山公园	1898 年 7 月	现为区域性综合公园	昆山广场、虹口公园
	鲁迅公园	1906 年 6 月	现为纪念性公园	靶子场公园、虹口公园、虹口运动场、虹口娱乐场、中正花园
	霍山公园	1917 年 8 月	现为区域性综合公园	司德兰公园、舟山公园
杨浦区	通北公园	1911 年	已废弃，现为劳动广场	汇山公园
	周家嘴公园	1916 年	已废弃，现为商务用地	
	军工路纪念公园	1919 年	已废弃，现为科研用地	
	广信路儿童游戏场	1934 年	已废弃，现为工业用地	
	上海市立第一公园	1935 年	已废弃，现为居住用地	
	中山植物园	1947 年	已废弃，现为学校用地	
浦东新区	高桥公园	1927 年	已废弃，不详	
	川沙中山公园	1945 年	已废弃，现为居住用地	
	上海市立园林场风景园	1929 年	已废弃，现为学校用地	
宝山区	吴淞公园	1932 年 1 月	已废弃，现为吴淞长途汽车站	
	城西公园	1910 年	已废弃，现为宝山中心医院	
嘉定区	古猗园	1945 年	现为文物古迹公园	猗园
	中山林公园	1931 年	已废弃，现为商务用地	
金山区	朱泾第一公园	1927 年	已废弃，现为商务用地	
崇明区	庙镇公园	约 1912 年	已废弃，现为医院用地	
	堡镇中山公园	1929 年	已废弃，现为学校用地	
青浦区	曲水园	1911 年	现为文物古迹公园	

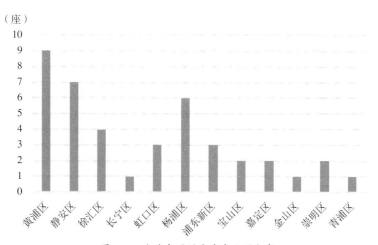

图 7-3　上海各区近代城市公园分布

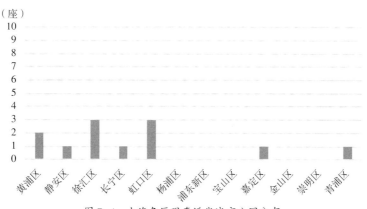

图 7-4　上海各区现存近代城市公园分布

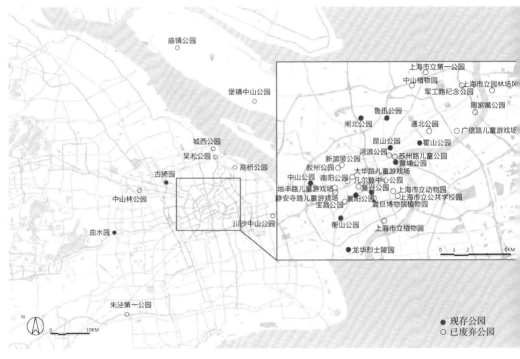

图 7-5　上海近代城市公园分布

　　另有一类园林也承担了一小部分城市公园的职能，即清末民国初期涌现的一批营业性私园，但由于其以营利为主要目的，且后来多毁于战火，故不在本书的讨论之列。

1. 公园分类

　　纵观上海近代城市公园，虽呈现出特定时期的整体特征，但同时由于建造者、设计师、建园目的、服务人群等不同，也具有异彩纷呈的景象。基于建造管理者和公园风格的差异，我们将上海近代城市公园分为：租界公园和自建公园，并根据功能细分。

　　1）租界公园

　　租界公园主要为满足殖民者西式生活的需要，园与园之间功能差异小，因而分为综合公园和儿童公园两类。前文已经介绍了租界公园的概念，包括建设和管理者、使用人群等。大部分租界公园最初只向外国人开放，后来华人的反对情绪不断高涨，一些公园才相继允许华人进入。该类公园的另一个共性是其风格受到殖民主义影响而呈现西式特征，比如复兴公园的法式花坛，中山公园的英式草坪等。这里要强调是，租界公园并不代表公园的地点都在租界范围内，为了方便使用，殖民者在租界外也不断开拓领地，建造公园。①上海现存的租界公园均为综合公园，包括：黄浦公园、复兴公园、昆山公园、鲁迅公园、霍山公园、中山公园、衡山公园和襄阳公园。

已废弃租界公园中的综合公园有：河滨公园、通北公园、周家嘴公园、凡尔登中心公园、南阳公园、宝昌公园、新加坡公园、胶州公园。

已废弃租界公园中的儿童公园有：地丰路儿童游戏场、苏州路儿童公园、广信路儿童游戏场、大华路儿童游戏场、静安寺路儿童游戏场。

2）自建公园

自建公园指的是由中国方面建造的公园，包括政府建造的和由私人花园发展而来的。根据公园的不同功能，可细分为四种类型。

（1）专类公园

专类公园指公园除了一般性的绿化、游憩功能外，还具有某一特定的专属职能，比如儿童游乐、动植物认知，以及陵园等。

该类中现存的只有龙华烈士陵园。

已废弃的有：上海市立公共学校园、上海市立园林场风景园、上海市立动物园、震旦博物院植物园、上海市立植物园、中山植物园。

（2）纪念公园

纪念公园是指为纪念某一颇具影响力的人物或事件而建造的公园，该类

---

① 1898 年，上海纳税西人大会通过了第四次修订的《上海土地章程》，其第六条规定："（工部局）得购买租界边境或界外基地以为造路或开辟公园，以及公共修养及游玩之用。"工部局以此为依据，在租界外筑路造园，当时称为"越界"事件。[34]

公园中往往建有纪念碑或者人物雕像等，以示怀念，并注文说明人物经历或事件缘由。

该类中现存的为闸北公园，其旧称为"教仁公园"，为纪念1913年民主革命斗士宋教仁在上海火车站被暗杀而建。

已废弃的有：军工路纪念公园、朱泾第一公园、川沙中山公园、中山林公园。

（3）游憩公园

游憩公园泛指公园综合性较强，具有公园绿地的一般职能，如游憩、健身、综合服务等。该类现已全部废弃：吴淞公园、城西公园、庙镇公园、高桥公园、堡镇中山公园、上海市立第一公园。

（4）古迹公园

列入该类的有古猗园和曲水园两个公园均建园年代甚早，近代才作为公园向公众开放。其中古猗园可以追溯到明万历年间（1573—1619年），曲水园也在清乾隆十年（1745年）便初具雏形。正是由于其建造年代久远，因此可以将其看作具有科学、艺术价值的历史遗存。

以上分类均按照公园在近代所具有的特征及功能进行划分。发展到如今，这些公园的功能都已经有所变化，租界公园早已向公众开放，唯一现存的纪念公园——闸北公园已发展成为一座区域性的综合公园，而当时专供洋人娱乐的虹口娱乐场由于鲁迅墓的迁入，具有了纪念公园的性质。这种变化无疑再次证明文献资料对公园保护的重要性，正是这些基础的信息揭示了自上海公园诞生起的一百多年来，整个社会发生了什么，公园经历怎样的变化，这种变化如何受到时代背景的影响又如何作用于时代发展的。

从近代不同类型公园所占比例来看（图7-6），租界公园占比超过了公园总数的一半，剩下的不足一半中，除了古迹公园占一小部分之外，其余大致由专类、纪念、游憩公园平分。因此，可以得出，近代上海城市公园以殖民者建立的租界公园为主导，中国政府和华人自建公园共同发展，功能广泛

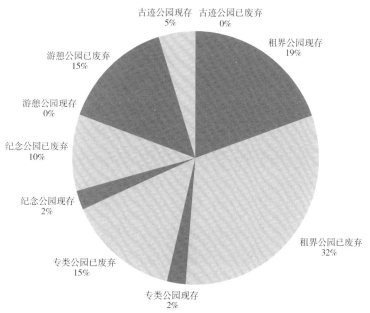

古迹公园现存 5%　古迹公园已废弃 0%

游憩公园已废弃 15%

租界公园现存 19%

游憩公园现存 0%

纪念公园已废弃 10%

纪念公园现存 2%

租界公园已废弃 32%

专类公园已废弃 15%

专类公园现存 2%

图 7-6　上海近代城市公园分类

包括纪念、游憩、动植物观赏等。通过对公园类型的分析，我们在收集相关历史信息时，可以了解一些问题，如从哪些部门的哪些资料入手，可能的保存地点和形式是什么，等等。

2. 研究现状

上海近代城市公园的基础性文献资料散见于相关志书与著作中，该类研究主要从史学角度，将近代公园列为其中的章节，从历史沿革、园景等方面进行论述。其中，最为权威的资料为程绪珂、王焘主编的《上海园林志》[31]，该书内容全面、材料翔实，展现了上海自三国时期出现寺观园林以来的园林发展、变迁和改革的历史。该书覆盖面很广，不但包括私园、寺园、公园等各类园林的情况，还有专门的篇章论述诸如绿化、园林工程、园林管理、科技教育等各方面，甚至还有两篇分别为《园林文苑》和《人物》，收集了大量与园林相关的诗词歌赋、文章锦句，以及相关人物的事迹和当时的时代背景。作为志书，其资料来源于官方且编纂周期长、规模大，从而保证了内容的可靠性。其中第二篇《公园》系统性地介绍了上海历史上所有公园的发展，并且按公园的不同性质分为了八章：全市性综合公园；区域性综合公园；文物古迹公园；纪念性公园；动物园、植物园；森林公园；风景游览区；陵园。条理清楚且便于查询，提供了较为完整的上海近代城市公园信息，主要包括公园的沿革、园景、绿化种植和服务设施，并配以公园平面图、花木名录、面积变化、设施等统计数据。然而遗憾的是，该书的内容只更新到 1995 年收稿之际，所以部分信息略显陈旧，未及更新，比如书中宝山区的吴淞公园，现实则已经废弃。因此，在引用该书信息时还需要做进一步的查证。

　　另一本重要的志书为《上海名园志》[32]，该书则直接以公园名称编目，选取上海具有代表性、知名度颇高的 46 座公园，详细叙述其规划布局、历史沿革、园景布置等，并配以大量的彩色照片，是为一本重要的资料集锦，其中收录了 9 座近代公园。然而，不足之处在于，配图均拍摄于现代，虽精美但缺乏历史价值，缺少能够体现公园规划设计的图纸和数据。

　　除了园林专类志书，《上海租界志》[33] 也对近代的上海公园稍有涉猎，第五篇《管理》的第二节就专门论述了公园管理，简要介绍了租界公园建设概况、种族歧视政策及公园开禁以及管理问题，并附有"1930—1939 年租界公园游客人次统计表"。其他章节也零星可见公园的相关记述，比如介绍租界机构时提到法租界公董局下属的园林管理部门——种植培养处。虽然该书对公园着墨甚少，但是确是研究上海近代公园时代背景必不可少的资料。

　　各类期刊和硕博士论文中对上海近代城市公园的相关研究不在少数，但是，多为单纯针对租界园林这一类别的探讨，将整个近代的上海城市公园作为研究对象的较少。就研究方向而言，主要侧重从园林史、规划设计、保护更新和社会学角度进行探究，其中关于保护更新的文章，视角多从政策、法规、机制或规划角度出发。经梳理，相关研究主要如下所述：

　　从园林史角度，王绍增于 1982 年完成的硕士论文《上海租界园林》[34]

可以说第一次系统性地研究了整个上海租界园林的体系，从园林的形成、分类、发展，到相关管理技术工作，到园林内容与功能，再到艺术风格和手法，并结合大量原始资料，真实展现了当年上海租界公园的景况，因而是为研究上海近代园林的重要文献。1984 年童寯先生的《江南园林志》[8] 出版，其中也提及上海的近代园林并附以珍贵照片，为难得的一手资料。

上海社会科学院历史研究所的熊月之先生对上海的私园开放进行了研究，发表了《张园——晚清上海一个公共空间研究》[35] 和《晚清上海私园开放与公共空间的拓展》[36] 两篇论文，分析了私园发展与当时社会的关系以及背后的政治文化因素。21 世纪后，随着近代园林的研究深入，涌现出更多研究成果，其中以同济大学周向频教授及其学生针对上海公园的变迁历史所做的大量研究比较具有系统性。周向频教授与其学生陈喆华所著的《上海公园设计史略》[37] 一书系统性地梳理了上海园林的发展史，包括对近代公园进行介绍和分析。除此之外，他们还发表了《上海近代租界公园西学东渐下的园林范本》[38] 和《上海古典私家花园的近代嬗变——以晚清经营性私家花园为例》[39]，研究了殖民文化传播对公园规划布局、造园手法和元素应用的影响。上海交通大学王云教授则着重从机制方面进行了研究，发表了《上海近代园林的现代化演进特征与机制研究（1840—1949）》[40]。另外，清华大学的张安也在搜集大量史料的基础上针对上海租界园林的变迁做了相当深入而独到的研究，《上海原租界公园变迁（1845—1943）》着眼于公园的整体变迁特征，从布局、规模、类型设施等方面综合考察，并予以总结[41]。此外，张安还从空间变迁这一具体角度详细比较了复兴、中山、鲁迅这三个殖民特征显著的公园，发表了《上海复兴公园与中山公园空间变迁的比较研究》[42]《上海鲁迅公园空间构成变迁及其特征研究》[43]。

从保护更新的角度，周向频教授同样做了大量研究，2010 年，莫非和周向频教授一起发表了《上海历史园林的再生策略》[44]，阐述了历史园林的特征和优势，从理论和实践方面提出再生策略。随后，周向频教授将谱系学引入上海公共园林研究，与郑力群和刘曦婷分别发表文章《上海近代公共园林谱系研究》[45]和《遗产保护视角下的中国近代公共园林谱系研究：方法与应用》[46]，旨在通过历史谱系的构建梳理其源流发展，明晰核心价值因素，为价值认知与遗产保护工作提供指导。另外，周向频和刘曦婷的《近现代历史园林遗产价值评价研究》[47]从遗产的角度对历史园林展开价值研究，也属于先锋性的探索之一。同济大学的张松教授在遗产保护方面所做的研究也对上海近代公园有所影响，其学生沈颖的硕士论文《上海近现代公园的保存状况及保护对策探讨》[48]从公园分布、整改情况、现状面貌、使用状况和历史文化遗存现状上评价了上海近现代公园目前的保存状况并提出了保护对策。

从公园特征研究的角度，除同济大学金云峰教授和周晓霞的《上海近现代公园的海派特征》[49]外，还有谢圣韵的《上海租界园地研究》[50]和马力的《民国上海华界市政公园研究（1911—1945）》[51]。另外还有吴育强等人的《上海近现代公园的海派特征分析及展望》[52]。中南林业科技大学的张哲则从殖民者角度研究了《西方文化对近代上海公园的影响》[53]。

7.4.2　上海复兴公园案例研究

1. 改造更新历程

我们再以上海复兴公园作为案例进行研究，依照复兴公园的改造更新力度、空间变迁特征和时代背景，可将其改造更新工作分为四个阶段，分别是1909—1916年，1917—1949年，1950—1991年，1992年至今。

1909—1916年是复兴公园初步建成的阶段。建园之初，复兴公园是一座法式古典风格的园林，此时公园主要景点有长方形沉床花坛、东南侧大草坪、音乐亭和温室苗圃。自1912年起，陆续增设了环龙纪念碑和小动物饲养设施（1963年迁移至现上海动物园）。马厩和俱乐部为原兵营设施，后被拆除。至1917年改造前，仅有龙华路（今雁荡路）、莫利爱路（今香山路）两道园门。

1917—1949 年是复兴公园基本格局形成的阶段。1917 年至 1925 年复兴公园经历了第一次较大的改造，公董局聘用如少默（Jousseaume）负责公园的大规模扩建，增设了椭圆形玫瑰花坛、方形草坪，并在公园西南部及南部加入了郁锡麒设计的中国园，包含假山、瀑布、溪流、荷花池等景观；增设吕班路（今重庆南路）辣斐德路（今复兴中路）园门、环龙路（今南昌路）园门和高乃依路（今皋兰路）园门。1926 年改造完成，形成法式与中式园林相融合的公园，为公园的主要格局。1948 年，园内举办太极拳晨校，建造游廊 12 间，成为武术教习场地，体现了复兴公园由参观游赏功能向文化娱乐功能的初步转变。

1950—1991 年复兴公园由上海市公园管理部门接管，建设集中在文娱设施方面：1950 年、1960 年拆除了环龙纪念碑、苗圃，1958—1965 年增改建了水族馆（后改为文艺馆，并在其中开设上海文化娱乐中心）、游泳池（1985 年停办）、游戏场（由动物园改建）等游憩娱乐设施。1966—1975 年公园闭园十年，1975—1988 年改建温室，增设喷泉和不锈钢雕塑，将原竹结构茶廊改建为餐饮办公综合大楼。1983 年为纪念马克思 165 周年诞辰，将北部大草坪改建为马恩雕塑广场。这一阶段，复兴公园逐渐充实了文化与休闲娱乐功能，为其日后发展为综合公园奠定了基础。[31, 42]

1992 年公园移交卢湾区（现已并入黄浦区）管理，对游乐园、游泳池进行改扩建，次年拆除；将温室展览区改造为集奇峰怪石于一室的"天园"，并进行长期展览。2000 年，在上海努力改善城市绿化环境的趋势下，同济大学项秉仁团队对重庆南路园门进行了重建。本次重建的设计理念是，以现代的形式重现数十年前园门的法式风情。首先，设计方案满足当代功能需求——从总体布局着手，大门退入人行道让出一个呈椭圆形的入口广场，提供更为充裕的聚散空间；入口广场尺寸与比例、建筑尺度及与人体尺度的关系、围栏等构建的选材、色彩等细部设计经过仔细推敲，精心施工，保证建成产品质量。其次，通过形式处理体现"历史"与"当代"的交融——一方面，以

1932年木制园门原始设计图纸为历史依据，设计了装饰风格的木制花式大门，两侧是与大门风格统一的干挂白色水晶花岗石板的售票亭建筑，以模拟"历史残片"；另一方面，以现代建筑风格的清水混凝土墙、水平向的带钢围栏等元素连接大门和售票亭，保留仍在使用的、建于1932年的地下水库的地面阀门并作为现代艺术品，精心保护广场另一端的百年古树，既明确了入口广场的边界，又强化了"历史残片"的"镶嵌"感，形成了"历史和现实的交响"。[54]

　　随着时代发展，复兴公园的问题日益突出，例如，法式园林与自然式园林边界不清晰、风格不统一、活动空间不足、规划布局不合理、设施老化严重、存在安全隐患、缺乏新景观和文化元素等。2006—2008年，在公园建园百年纪念之际，当时的卢湾区公园管理局委托加拿大公司WAA对复兴公园进行了大规模改造。针对上述问题，本次改造以"生态理念、修旧如旧、合理创新"为宗旨，修复、重建了法式风格的玫瑰园、茶室广场、沉床花坛、音乐亭，新建了中国古典园林特色的牡丹园等景点。改造完成后，公园生态效益、社会效益文化效益显著提升。[55, 56]经历了此番改造后，公园格局至今未有较大改变，完全实现了由近代公园向当代城市综合公园的转变。作为上海一座重要的近代公园，复兴公园至今仍保留着当年的空间布局与核心历史要素，是历史与文化的见证，在经历各个时期的改造更新后仍能适应当代城市发展的功能需求，在当前城市公共空间和市民公共生活中仍发挥着积极作用，是一种"活态遗产"①。

2. 公园数字再生

　　数字化技术在遗产研究中主要用于采集、记录和保存物质与非物质遗产，并对其复原和再现，并进行展示与传播，已基本运用到遗产保护的各个阶段。

---

① ICCROM（2015）指出，"活态遗产"的特点是相关社区会持续使用该遗产，以达到最初创造该遗产的目的。其保护工作的重点是遗产地原始功能的连续性，变化（change）也是连续性的重要组成部分。（引自 Wijesuriya G. Living Heritage: A summary[C].[2019-09-05]. https://www.iccrom.org/wp-content/uploads/PCA_Annexe-1.pdf）

遗产三维可视化是对遗产历史场景的虚拟复原，对缺失的不同时期的遗产形态及要素进行研究、解读与阐释，以反映遗产的历史变迁及历史价值。因而遗产三维可视化的作用不仅在于对公众的沟通与教育作用，同时也是遗产保护和信息保存过程中的工具以及对遗产景观的视觉再现，是遗产知识和信息的数字化表达与视觉推断，在遗产历史研究、价值评价及活态保护中具有重要意义。遗产三维可视化主要利用计算机图形学及建模技术，对遗产知识与遗产信息进行处理，包括信息收集与处理、三维建模及展示等。其成果可以是图像、视频、三维模型等形式，通过多媒体或网络进行展示。因此复兴公园历史时期的三维可视化具有重要的研究价值，我们尝试从遗产记录—数据处理—遗产阐释—可视化展示的过程建立复兴公园三维可视化的方法，并通过各可视化技术和可视化软件之间的对比分析来确定各个过程中需要用到的可视化技术，选取适用于复兴公园三维可视化的软件，完成了上海复兴公园的三维可视化的初步成果，主要包括以下步骤。

1）历史资料收集与整理

由于三维可视化在遗产保护领域的重要作用，可视化模型的建构需要基于对可视化对象的系统全面的分析和大量细节信息，包括考古和历史信息，以及对材料、结构、工艺等细节的分析。因此，复兴公园三维可视化首先需要对公园相关历史资料进行全面收集、系统整理以及严谨的分析，保证各数据之间的一致性，进而通过可视化构建最终进行交互式展示。可以认为，历史数据量与质的保证是三维可视化的前提。

得益于第4章介绍的"上海近代历史公园资源调查及数字管理基础数据库建设"项目，研究团队已经具有数据收集的基础。复兴公园的数据收集主要有以下来源：公园管理处、上海市档案馆的微缩胶卷、上海市图书馆的地方志、电子资源数据库的文献以及网络资源等（表7-2）。按照历史文献、照片、图档、影像资料对所有资料分类整理（表7-3）。上海市档案馆和上海市图书馆等馆藏资源中文献资料较多，图档资料多为反映公园活动的报刊内的图像，记录复兴公园变迁历史的资料并不完整，三维空间信息相对较少，仅有少量平面图纸辅以文字记录。数据库 Virtual Shanghai①以及日本上海史研究会②（Shanghai Research Group of Japan）中的上海明信片和照片集中有大量反映公园景象的照片（图7-7—图7-10），并且以1920—1949年间的数据为主，对复兴公园的三维可视化研究具有非常大的价值。

表 7-2　复兴公园数据收集来源

资料来源	保存形式	主要内容	资料示例	相关网站
上海市档案馆	文本、图片、拓片、微缩胶片	历史文献；租界公园年度报告、大事记；更新改造相关文件、图纸	英美租界工部局、法租界公董局年报、周报	上海档案信息网
上海图书馆	图书、地图、各类志书	时代背景；历史变迁；图纸	《上海园林志》《上海租借志》《上海名园志》；《虹口区志》	上海图书馆网
上海市城市建设档案馆	图书、地图、各类志书	时代背景；历史变迁；更新改造相关文件、图纸		上海市城市建设档案馆网
上海市地方志	图书、地图、区志	历史文献；时代背景；图片	《徐汇区志》	上海地方志网站
电子资源数据库	数据库	历史文献；时代背景；图片；地图	各年代底图	知网；万方；Asian Digital Library；Virtual Shanghai；日本上海史研究会

① 数据库 Virtual Shanghai 的网址为 https://www.virtualshanghai.net/
② 日本上海史研究会网址为 http://shanghai-yanjiu1.sakura.ne.jp/mysite2/

表 7-3　复兴公园资料分类整理

文件类型	资料	文献	照片	图档	音频视频
上海档案馆	民国时期档案	■	■	■	□
	日伪时期档案	■	■	■	■
	同业公会档案	□	□	□	□
	租借档案	■	■	■	■
	特藏档案	■	■	■	□
	专门档案	■	■	■	■
	声像档案	■	■	■	■
	现行文件	■	■	■	■
	中文资料	■	■	■	■
	外文资料	■	■	■	■
	改版后资料	■	■	■	□
上海市地方志	区县志	■	■	■	■
	专业志	■	■	■	■
	年鉴	■	■	■	■
	上海通志	■	■	■	■
上海图书馆	上海年华	■	■	■	■
	上图视频	■	■	■	■
	上图展览	■	■	■	■
	馆藏历史文献	■	■	■	■
电子资源数据库	Asian Digital Library	■	■	■	■
	Virtual Shanghai	■	■	■	■
	日本上海史研究会	□	■	■	■
	中国知网	■	■	■	■
	万方数据库	■	■	■	■

图 7-7　复兴公园水岸

图 7-8　复兴公园沉床园

图 7-9　1920 年代法国公园假山

图 7-10　1938 年后法国公园荷花池沿岸

2）复原历史时期选择

　　研究团队通过对历史数据的来源、类型和内容等进行梳理，考证历史数据的可靠性和准确度，筛选准确可信的历史数据，发现 1925 年是复兴公园空间格局具有重大变化的关键时间节点[①]；1926—1935 年间公园格局较为稳定，整体风貌及造园要素变化不大；1928 年复兴公园向中国人开放，该时期复兴公园的面貌对于记录和反映当时政治形势、文化理念、生活方式等方面具有重要意义。此外，最能反映公园历史场景的照片等历史图像信息多集中于 1920—1940 年，复原了 1926—1935 年的历史时期，更能反映当时复兴公

① 1917—1925 年，复兴公园经历大规模改造后加入了中国元素，形成了中法交融的园林格局。资料来源：郁锡麟 . Koukaza park. 上海市档案馆，1925.

园的整体风貌以及各造园要素。因此将此次复兴公园的三维可视化的历史时期确定为 1926—1935 年。

3）技术与软件选取

复兴公园三维可视化研究是对公园的历史阶段进行复原和建模，由于基础资料和数据十分有限，并且无法测量历史阶段的公园，所以建模技术的选择受到限制。基于图像的绘制与建模技术通常用于复原已消失的建筑、文物和公园等，但对于复杂的不规则的景观要素，其准确度仍有待提升；因为历史图像往往数量有限且清晰度不高，使得特征提取存在较大误差，进而影响可视化效果。综上原因，复兴公园历史时期的三维可视化采用几何建模的方法，通过解读历史文献手工建模。由于复兴公园现仍处于使用中，也可通过公园现状，尤其是具有历史价值的遗存，推测公园的历史形态。复兴公园三维可视化过程中需要使用计算机软件的部分主要为公园平面的复原、三维立体建模和模型渲染。

AutoCAD 和 ArcGIS 是设计和遗产保护领域最常用的二维 / 三维设计平台。相较于 ArcGIS，AutoCAD 属性管理功能虽然相对较弱，但图形功能强大，对三维建模软件（如常用的 SketchUp、Rhino、3ds Max 等）的兼容性较好，主要用于绘制平面图（表 7-4）。因此本次复兴公园的平面复原图采用 AutoCAD 进行绘制，将纸质的平面或 JPG 格式的图像等栅格图像转换成数字化的矢量格式，生成带有完整图形、编辑和注释工具组的二维文档绘制和图形。

表 7-4　AutoCAD 与 ArcGIS 的对比分析

	AutoCAD	ArcGIS
数据来源	几何图形由制图员绘制	几何图形由扫描数字化或测量方法得到
功能	图形功能强，属性库功能相对较弱	属性库功能强大，可对空间和属性数据进行管理
拓扑关系	拓扑关系较为简单	强调目标间的拓扑关系
坐标系	一般采用几何坐标系	一般采用地理坐标系
数据分析	不具备地理意义上的查询和分析能力	强调对空间数据的分析，图形属性交互使用频繁

目前常用的三维可视化建模软件有 Rhino、SketchUp、MultiGen Creator、CityEngine 和 CityMaker 等。Rhino 建模精细度高，可链接 Grasshopper 等插件，适合曲线建模，地形建模操作相对简单、易更改，在常需要特殊形体的景观建模方面有巨大优势；SketchUp 不易更改，因而不适合景观地形建模；MultiGen Creator 无法满足精细建模的需求；CityEngine 和 CityMaker 对于特殊形体需手工建模且精细度不足，适合集合规则的城市三维建模（表 7-5）。因此，复兴公园三维可视化采用 Rhino 软件进行三维建模。

表 7-5　三维可视化建模软件对比分析

	Rhino	SketchUp	MultiGen Creator	CityEngine	CityMaker
特征	支持 GIS 数据且可用于数据分析	与 Google Earth（《谷歌地球》）结合；面向设计方案	拥有 OpenFlight 数据结构，支持虚拟现实的交互式体验；LOD 多细节层次实时显示技术	支持 GIS 数据且可基于二维 GIS 数据快速创建三维场景	可以直接读取 Google Earth 数据；支持 OpenGL
数据格式	Obj、DXF、IGES、STL、3ds 等	dae、skp、kmz 等	dxf、3ds、flt 等	Obj、DXF、3ds、Vue、Rib 等	DAE、OSG、MDB
曲面	NURBS	Mesh	Mesh	形状语法	Mesh
建模方式	手工建模	手工建模	手工建模	过程式建模（基于形状语法）	手工建模
建模精细度	高	较高	相对较低	相对较低	相对较低
适用性	适用于尺度不大的建筑等几何对象，以及曲面等不规则对象	适用于尺度不大的建筑等几何对象，不适用于大范围的建模	适用于各种尺度的虚拟场景实时漫游	适用于城市尺度的规则几何对象	适用于城市尺度的规则几何对象

目前常用的渲染软件有 Lumion、Vray、Artlantis 和 Keyshot 等。Lumion
具有简单的材质编辑功能，可以自定义材质贴图通过纹理映射（Texture
mapping）反映到三维模型当中，对环境的表现效果优秀，其自带的天空和云、
水与植物材质效果动态真实。视频渲染中可以实现声音的模拟，人、动物以
及车行轨迹等动态呈现，且具有 LOD（Level of Details）多细节层次模型实时
显示技术，能够根据物体离视点的远近和投影区域大小等因素来决定细节层
次，符合观者的视觉体验，而非绝对的图像精确度。在渲染结果的展示上，
360 全景图的输出能结合三星 Gear VR 设备和 Oculus Rift 头戴显示器进行虚
拟现实的呈现。Vray 和 Artlantis 渲染时间长，且都常用于静态效果图的呈现，
对环境以及植物的动态模拟较弱。Keyshot 具有强大且丰富的材质库及其特
有的编程式材质编辑方式，但是在光影的表现上较为单一，对环境的渲染效
果不佳（表 7-6）。综合来看，作为一个复杂动态的景观系统，复兴公园的
植物、水以及环境的动态呈现对于整体的可视化效果具有决定性的作用，因
而选择 Lumion 软件进行渲染。

表 7-6　渲染软件对比分析

	Lumion	Vray	Artlantis	Keyshot
引擎	UDK	CPU	CPU 与 GPU	CPU
材质表现	较好，可调节参数较少	很好，可调节参数	好，可调节参数（比 Vray 简单但比 Lumion 丰富）	很好，可调节参数（比 Vray 丰富）
环境表现	很好，对于水和植物的表现效果佳，视频渲染能表现声音	很好，可调节参数	好，可调节参数	差，光影表现较弱
渲染速度	快	慢	较快	慢
渲染精度	好，可调节	好，可调节	好，可调节	好，可调节

4）公园平面复原

复兴公园 1926—1935 年的平面复原的主要依据为上海市档案馆的 20 世

纪 20 年代的公园平面图（图 7-11），同时根据所收集的图像资料进行核对。
先是通过平面和历史照片的考证，确定基本的平面布局框架，并运用 Auto-
CAD 进行平面图绘制，得到初步的复原平面。此后在三维建模过程中，仍需
要根据各视角对应的历史照片对平面进行调整，平面和三维空间的复原应是
不断相互参照修改并达成一致的过程。因而最终的复原平面是在三维建模后
不断调整并进行渲染的成果（图 7-12）。

　　由复原平面可以看出，如今的复兴公园保留了大部分复原时期的平面
布局，包括公园西北角的椭圆形花坛，公园东北角的长方形花坛和其南部位
于同一轴线上的沉床园和大草坪，以及公园西南部的假山区等，但其具体的
空间形态和细节方面存在较大的不同。复原时期公园共有 5 道园门，分别
为 1909 年华龙路（今雁荡路）园门、1914 年莫利爱路（今香山路）园门、
1918 年吕班路（今重庆南路）辣斐德路（今复兴中路）园门、环龙路（今南
昌路）园门以及 1925 年高乃依路（今皋兰路）园门。公园西北部为椭圆形花坛，
是典型的法式园林的做法，由修剪的灌木篱形成几何形态。中西部当年为苗

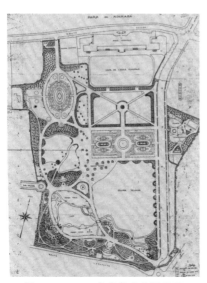

图 7-11　1920 年代复兴公园平面　　　　图 7-12　1926—1935 年复兴公园复原平面

圃，设有若干大棚和廊架，供应公园用的各种花卉苗木。苗圃于 1960 年撤销，此处如今为儿童游乐场。西南部为面积约 2 100 m² 的水池，驳岸多为自然式的草坡，局部种植荷花，设置座椅。水池延续至公园东部，形成蜿蜒的小溪，驳岸局部置石，分布有水生植物和荷花等。公园西南角为假山区，其间有瀑布和一座八角亭。公园东北部为长方形花坛，两条轴线相交至中心的圆，具有强烈的几何形态。1918 年华龙路（今雁荡路）以东部分用地划入复兴公园范围，其北为小花园，其南作为小动物园，具有小溪、廊架、三角亭等设施和小鹿饮水的景观。公园中东部为沉床园，东西南北均对称，据说中央环形台地当年为环龙墓所在之处。公园中央，即大草坪西北角种植一处梧桐林，与环绕大草坪以及公园各处的梧桐形成复兴公园的特色树种①。沿大草坪分布有音乐亭和几座简便的避雨棚。

5）三维立体建模

复原平面 CAD 初步完成就同时开始复兴公园的三维立体建模。复原平面的初步 CAD 完成后，将文件以 .dwg 格式导入 Rhino 软件建模。在完成初步的空间格局复原的基础上，通过调整特定的透视视角来匹配历史图像的透视角度，进而能够根据对应的历史图像的内容和场景要素来调整公园的平面并建立各个角度的三维模型。因此在三维建模过程中，对有历史图像可参照的内容（表 7-7）进行较为准确的建模，作为模型中有历史数据可考证的部分，便于最终与无历史图像可参照的内容在表现上进行区分。对于缺乏历史资料的部分，建模中主要考虑几种方式作为推断：参照同一历史时期普遍使用的设计方案，参照同一设计师的相关作品，参照现存能反映历史原貌的公园遗存。在最终成果呈现上，将推断和假设的部分（即缺乏历史资料的内容）与

---

① 据统计，上海复兴公园最多的树种是悬铃木，园中现存 1 700 多株树龄 50 年以上的法国梧桐树，名列全市之冠（数据引自上海市地方志办公室《复兴公园》）。20 世纪末，法国梧桐是上海最多的行道树之一，《青年周报》《上海生活》等刊物里，与复兴公园相关的历史新闻、文学作品中，频繁提及"（法国）梧桐"这一意象，说明梧桐是复兴公园历史上的特色树种，梧桐林景点为使用者带来了场所感和归属感，是值得进行三维可视化复原与展示的历史景点。

表 7-7　有历史图像考证的内容 / 园林要素

序号	内容	园林要素	对应的历史图像
1	公园莫利爱路园门	公园围栏、护卫亭、背景树木和苗圃的葡萄藤、中心花坛	41-20 世纪 30 年代法国公园莫里爱路园门 _ 日本上海史研究会
2	公园东南角茅草亭	茅草亭、驳岸置石、草坡驳岸、水生植物、路面材质、树木	27-View of Koukaza Park (2)-ID24780
3	环龙纪念碑	小溪、草坡驳岸、环龙纪念碑、小桥、树木	8-20 世纪 30 年代时的"法国公园"
4	假山	假山、瀑布、水池、路面材质、树木、背景建筑	40-20 世纪 20 年代法国公园假山 _ 日本上海史研究会
5	沉床园	下沉台阶、花坛图案、花钵、树木	11-1909 复兴公园沉床花园、17- 复兴公园旧景沉床花园、19-1920 年顾家宅公园法式花坛及草坪、22-Koukaza Park (Gujiazhai)-24771
6	椭圆形花坛	花坛图案、路面材质、树木	9-1926 年椭圆形花坛 _ 上海市档案馆、10- 玫瑰园 – 上海档案信息网
7	梧桐林	树木位置、路面材质、座椅位置及材质	23-Koukaza Park (Gujiazhai)-ID15237、26-Ornamental lake in Koukaza Park-ID648
8	动物园	小溪、廊架、小鹿、土坡、围栏、树木	21-Does in Koukaza Park-ID24774
9	荷花池	道路形态、驳岸形式、树木	12-1920 刚扩建 2、13-1920 刚扩建 3
10	小溪	驳岸形式、草坡地形、水生植物、树木	20-Couple in Koukaza Park-ID24772、8-20 世纪 30 年代时的"法国公园"
11	大草坪	草坡地形、树木、阅兵和游园活动	25-Koukaza Park-ID24781、47-Review of the French army in French Park on National Holiday-ID1938、48- 法国国庆日顾家宅公园游园活动 – 上海档案信息网
12	林荫小道	道路形态、座椅、树木	24-Koukaza Park-ID 647、18-1914 年顾家宅公园内景

有历史资料作为考证的部分，通过文字、图片补充说明的方式进行区分。对于无法找到参照的公园要素（如大部分园内建筑，通过历史文献和图像的解读无法明确建筑的性质），建模时只建立元素的体块，表明需要后续收集相关历史数据进行补充。未来将会通过在虚拟现实（Virtual reality）场景中增加图片、文字标注和旁白说明的方法进一步区分无准确历史资料参照的部分。建模过程中应提供更多的设计细节，提升三维可视化的用户真实感体验，例如对于公园内大量的草坪，建模时依据历史图像进行微地形的建构与调整。

6）材质呈现与模型渲染

三维模型完成后通过纹理映射实现可视化的材质呈现。通过历史研究已知：公园的路面材质基本为砂石铺地，无大量硬质铺装，廊架基本为原木材质，座椅主要有两类，一类为原木材质的长形板凳，另一类为法式风格的具有金属框架和细木铺面的座椅。对于建筑等材质不明确的部分，则不赋予材质。由于材质贴图的真实感与渲染直接相关，因而在 Lumion8.0 专业版渲染软件中完成材质的呈现。渲染视角的确定主要参照历史图像的角度，以便进行可视化成果与历史图像的对比；同时还需考虑尽可能多地包含公园主要的场景要素，如沉床园、椭圆形花坛、大草坪等，便于更全面地展示公园历史风貌。此后可进行渲染参数的调整。最终选择 2560×1440(1440p) 分辨率渲染和导出视频。

7）可视化成果的展示与评价

对渲染的视频进行后期剪辑，加入场景的介绍以及配音和配乐等，发布于视频网站，并最终将复兴公园三维可视化的成果通过微信公众号的形式进行发布①，充分发挥社交媒体不受时空限制的优势，广泛调动公众和专家参

---

① 基于目标群体专家和公众对三维可视化专业知识的了解程度，三维可视化成果的展示可分为基础数据和可视化过程、结果。基础数据展示指复兴公园的历史图像等基础数据及数据来源的展示，专业度较高，目标群体为专家；可视化过程、结果展示用视频的方式呈现了复兴公园 1926—1935 年场景三维可视化的成果，并分别说明了复兴公园概况、历史资料现状、三维可视化方法与技术、三维可视化软件的选取、三维可视化建构详细过程、可视化评价问卷及反馈方式等，展示方式简明易懂，目标群体为公众和专家。复兴公园 1926—1935 年场景复原视频网址：http://v.qq.com/x/page/s0610tq6bpe.html

图 7-13　复兴公园历史图像（左）与三维可视化场景截图（右）的对比

与观看与评价。此后，基于视觉论证理论，从要素、准则、因子的层面建立城市历史公园三维可视化评价体系，在微信公众号平台上发布问卷，从数据收集、方法与技术阐释、结果展示、后评价四个阶段开展复兴公园三维可视化评价（图 7-13）。专家完整参与上述四个阶段的评价，公众仅参与结果展示和后评价阶段的评价。

　　虽然上海复兴公园是现存较为完好的一座近代公园，但是本次尝试通过历史研究和数字技术再现了上海复兴公园历史时期的空间形态。成果发布后，引起了专家和公众的兴趣。同时，研究通过评价体系的构建和公众、专家的参与评价，对历史公园的计算机三维可视化方法及评价进行了有益的探索。后续研究将利用增强现实技术等手段，实现上海历史公园的在线复原，支持公众的参与、互动，推动城市历史园林的数字保护与再生。

本章参考文献

[1] 中国大百科全书编委会 . 中国大百科全书：建筑园林城市规划 [M]. 2 版 . 北京：中国大百科全书出版社 , 1988: 233.

[2] 中华人民共和国住房和城乡建设部 . CJJ/T85-2017- 城市绿地分类标准 [S]. 北京：中国建筑工业出版社 , 2017.

[3] 上海市人民政府发展研究中心 . 上海市城市总体规划（1999—2020）实施评估报告 [R/OL].(2015-05)[2019-08-09]. http://www.fzzx.sh.gov.cn/LT/KDUCO7876.html.

[4] 上海市规划和国土资源管理局 . 上海市 15 分钟社区生活圈规划导则 [R/OL]. (2016-08)[2019-08-09]. https://max.book118.com/html/2017/0314/95426807.shtm

[5] 李婧 , 张晓婉 . 城市修补理论在上海老公园改造中的应用 [J]. 中国园林 , 2019, 35(6): 67-71.

[6] 中华人民共和国住房和城乡建设部 . 住房城乡建设部关于加强生态修复城市修补工作的指导意见 [R/OL]. (2017-03-06)[2019-08-09]. http://www.mohurd.gov.cn/wjfb/201703/t20170309_230930.html.

[7] ICOMOS. The Florence Charter[M/OL]. (1982-12-15) [2019-08-10]. http://www.getty.edu/conservation/publications_resources /charters.

[8] 童寯 . 江南园林志 [M]. 北京：中国建工出版社 , 1963.

[9] ICOMOS. The NARA document on authenticity[Z]. Nara: ICOMOS, 1994.

[10] 冯纪忠 . 人与自然——从比较园林史看建筑发展趋势 [J]. 中国园林 , 2010, 26(11): 25-30.

[11] 计成 . 园冶注释 [M]. 修订本 . 北京：中国建筑工业出版社 , 1988.

[12] 蔡晴 , 姚糖 . 景观遗产的风貌维护与风格修复 [J]. Journal of Landscape Research, 2009, 1(7): 35-39.

[13] 陆地 . 风格性修复理论的真实与虚幻 [J]. 建筑学报 , 2012(6): 18-22.

[14] 吴祥艳 . 法国历史园林保护理念和实践浅析 [J]. 中国园林 , 2003(7): 48-52.

[15] 中国人民政治协商会议辽宁省委员会 . 记忆盛京 [EB/OL]. (2014-12-12).[2019-10-06]. www.lnzx.gov.cn/lnszx/Newspapers/wenshitiandi/2014-12-12/Article_42224.shtml

[16] 法国华夏建筑研究学会编 . 法中历史园林的保护及利用 [M]. 北京：中国林业出版社 , 2002.

[17] 杨忆妍 , 李雄 . 英国伯肯海德公园 [J]. 风景园林 , 2013(3): 115-120.

[18] Wirral Council. Birkenhead park appraisal[R]. Chester: Donald Insall Associates Ltd., 2009: 1-32. https://www.wirral.gov.uk/sites/default/files/all/planning%20and%20building/built%20conservation/birkenhead%20park/Birkenhead%20Park%20Appraisal.pdf.

[19] Wirral Council. Birkenhead park conservation area appraisal and management plan[R]. Chester:

Donald Insall Associates Ltd., 2009: 14, 20–21. https://www.wirral.gov.uk/sites/default/files/all/planning%20and%20building/built%20conservation/birkenhead%20park/Birkenhead%20Park%20Management%20Plan.pdf.

[20] 周向频, 王庆. 近代公园遗产保护与更新改造策略——以英国伯肯海德公园和美国晨曦公园为借鉴 [J]. 城市观察, 2017(2): 150–164.

[21] Wirral Council. Birkenhead park management Plan 2018—2022[R]. Chester: Donald Insall Associates Ltd., 2017:1–114. https://www.wirral.gov.uk/sites/default/files/all/Leisure%20parks%20and%20events/parks%20and%20open%20spaces/Birkenhead%20Park%20Management%20Plan%202018%20–%202022.pdf.

[22] Prospect Park Alliance. Prospect park 150: the creation of prospect park[EB/OL]. (2017–01–18). [2019–10–06]. https://www.prospectpark.org/news–events/news/creation–prospect–park/.

[23] 郭黛姮. 历史园林的保护理念与圆明园的保护实践 [J]. 建筑史, 2003(1): 177–188, 251.

[24] 檀馨, 李战修. 圆明园九州景区山形、水系、植物景观的研究及恢复 [J]. 中国园林, 2009, 25(1): 61–66.

[25] 阙维民. 圆明园遗址的遗产价值与申遗构想 [J]. 北京大学学报（哲学社会科学版）, 2011, 48(3): 121–127.

[26] 郑致明. 苏州古典园林的历史、价值和保护对策 [C]// 中国民族建筑研究会. 2007 中国民族和地域特色建筑及规划成果博览、2007 民族和地域建筑文化可持续发展论坛论文集. 中国民族建筑研究会: 中国民族建筑研究会, 2007: 122–125.

[27] 程洪福. 浅论苏州古典园林的修复与保护——以耦园古建筑保养及环境整治为例 [C]// 中国公园协会 2009 年论文集. 中国公园协会, 2009: 93–97.

[28] 王劲韬. 苏州私家园林保护刍议 [C]// 住房和城乡建设部、国际风景园林师联合会. 和谐共荣——传统的继承与可持续发展：中国风景园林学会 2010 年会论文集（上册）. 住房和城乡建设部、国际风景园林师联合会: 中国风景园林学会, 2010: 6.

[29] 雍振华. 世界文化遗产（苏州古典园林）监控体系建构研究 [C]// 中国文物保护技术协会. 中国文物保护技术协会第七次学术年会论文集. 中国文物保护技术协会: 中国文物保护技术协会, 2012:347–352.

[30] 周向频. 20 世纪遗产视角下的中国近现代城市公园保护与发展 [J]. 中国园林, 2013, 29(12): 67–70.

[31] 程绪珂, 王泰. 上海园林志 [M]. 上海: 上海社会科学院出版社, 2000.

[32] 朱敏彦, 王孝泓. 上海名园志 [M]. 上海: 上海画报出版社, 2007.

[33] 史梅定. 上海租界志 [M]. 上海: 上海社会科学院出版社, 2001.

[34] 王绍增. 上海租界园林 [D]. 北京: 北京林业大学, 1982.

[35] 熊月之. 张园晚清上海一个公共空间研究 [J]. 档案与史学, 1996(6): 31–42.

[36] 熊月之. 晚清上海私园开放与公共空间的拓展 [J]. 学术月刊, 1998(8): 73–81.

[37] 周向频, 陈哲华. 上海公园设计史略 [M]. 上海: 同济大学出版社, 2009.

[38] 周向频, 陈喆华. 上海近代租界公园西学东渐下的园林范本 [J]. 城市规划学刊, 2007(4): 113–118.

[39] 周向频, 陈喆华. 上海古典私家花园的近代嬗变——以晚清经营性私家花园为例 [J]. 城市规划学刊, 2007(2): 87–92.

[40] 王云. 上海近代园林的现代化演进特征与机制研究（1840—1949）[J]. 风景园林, 2010(01): 81–85.

[41] 张安. 上海原租界公园变迁（1845—1943 年）[C]// 中国风景园林学会. 中国风景园林学会 2013 年会论文集（上册）. 中国风景园林学会: 中国风景园林学会, 2013: 201–205.

[42] 张安. 上海复兴公园与中山公园空间变迁的比较研究 [J]. 中国园林, 2013, 29(5): 70–75.

[43] 张安. 上海鲁迅公园空间构成变迁及其特征研究 [J]. 中国园林, 2012, 28(11): 96–100.

[44] 莫非. 上海历史园林的再生策略 [C]// 住房和城乡建设部、国际风景园林师联合会. 和谐共荣——传统的继承与可持续发展：中国风景园林学会 2010 年会论文集（上册）. 住房和城乡建设部、国际风景园林师联合会: 中国风景园林学会, 2010: 3.

[45] 郑力群, 周向频. 上海近代公共园林谱系研究 [J]. 城市建筑, 2014(4): 195.

[46] 周向频, 刘曦婷. 遗产保护视角下的中国近代公共园林谱系研究：方法与应用 [J]. 风景园林, 2014(4): 60–65.

[47] 刘曦婷, 周向频. 近现代历史园林遗产价值评价研究 [J]. 城市规划学刊, 2014(4): 104–110.

[48] 沈颖. 上海近现代公园的保存状况及保护对策探讨 [D]. 上海: 同济大学, 2008.

[49] 金云峰, 周晓霞. 上海近现代公园的海派特征 [J]. 园林, 2007(11): 34–36.

[50] 谢圣韵. 上海租界园地研究 [D]. 上海: 上海交通大学, 2008.

[51] 马力. 民国上海华界市政公园研究（1911—1945）[D]. 上海: 上海交通大学, 2009.

[52] 吴育强, 范武平, 范武波, 等. 上海近现代公园的海派特征分析及展望 [J]. 生态经济, 2012(10): 192–195.

[53] 张哲. 西方文化对近代上海公园的影响 [D]. 长沙: 中南林业科技大学, 2006.

[54] 项秉仁. 注重城市"小"设计——兼谈上海复兴公园园门重建 [J]. 建筑学报, 2001(1): 54–55.

[55] WAA. Fuxing Park Rehabilitation[EB/OL]. (2008)[2019–08–15]. http://www.waa-ap.com/?portfolio=fuxing–park–rehabilitation

[56] 顾芳, 曹宏伟, 朱铭莺. 用人文和谐的理念重放老公园的光彩 [J]. 中国园林, 2009, 25(9): 65–68.

第 8 章
城市工业遗产的景观再生

8.1 城市更新与工业遗产

8.1.1 工业遗产保护的景观视角

"工业遗产保护"最早由英国伯明翰大学迈克尔·里克斯 (Michael Rix) 于 1955 年提出。目前，关于工业遗产的定义有很多，但在国际上比较通用的为国际工业遗产保护协会（The International Committee for the Conservation of the Industrial Heritage, TICCIH）在 2003 年 7 月通过的《塔吉尔宪章》（*The Nizhny Tagil Charter for the Industrial Heritage*）中的定义，其将"工业遗产"定义为：工业遗产是具有历史价值、技术价值、社会意义、建筑或科研价值的工业文化遗存。包括建筑物和机械、车间、磨坊、工厂、矿山以及相关的加工提炼场地、仓库和店铺、生产、传输和使用能源的场所、交通基础设施，除此之外，还有与工业生产相关的其他社会活动场所，如住房供给、宗教崇拜或者教育。[1] 随着对工业遗产研究和实践的深入，概念的内涵和外延也在不断加深和拓展。例如，"工业遗产地"就是与之相关的概念，指曾用于而现已停止各类工业生产、运输、仓储、污染处理等活动的用地，包括工业建筑、工业设备与设施以及其他相关遗迹、遗物[2]。说明工业遗产的保护需要整体的视角和理论框架，如本书一直强调的，景观遗产正是一个整体的遗产保护理论框架，对工业遗产而言同样适用。因此，不乏学者从景观的视角研究工业遗产。

有学者提出"工业遗产地景观"的概念，将其定义为：在工业单体建筑物（构筑物）之上、城市范畴以下的物质性工业遗存集中分布，具有一定的时空完整性，体现经济、生态、文化等多功能价值的工业地域综合体[3]。他们认为对工业遗产地景观可以从以下几个方面来理解：首先，工业遗产地景观由多种工业遗产要素构成，是一种中宏观的异质性区域；其次，工业遗产地景观以空间上的工业遗存为核心，同时具有丰富的形态特征和多种功用价值；再次，工业遗产地景观是历史上的工业生产地域或人类创造遗存，也是现代人类生活的环境，受人类活动的强烈干扰；最后，工业遗产地景观是一种空间存在，同时具有时间的完整性和统一的历史发展演化过程[3]。不难发现，学者们在工业遗产的研究实践中同样存在这样的共识：不能将工业遗产的范围局限于工业建筑和遗存，它是一个地理学意义上的空间概念，应将以往忽略的自然环境要素囊括在内，如土地、土壤、植物、水体等；应从空间的物质层面拓展到非物质层面，特别是人的活动、记忆和痕迹等；应从空间维度延伸到时间维度，历史层积和发展演变同样是工业遗产不能忽视的内容。

关于工业遗产的研究已经有很多，在此基础之上，更应该关注的问题是：从景观的视角，我国城市工业遗产在城市更新的背景下应如何保护与再利用，或者如何实现再生？这是本章要讨论的主要内容。紧接着，在工业遗产的景观再生过程中，关键而又容易忽视的是其社会效益的实现，这部分内容将在第9章重点论述。

8.1.2　工业用地再利用

自 1978 年改革开放以来，我国城市建设快速发展，城市规模急剧扩大，环境资源问题日益突出。随着我国经济增长进入"新常态"，东部沿海经济发达地区的城市由快速扩张阶段进入调整转型阶段，城市发展的重心逐渐从"增量扩张"向"存量优化"倾斜，城市更新正成为城市发展的主要方式。

2014 年 1 月，国土资源部部长、国家土地总督察姜大明在全国国土资源工作会议上提出，中央要求东部三大城市群发展要以盘活土地存量为主，今后将逐步调减东部地区新增建设用地供应，除生活用地外，原则上不再安排人口 500 万以上的特大城市新增建设用地。上海 2014 年提出节约集约用地系列政策，在第六次规划土地工作会议上提出了上海市新一轮总体规划进行"总量锁定、增量递减、存量优化、流量增效、质量提高"的"五量调控"策略，因此上海在新一轮总体规划中提出用地"零增长"或"负增长"的原则，存量用地再开发将成为新一轮城市建设的重要命题。在《上海市 2035 总体规划》中明确提出"底线约束、内涵发展、弹性适应"的城市发展模式以及"城市更新、存量优化"和"空间留白"等具体策略。2018 年 11 月 16 日市政府正式印发了《关于本市全面推进土地资源高质量利用的若干意见》，指出坚持"以强度换空间，以空间促品质"，提高开发强度后腾挪出的土地用于增加公共空间、绿化、服务设施等。这一系列的措施说明上海正积极响应国家的政策，应对社会经济形势的变化，盘活和高效使用现有用地。

在这一背景下，工业遗产不仅是历史保护对象，同时也是土地资源。随着我国经济增长模式的转型，城市产业结构也将面临普遍性的调整，"退二进三"成为大多数城市经济产业调整的策略。因此，释放出的工业用地如何高效、合理的利用是关键性的问题，工业遗产的保护与利用必须与这个大背景相协调。上海自 1843 年开埠后，随着外国资本迅速流入，逐步成为全国乃至远东地区重要的工业基地。至 20 世纪 80 年代，上海成为一座综合生产型城市，中心城区工业与居住混合；从 20 世纪 80 年代中期开始，上海加快城市改造和工业转型速度，传统工业衰落，工业生产主体向周边扩散，重大工业项目向新开发区和市级工业区集中，市中心工业的比重从 1985 年的 71.6% 下降到 1997 年的 28.2%[4]；从 20 世纪 90 年代开始，上海市实行"退二进三"产业结构调整，对城市工业用地进行进一步更新与调整。"存量规划"提出之后，减少低效工业用地，通过转变产业业态，提升现有工业用地的产出水平，更是上海市城市结构发展和转型的重要趋势。

8.1.3　丰富城市公共开放空间

城市公共开放空间是提升城市空间品质，增强城市魅力和吸引力，增加城市软实力的重要载体；同时也是人们户外活动和休憩的重要场地，其中城市公共绿地是城市公共开放空间最重要的类型之一。可以说，城市公共开放空间不仅是城市的形象、吸引人才和投资的环境要素，而且与城市居民的生活水平、质量和幸福感息息相关。

上海市是国内公园建设发展较早的城市，截至 2017 年，上海市公园绿地面积达 19 805 公顷。然而，城市建设用地范围有限，加上城市建设步伐加快，从上海市公园绿地近十几年的发展情况来看，公园绿地的增长已形成了典型的逻辑斯谛曲线模型（Logistic curve），即绿地空间的增长正在逐步放缓，接近饱和（图 8-1）。

尤其在老城区，绿化面积远远不够，绿地数量指标不能达标。此外，在片面追求绿化率的同时，有些绿地没有充分考虑市民的使用需求空间，不能满足市民的"游憩"需求[5]。由于城市用地紧张，大面积新增公共绿地难度较大，因此，城市产业结构调整释放出工业遗产地成为调整城市公共开放空间结构的重要契机。从 20 世纪 90 年代开始，上海市工业遗产的保护与利用模式发生了转变。从一开始的工业建筑、构筑物的文物保护工作和工业建筑

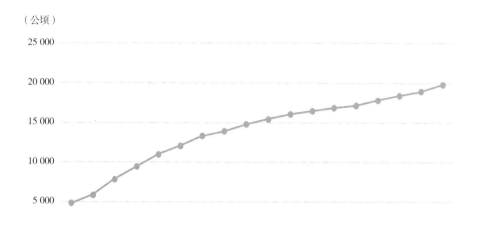

（年份） 2000 2001 2002 2003 2004 2005 2006 2007 2008 2009 2010 2011 2012 2013 2014 2015 2016 2017
图 8-1　上海市园林绿地增长趋势

的功能置换与改造利用，发展到将工业遗产进行整体保护与再利用，形成了创意产业园区、城市公共绿地、工业遗址公园等一系列工业遗产地景观，逐步将为城市居民提供公共活动空间作为目标之一，例如以政府主导的工业遗产保护与利用的项目。然而，部分工业用地转型后形成的城市空间使用率低，公共活力不足，未能达到预期目标及有效发挥其社会价值和带动周边地区的发展。如何从景观再生的视角，实现工业遗产的保护与利用的融合与协调发展？这将是我国经济发展背景下工业遗产保护的关键问题。

8.2　工业遗产与景观再生

8.2.1　工业遗产保护的景观实践

工业遗产的保护源起于 20 世纪 50 年代，阙维民在《国际工业遗产的保护与管理》一文中将国际工业遗产保护、管理和研究分为肇始阶段（20 世纪 50 年代）、初创阶段（20 世纪 60—70 年代）、世界遗产化阶段（1993—

2005 年）、主题化阶段（始自 2006 年）四个阶段 [6]。国际社会对于工业遗产的研究已日臻成熟。联合国教科文组织—国际古迹遗址理事会档案中心（ICOMOS Documentation Centre）于 2006 年 2 月编纂完成《工业遗产文献索引》（Industrial Heritage Bibliography），共收录西方各国语种文章 1619 篇，这些文章集中发表于 1970—2005 年间，1970 年以前发表的文章仅 8 篇。[7] 我国工业遗产保护的研究起步较晚，2006 年首届中国工业遗产保护论坛在无锡召开，会议形成了中国工业遗产保护首部具有宪章性的文件——《无锡建议》。

近年来，工业遗产概念的内涵在不断拓展，其中"工业景观"的提出引起了人们的关注，一些国家已经开始广泛实施工业景观调查和保护计划。TICCIH 主席 L. 伯格恩（L. Bergeron）教授指出："工业遗产不仅由生产场所构成，而且包括工人的住宅、使用的交通系统及其社会生活遗产等。但即便各个因素都具有价值，它们的真正价值也只能凸显于它们被置于一个整体景观的框架中；在此基础上，我们研究其中各因素之间的联系，整体景观的概念对于理解工业遗产至关重要。" [8] 实际上，工业遗产与景观规划设计实践密不可分。

20 世纪 60 年代，伴随着工业革命遗留下来的环境问题和景观生态学的兴起，工业遗产地景观设计逐步开始。西雅图煤气厂改造成为运用生态技术保留工业景观的公园设计的典范 [9]。20 世纪 70 年代大地艺术家参与到工业废弃地的更新美化实践中。大地艺术家史密森（Robert Smithson）提出艺术可以成为调和生态学家和工业学家的一种资源。20 世纪八九十年代，生态思想与生态技术的进一步发展以及欧洲城市复兴运动与内城更新促进了大量工业遗产地景观再利用的实践。

对于工业遗产地的景观设计，国外无论是理论上还是实践中都取得了丰硕的成果，在对郊野矿区的生态恢复和城市工业地段的景观更新实践的同时，注重工业遗产地的保护与再利用，逐渐形成了一种特定对象的景观设计门类和一套相对完整的景观设计理论体系。景观生态学家那维提出以整体人文生态系统设计的手段应用到后工业景观设计[10]。切尔韦里（Francisco Asensio Cerver）在其《环境恢复》（*Environmental Restoration*）一书中系统介绍了世界各地特别是欧洲的景观设计师在生态环境恢复和废弃地景观更新方面的案例[11]。贝尔纳·拉叙斯（Bernard Lassus）在《景观设计方法》（*The Landscape Approach*）一书中提出了在工业遗产景观设计中根据人们对工业景观的感知方式衍生出来的两种尺度设计"视觉尺度"和"触觉尺度"[12]。彼得·拉茨（Peter Latz）论述了如何将废弃的景观，如工业设施、铁路、污水管等转变成公共空间——花园和公园，这种质变手法引发了新的美学和历史观[13]。国外学者系统整理了工业遗产景观设计实践，如乌多·维拉赫（Udo Weilacher）的《风景园林和大地艺术之间的区别》（*Between Landscape Architecture and Land Art*）阐明了大地艺术和景观建筑在废弃工业环境下的理论与实践的发展和相互关系，并对彼得·拉茨的设计思想做了深入的阐述[14]。罗伯特·霍尔登（R. Holden）在《国际景观建筑》（*International Landscape Design*）一书中回顾了 20 世纪 90 年代全球环境空间设计发展的进程，介绍了 90 年代建成或正在进行的景观设计实例[15]。在国外工业遗产地景观设计实践和研究历程中，德国对工业遗产和工业文化的保护与再利用、废弃工业设施的循环利用以及生态技术的开发与利用，促成了工业遗产地景观设计融合多学科、多专业的技术和理念，将工业遗产地景观设计实践提升到一个前所未有的高度。

国内学者在 2000 年左右开始介绍国外工业遗产的保护与设计理论和实践，特别是德国经典的案例，如杜伊斯堡风景公园、萨尔布吕肯市港口岛公园、埃姆舍公园、北戈尔帕地区露天煤矿废弃地景观重建项目[16-20]。除了对德国工业景观设计实践的总结之外，还有对欧美其他国家相关案例实践的介绍，如西雅图煤气厂公园[21]、纽约市清泉公园设计竞赛的获奖方案"生命景观"[22]等。几乎同时，国内景观规划设计师借鉴国外的经验，开始了自己的工业遗产地景观设计实践。早期时俞孔坚设计的广东中山市岐江公园甚至引发了争议，但是很快，工业遗产的景观保护、修复和再生成为广泛接受的设计实践类型和研究热点。近来，这一领域中国设计师的作品在国际上崭露头角，朱育帆设计的辰山植物园矿坑花园在国际上斩获不少设计奖项。北京首钢工业遗址公园面积约 70 公顷，是国内目前保存最完整、面积最大的钢铁工业生产厂区，2018 年入选了第一批"中国工业遗产保护名录"[23]。

8.2.2 工业遗产景观再生模式

对工业遗产的关注激发了研究者的热情，如今对工业遗产的研究成果从开始的偏重建筑工业遗产保护和案例的解读与介绍，深入到对工业遗产的整体思考，包括社会、经济、环境综合更新的策略和思考、保护与再利用的内容与模式、管理运作模式、资金供给模式等各方面内容。对工业遗产地景观保护与利用机制虽有所探讨，但并未形成系统的研究。如李建斌、王重亮在介绍国内外研究背景和成果的基础上，重点对德国工业景观的建设进行研究与分析，解读其中蕴含的一些基本建设模式[24]。我们对上海宝山节能环保园核心区景观设计，即宝山后工业生态景观公园进行评价分析，在探讨后工业景观设计语言表达方法的基础上，提出将法制、设计规范、多样化的融资方式、土地集约政策等列入工业遗产用地合理利用的课题中[25]，本章稍后将对此详细论述。

景观再生起源于西方国家 20 世纪 70 年代初的生物区域主义（Bioregion-alism）、朴门农业（Permaculture）和早期的生态设计思想与实践，指景观达到动态平衡的机能，在不同情况下，体现出适应、弹性、恢复和生长等具有生命系统特征的反应机制。景观再生在理论上主张生态的世界观（Ecological Worldview），在实践中强调整体性、参与性和开放性的策略方法。[26] 工业遗产景观再生则更加强调在满足自然规律、生态原理的基本前提下，构建工业遗产景观的整体视角和理论框架，引导和利用自然过程进行设计，在城市更新背景下调整城市公共开放空间结构，提高工业用地资源利用效率，最大限度地创造社会效益，实现工业遗产的整体保护与再利用。

综合国内外的案例，工业遗产景观再生的模式多样，可根据改造利用的功能类型划为其模式，本书结合案例简要介绍博物馆、创意产业园、公园绿地、旅游景区及综合模式。

1. 博物馆模式

博物馆模式是以博物馆的形式，对工业遗产进行原址原状保护及博物馆陈列展示的一种对工业遗产的保护性利用形式[27]。该模式主要是根据原有产业性质，通过设立工业技术博物馆、厂史展示馆、企业纪念馆或者艺术展览等专题博物馆来展示具有重要历史、科学价值的工业遗产地景观[28]。这一模式可最大限度地对历史信息进行保护，是工业遗产地景观保护与再利用的基本模式。德国鲁尔区的"工业遗产之路"的 25 个工业遗产"锚点"中，博物馆模式占 72%，其中最著名的案例有德国哈根 LWL 露天博物馆、德国矿业博物馆、德国"关税同盟"煤矿XII号矿井、奥博豪森储气罐等。

哈根 LWL 露天博物馆位于鲁尔区多特蒙德市，是兼具生产、销售与展示、教育功能的"活态"博物馆（图 8-2、图 8-3），主要展示 18 世纪末到 20 世纪初的手工业和贸易。博物馆通过生产制作体验活动、临时展览、教育项目等形式向游客展示生产技术和流程，在遗产价值的保护、宣传与普及方面具有较高的有效性。但这类"活态"保护模式通常更适用于手工业、制造业等安全系数高、危险较小、工艺流程简单的轻工业遗产地改造。[29, 30]

成立于1930年的德国矿业博物馆位于波鸿市，利用旧煤矿遗留的厂房、机械、档案等历史实物和工人口述等信息还原矿业生产场景，通过常设展览、矿业艺术品展示、工厂实景参观体验、多媒体展示等方式科普矿业发展史与生产技艺，原位保护工业遗产（图 8-4）。"原位保护"模式对遗址改造力度较小，侧重于行业历史和技术等方面的展示与解说，真实性、完整性较高，通常更适用于规模较小、遗产分布较为集中、在行业中极具代表性的遗产地。[29]

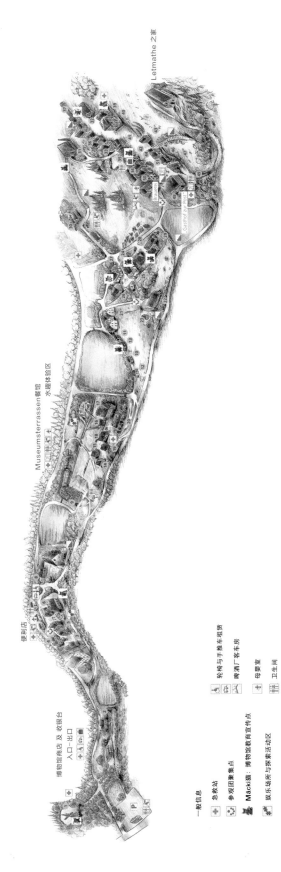

图 8-2 哈根 LWL 露天博物馆总平面

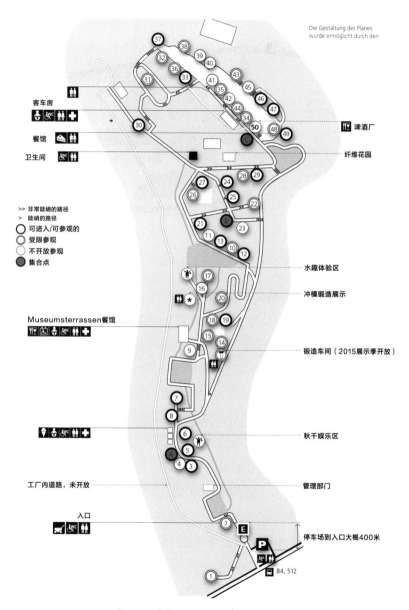

Die Gestaltung des Planes
wurde ermöglicht durch den

客车房

餐馆

卫生间

>> 非常陡峭的路径
> 陡峭的路径
⬤ 可进入/可参观的
◐ 受限参观
○ 不开放参观
⬤ 集合点

啤酒厂

纤维花园

水趣体验区

冲模锻造展示

Museumsterrassen餐馆

锻造车间（2015展示季开放）

秋千娱乐区

工厂内道路，未开放

管理部门

入口

停车场到入口大概400米

84, 512

图 8-3　哈根 LWL 露天博物馆旅游线路

德国波鸿矿业博物馆

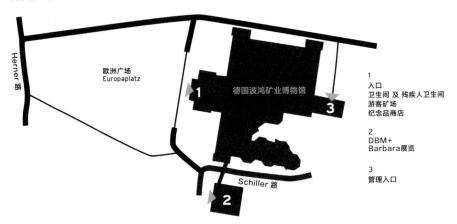

图 8-4 德国矿业博物馆平面

规模较大的遗产地（如关税同盟煤矿工业区）更多选择采用以展示性博物馆为主体，以运动休闲、演艺会务等为补充的文化展示博览园模式。德国"关税同盟"煤矿Ⅻ号矿井始建于1928年，煤矿建筑群为典型的包豪斯风格。1986年停产关闭后，被改造为文化展博园区（图8-5）。在园区层面，对厂区的空间结构、交通体系、重要节点和构筑物、植被与产地环境进行了整体性保护。在工业遗产单体层面，对形象独特、功能单一的工业设施进行艺术化的再创作，改造为以展示性为主的雕塑艺术品；依据厂区建筑自身特征进行适当的结构改造和重新装修，注入展览、文创、办公、餐饮、娱乐等新功能，创造经济效益。2001年"关税同盟"煤矿Ⅻ号矿井及炼焦厂成为鲁尔区第一个被纳入联合国教科文组织的世界遗产名录的工业遗产地。[31]

始建于1927年的奥博豪森焦炉煤气储气罐于1993年改建为涵盖当代艺术、科学技术、体育运动等众多领域的临时展览空间。与"活态"保护和"原位保护"的不同之处在于，该项目更偏向于保护"储气罐"这一遗产的物质形态，对原有功能进行了较大力度的置换，与周边的森特罗购物中心、攀爬公园等场所设施进行协同开发。该模式的遗产价值保护力度相对较小，但综

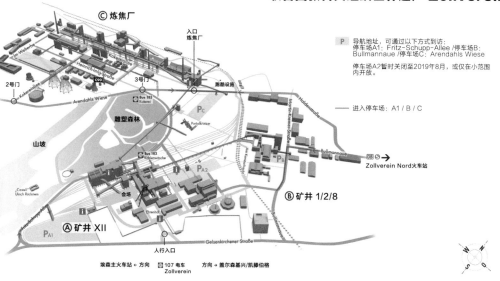

联合国教科文组织世界遗产 Zollverein

图 8-5　关税同盟煤矿工业区鸟瞰示意

合效益较高，更适用于规模较小、原有功能较单一，但其物质载体价值较高的遗产单体保护。中国与之类似的案例有上海油罐艺术中心等。

2. 创意产业园模式

20 世纪 90 年代至 21 世纪初，地处城市中心的老工业建筑租金相较同地段其他建筑更为便宜；同时这些工业建筑空间开阔，可随意分隔组合、灵活布局；更重要的是其背后积淀着场地记忆与工业文明，因此受到了很多艺术家等创意产业从业者的青睐。他们对其进行艺术性的改造，将其建成集聚创意产业的产业园区，开展艺术创作、产品研发设计等活动。这一更新方式既维持并保护了其自身的存在，体现工业遗产特色，又有了更多的机会在观光者面前展示、宣传工业遗产，既满足了公众游憩、观赏和娱乐的需求，还能获得建设资金，是曾经盛行的工业遗产地景观保护与利用的模式。由德国莱比锡棉纺厂转型的创意产业集聚区 Spinnerei（意为"纺织"）是国际创意产业园模式中鲜见的兼具重要性和典型性的优秀案例（图 8-6）。[32]

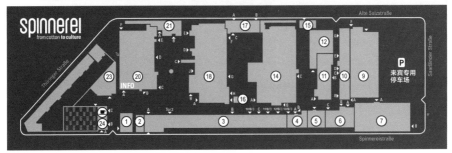

图 8-6　德国莱比锡棉纺厂 Spinnerei 创意产业集聚区总平面

　　莱比锡棉纺厂成立于 1884 年，其由工业园区向创意产业园的转化历程分为工业生产时期（1884—1993 年）、创意产业初步形成时期（1993—2001年）和创意产业积聚时期（2001 年至今）。1993 年棉纺厂停产后，厂房被转售给商人伦克（Regina Lenk）。除两三座厂房用于轮胎帘布生产外，空置厂房陆续被伦克及其继子巴克斯（Peter Bux）出租给艺术、建筑、展览、舞蹈等工作室。低租金、高质量的厂房建筑吸引了大批创意人员入驻，2000 年轮胎帘布停产、莱比锡棉纺厂管理公司接手园区时，这里已初步完成由闲置厂房向创意产业园区的转型，但此时人们对工业遗产的保护意识相对薄弱。此后园区正式更名为 Spinnerei，并在费得基尔基金会（Stiftung Federkiel）等组织的帮助下认识到工业遗产地本身的价值，逐步从两方面开展工业遗产保护和适应性再利用工作：一方面，增强遗产保护和价值传播力度。以档案馆、展示馆的形式对历史文献、生产档案、相关器械和产品、厂房建筑等文物进行保护、展示和适当的再利用；以视觉导览系统、价值解说等方式帮助游客全面完整地了解遗产信息。另一方面，提供强有力的政策支持。积极吸引创意产业从业人员入驻，为演艺、展览等文创活动提供良好的环境和氛围；通过公共基金和私人赞助的渠道为遗产保护工作提供充足的资金；促进园区土地混合利用，以综合手段提升园区活力。但同时，创意产业园模式也存在一定的问题——该模式通常由艺术从业者自发推动产生，其主导和重心始终倾向于经济产出，而非工业遗产保护，因此很难实现保护和发展的真正平衡。[32]

3. 公园绿地模式

随着对生态环境的日益重视，工业遗产地景观的保护利用开始与城市公共绿地建设相结合，在保留工业遗存及场地特征的基础上，通过规划设计手法打造可供市民休闲游憩的城市公共空间，通常将其改造成工业遗址公园，如美国西雅图煤气厂公园、中国上海辰山植物园矿坑花园等。对城市发展来说，将那些具有特殊文化价值的工业遗产地景观以公园的形式保留，转化为城市绿地和开放空间，不仅有利于工业遗产地的生态环境修复，还对城市的生态与经济可持续发展有着重要的影响。

美国西雅图煤气厂始建于 1906 年，占地 10 公顷，1975 年由查理·哈格改造为公园（图 8-7）。煤气厂改造面临着两个难点：如何在保留地方记忆的同时，改善城市环境、塑造城市形象；如何用低维护、低成本的手段解决场地内严重的深层土壤污染问题。哈格给出的应对措施是，首先，维持厂区主体空间格局，减少人工化、园林化的植物造景，保留原址中大片自然形态的水面和草坡，优选生长快、适应性强、成活率高的固氮植物改善土质，通过微地形设计丰富园区西部景观效果；然后，保留极具代表性的工业设施，并通过艺术化的手段对内部结构和外观进行适当整改，注入休闲娱乐功能。煤气厂公园最大的亮点在于，开创了以生态手段净化工业废气地的先例：清除表层污染物和受污染的土壤，填入未受污染的土壤；往深层土层添加能消

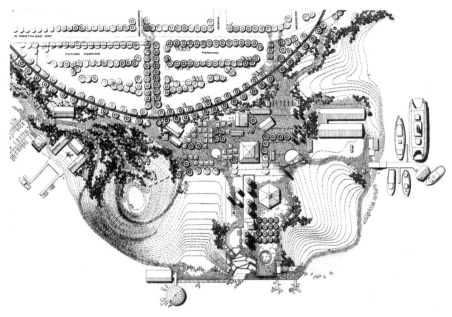

图 8-7　美国西雅图煤气厂公园平面

化石油的生化酶和下水道淤泥、草屑以及其他可用作肥料的废物，进一步缓解深层土壤中的石油精和二甲苯等化学物质的污染。[9, 33]

　　煤气厂公园的改造以生态设计和场所精神塑造为原则，在尽量维持场地原貌的情况下，用成本低廉、便于维护的生态设计手段解决了污染难题，既保留、强化了工厂的历史厚重感，又为死气沉沉的工业设施注入了活力，体现了设计师对工业遗产和生态环境的尊重，持续影响着后续的工业遗产景观设计。

　　中国上海辰山植物园的矿坑花园占地 4.30 公顷，建成于 2010 年，是由采石矿改建的工业遗址花园（图 8-8）。矿坑花园面临的最大挑战是，如何在挖掘矿坑遗址景观和遗产价值的同时，缓解物种贫乏、植被稀少、岩石风化、土壤流失严重的问题，修复退化的生态环境。在生态修复方面，设计师朱育帆采用了"加减法"的原则应对生态问题：采用"加法"重塑地形、增加植被、修复生物群落；采用不加干预的"减法"，在保证安全性的前提下让裸露岩

图 8-8　中国上海辰山植物园的矿坑花园总平面

壁进行自我修复。在文化重塑方面，朱育帆引入了"可观、可游"的东方自
然山水审美理念，合理配置水景、植被等自然元素，以及观景平台、钢筒、
栈道等人工元素，将曾经废弃、危险、不可达的矿坑遗址转变为既可亲近自然，
又可体验采石文化的游览胜地。[34]

4. 旅游景区模式

工业遗产具有一定的历史、社会、建筑和技术、审美启智和科研价值，
是一种特殊类型的文化遗产，也是一种宝贵的旅游资源。工业遗产地景观旅
游是指在工业旧址上，通过保护和再利用原有的机器设备、厂房建筑等，改
造成一种能够吸引人们了解工业文化，同时具有独特的观光休闲和旅游游憩
功能的新方式[35]。废弃的工业场地，具有独特美感的工业设备和工业建筑代
表着曾经的生产方式和经济体制，可以满足人们怀旧、探险、深度体验等需求。
将工业遗产与旅游开发、公共游憩等相结合进行战略性开发利用，既能有效
保护工业遗产地景观，也有利于传承和重构地方文化特色，丰富城市旅游产

图 8-9 英国铁桥峡谷鸟瞰示意

品,建设区域旅游形象,给衰败地区注入新的发展活力,推动经济可持续发展。

英国什罗普郡建于 18 世纪初的铁桥峡谷,占地 10 公顷,是工业革命发源地,也是最著名的旅游景区式工业遗产地之一,1986 年被收录为世界第一例以工业遗迹为主题的世界文化遗产,拥有近三百个保护性工业建筑(图 8-9)。由于占地面积较广,铁桥峡谷依据不同地块的原有产业功能、场所特征建设了多个工业纪念地和博物馆,游览方式更为丰富。除改建为博物馆、展览馆,通过多媒体等方式宣传当地工业发展史和生产技艺外,铁桥峡谷还开设针对游客的工业生产厂房参观体验活动、艺术展演活动,以及针对学生与科研机构的教育夏令营。在铁桥峡谷,游客不仅可以了解工业革命发展史和当时的先进技艺,还可以观赏自然山水、体验人文风情,更可以在交互设计与技术中心等现代科技展示馆了解当代工业产业的最新理念。铁桥峡谷的繁荣兴盛甚至带动了周边地区的商业、娱乐、艺术等产业发展，为地区旅游、经济、社会文化发展提供了源源不断的活力。[36]

5. 综合模式

综合开发模式通常是在工业遗产集中的地区，对工业遗产单体与其周边环境及其整个场地格局采用成片划区的整体保护。这样既承载了该地区的集体记忆和产业发展特色，也拓展了保护覆盖面。例如，上海世博会园区所在地是上海工业遗产最集中的地方，这里的厂房承载着很多关于城市的历史记忆。上海世博会园区在江南造船厂、上海第三钢铁厂、上海沪东船厂等原址的基础上进行改造，建设过程中本着整体保护、合理再利用和可持续发展的原则，对原有的工业历史建筑、原有设备和船坞等进行保留、保护和改造。

上海世博会园区在整体性保护的前提下，强调工业遗产的"弥合性再生"（Joint-up regeneration）和建筑遗产的个体适应性设计，即在满足建筑遗产改造的法律、法规和结构、空间等安全性要求的基础上，赋予历史建筑以适应其固有特征和价值的新功能，或提升历史建筑的效能，满足当代需求，凸显时代精神。上海世博会园区综合考量了原有工业遗产地的产业特色和场所精神、世博会使用需求和会后再利用方式等因素，将保留工业建筑分为文物保护单位与优秀历史建筑、保留历史建筑、其他保留建筑三个等级，针对性地进行开发利用。

大尺度、大跨度的建筑通常被改造为人流量较大的展览馆、博物馆或艺术展演文化设施，建筑师常在不损害建筑原有价值的基础上，采用较为先锋的设计手法，依据周边环境特征，运用玻璃、钢材、色泽鲜艳的颜料等工业气息浓厚的材料对建筑结构、空间和表皮进行风格强化或复原，辅以最新环保技术和多媒体展览技术，使建筑本身也作为"展品"，构成展览的重要组成部分，如由上钢三厂特钢车间改造的宝钢大舞台（后更名为世博大舞台，现已拆除）和由南市发电厂烟囱改造的上海当代艺术博物馆"温度计"。层高、跨度适中的工业建筑通常保留建筑外观和主要结构，经过空间再划分、室内设计与装修后，被改造为文创产业和办公管理设施，例如世博公园内的上海第三印染厂老厂房经过改造后，建成上海世博建设大厦，其空间组合灵活，租金较低，建筑特色鲜明，具有较大的市场潜力。部分体量较小、可达性高的建筑被改造为商店、餐厅、咖啡馆等服务设施，或物流、后勤等服务保障用房，通常投资较少、建设周期短、临时性较强。对于散布于园区内的工业塔吊、船坞等工业设施与构件，通常加以保留，并将其艺术化处理为城市景观雕塑，作为地标性景观，传承工业文化记忆，如北票码头的塔吊。[37-40]

8.3　上海工业遗产景观保护与利用

8.3.1　上海工业遗产保护发展历程

1. 第一阶段：文物保护与创意产业园开发阶段

上海是我国近代工业的起源地，也是我国民族工业的发祥地，留存有丰富的工业遗产。上海市工业遗产的位置分布和上海市工业发展的历程紧密相关。在近代工业发展的早期，船舶维修制造、机械装备等是当时主要的工业类型，其对水资源具有很强的依赖性，因此，很多工业企业主要沿苏州河和黄浦江呈带状分布。现在的中山环路曾是当时重要的铁路，铁路作为当时重要的运输方式，其沿线也有众多工业企业。"八·一三"事变发生后，大量的工厂迁入租界，许多小型的工业企业和居民住宅区混杂在一起。基于交通、资源和战争三大因素的影响，上海市现状工业遗产主要分布在北部的杨树浦地区、苏州河两岸、黄浦区和肇嘉浜路沿线及吴淞口，尤其以杨树浦地区和苏州河两岸最为集中。这批工业遗产大多建造于19世纪末到20世纪前期。

上海不仅是中国近代工业的起源地，也是率先对这些工业遗产进行调查和保护的城市。1988年11月10日，建设部、文化部联合发出《关于重点调查、保护优秀近代建筑物的通知》。按照此通知精神，在市建设、规划等有关部门的主持下，上海市开展了近代建筑调查和推荐工作。1989 年 8 月 30 日，59 处优秀近代建筑被推荐为全国重点文物保护单位，同年 9 月上海市人民政府批复同意。这一批优秀近代建筑中便包括了上海邮政大楼和杨树浦水厂两处工业遗产，此时的工业遗产保护尚是以文物保护单位的形式来进行保护。

自 1991 年以来，上海市先后颁布了一系列涉及产业类建筑保护的地方法规条例，其中《上海市历史文化风貌区和优秀历史建筑保护条例》首次从法律层面上明确提出对工业建筑的保护，并在 2004 年颁布《关于进一步加强本市历史文化风貌区和优秀历史建筑保护的通知》中提出了相关具体要求 [41]。2009 年上海市文物管理部门在进行第三次文物普查中，首次把工业遗产作为一个专类进行调查，并发掘和整理出 250 多处工业遗产，对此进行了登记、造册。市文管部门强调工业遗产作为一种新型的文化遗产形式，要加强研究其文化内涵、价值及保护与利用的形式。据不完全统计，已有 57处工业遗产被列入上海市分五批公布的优秀历史建筑保护名单 [42]，其中包括江南制造总局、杨树浦电厂、福新面粉厂、南市发电厂、工部局宰牲场等。

20 世纪 90 年代以来，除了"自上而下"通过划定优秀历史建筑来保护具有突出价值的建筑工业遗产，上海在一些艺术家的推动下，开始了通过建立艺术家工作室的方式，"自下而上"地对老城区闲置工业遗产地景观进行保护与利用。例如，自 1998 年登琨艳将苏州河旧仓库改造为工作室后，艺术家们蜂拥而至，在此成立各类画廊、艺术仓库等。据不完全统计，苏州河沿岸已有各类艺术家工作室 100 多个，成了上海市艺术产业集聚区之一。

对工业建筑的改造促成了创意产业园区的形成，上海市从 2005 年开始发展创意产业，出台了 3 个"三分之一"的政策，理顺了工业用地更新、工业遗产保护和工业资源再利用的关系。2004 年，将工业遗产整体改造利用为创意园区的模式开始流行起来。2005 年 4 月起，上海市分 4 批共公布了 77处创意产业集聚区，其中共有 57 处为工业建筑遗产改建而成，占园区总数的 74%。2016 年，刘抚英构建了上海市工业遗产综合信息数据库，收录基于工业遗产保护与再利用的上海创意园典型案例 44 个 [43]，其中较为成功的典范包括：莫干山路的"M50"、建国西路的"8 号桥"、苏州河边上的"创意仓库"等。同年，上海市文化创意产业推进领导小组办公室公布，认证上海创意产业园区有 128 个 [44]，2019 年该名单增补至 137 个 [45]。2018 年，蔡青在该名单基础上增补了近两年新建的特色产业园区，对工业遗产转化的创业园区进行分析，其中以旧工业遗存为基础进行转化改造和再利用的项目最多，占比 76.43%；由优秀历史建筑保护性开发为主的项目类型占比 8.75%；依托原工业厂址，通过土地性质转化，在原址上以新建为主的再利用项目占比 7.14%；依托原产业集聚区位，完全采用新建的方式建设的创意产业园区占比 7.86%。[44]

2. 第二阶段：城市公共绿地建设阶段

2001 年，国家计委发布《"十五"期间加快发展服务业若干政策措施的意见》[46]，鼓励中心城市"退二进三"，提出工业企业退出的土地要优先用于服务业 [47]。在国家政策导向下，上海部分原有工业用地的性质变为公共文化娱乐产业用地，并引入城市文化设施、城市公共绿地等公共功能，服务于广大市民。例如位于淮海西路，由原上钢十厂改造而来的上海新十钢（红坊）创意产业集聚区，利用原有厂房结合户外空间设计将工业遗址改造为公共文化艺术社区。

徐家汇公园是在上海大中华橡胶厂和大中华唱片厂的原址上改建而成的。公园建于 2000 年，设计者保留了地块内原有大中华橡胶厂固有的肌理，同时保留了具有橡胶厂典型特征的大烟囱和外观有殖民时期建筑风格的百代唱片厂办公楼，展开景观与历史最密切的对话，传承历史记忆。徐家汇公园的建设提升了该地区的综合竞争力，增强了该地区的公共活动中心功能，优化了该地区局部生态环境。

工业遗产地景观的保护与利用不仅能创造城市的公共绿地空间，还推动了上海城市旅游的发展。2005 年，上海市政府策划了全国第一个工业旅游的专项规划《上海工业旅游发展总体布局（2006—2010）》。2006 年，上海市政府制定了全国第一部工业旅游地方标准《上海工业旅游景区服务质量要求》。在同年以"工业历史·科技·未来与工业旅游"为主题的首届"国际（上海）工业旅游发展"论坛中，上海市委市政府提出城市要增强国际竞争力，落实经济增长方式由生产型经济转向服务型经济，有力推进了上海工业遗产地景观保护与利用的进程。

3. 第三阶段：综合开发利用阶段

随着上海的城市主导功能从商业商贸发展为商贸金融，再转变为文化博览兼容，将黄浦江沿岸的工业遗产地纳入城市总体规划中进行综合性再开发是上海城市发展与工业遗产景观保护的必然趋势 [48]。2001 年，《上海市世博会会址概念性规划》要求充分利用黄浦江沿岸工业设施，改造更新、有效保护历史建筑。[49]2002—2003 年宣布施行的《黄浦江两岸综合开发规划》和《黄浦江两岸开发建设管理办法》及相关政策法规，2004—2005 年间启动、实施的《上海世博会规划区市政基础设施规划》和相关会议、调整方案等文件进一步强调了黄浦江沿岸大量工业遗产的整体性保护与再利用问题，规定由市、区政府进行统一规划和统筹管理，主导土地前期开发，[50, 51] 确立了黄浦江沿岸（尤其是上海世博园区）工业遗产集聚地的综合开发以政府为主导，与城市发展战略相结合，进行整体性规划的发展方向。2010 年上海世博会的举办进一步促成了以政府为主导的黄浦江沿岸大规模老工业区整体再开发与综合利用，如上海世博园区项目、徐汇滨江地区开发项目、杨浦滨江开发项目等。这些项目由政府负责整体规划，综合考虑地区整体发展的各项需求，融合了休闲、商业、文化、居住等多重服务，将工业遗产保护更新工作和城市发展战略相衔接，由政府统一进行工业用地的回收与基础设施的建设，保证工业遗产的保护与再利用规划符合地区整体风貌和发展需求。

上海世博会园区规划面积约 5.28 公顷，范围内有被誉为"中国工业摇篮"

的江南造船厂、南市发电厂、上海钢铁厂等承载了上海近代民族工业企业发展历程的工业遗产。在黄浦江两岸总体规划结构框架下，摒弃以往大拆大建的旧改模式，将大型城市事件与工业遗产的保护和适应性再利用相结合是世博会对工业遗产整体发展规划的一大亮点，工业建筑的循环利用也回应了世博会的绿色主题。[52] 规划依据工业遗产的历史、科技、文化价值将其分为保护建筑、保留历史建筑和改造利用建筑，结合世博会需求，针对性地开展保护更新工作。江南造船厂作为上海第一个有相当规模的近代军火工厂，反映了上海在近代特定历史阶段的社会面貌和工程、艺术成就，具有重要的史料价值、文化价值和物质功能价值。将造船厂迁至长兴岛后，依据历史文化价值、建筑形态、技术经济和景观环境特色对其留下的厂区就地保留和修复，改造为企业与主题展馆、商业服务建筑和休闲娱乐设施，寻找留住历史记忆的多种可能性。位于卢浦大桥边的上钢三厂特钢车间改造则保留结构体系和特征性工业构件，与江岸和周边绿地进行统一设计，并运用了内部遮阳、水体降温、屋顶雨水收集、垂直绿化等生态节能技术，打造为可容纳 3 000 人的大型舞台，既减轻了新建舞台的资金压力，又为建筑、展演活动与江景的融合提供了平台。最终园区内 27.8 万㎡的工业厂房得以保护、保留或改造，占原有工业建筑总量的 12.5%。[53] 这一举措既为世博会提供了独具上海地域特色的活动场地，减轻了场馆建设投入，缓解了绿地面积不足的问题，又保留、延续了当地工业文化的物质载体和精神记忆。滨江地块也以世博会为契机，提升了土地价值，实现了产业结构调整和综合性开发，完成了整体形象塑造与地域营销，形成了品牌特色，衍生出了符合时代特征的新文化，从而得到全面发展。

当然，世博会对工业遗产的保护与综合再利用工作也存在一定缺陷：一方面，工业遗产的保护与保留存在明显的倾向性，聚焦于工业建筑的保留与改造，对厂区原有景观环境的保护力度较弱，厂区原有路网结构、建筑密度、街区肌理被破坏；更多大跨度、大面积的厂房、仓库得以保留，办公楼等则大多被拆除。另一方面，为了契合世博会展览百花齐放的展演氛围，工业建筑的改造注重新材料和前卫的设计手法的运用（即本书下一节所述"建筑表皮"式的改造），某些建筑改造的作秀成分大于实用成分，保留建筑的工业特征被削弱，建筑单体间缺乏整体性。这两点导致地块作为工业遗产地的历史环境特征被冲淡，场所感、地方感等无形效益随之减弱。这反映出当前对于工业遗产景观的综合开发利用模式对工业遗产历史价值内涵的思考尚不够深入的问题，也为未来的工业遗产综合开发利用指明了方向。

8.3.2　上海工业遗产景观再生案例

1. 建筑表皮与城市景观

"表皮"在"空间""结构"和"形式"之后，成为当代建筑的关键词。特别是 2010 年上海世博会的新建场馆中，各种各样的建筑表皮成为建筑创新的主要手段，新材料、新技术的运用为新奇的建筑外表提供了可能性。不难发现，信息时代的建筑设计重心由建筑的功能、空间和结构等逐步走向建筑的信息表达，一方面是由于传统的设计内容走向成熟和分解，减轻了建筑师的任务；另一方面当代对建筑的形式创新和文化表达提出了更高的要求。建筑表皮成为设计师的新宠，它表达出信息时代建筑内外空间的界限趋于模糊，建筑与城市景观的相互交融。关于表皮的意义、本质与设计手法的研究已有很多。在这里主要讨论两方面的新问题，它们也代表了新的趋势：一是，从建筑的本质出发，该如何理解表皮在旧建筑再生中的重要性；二是，从城市景观的角度出发，建筑表皮的更新有何策略？两个问题的答案与建筑表皮的本质作用息息相关。从上海旧厂房改造项目的实践，可以看到建筑表皮的更新在建筑再生和城市景观的创新中成为重要的媒介。

即使从建筑自身来研究表皮，也不难得出这样的结论——现代建筑技术的发展使建筑结构、功能与建筑表皮的相对分离成为可能，从而带来了建筑表皮的革命，主要体现在：从技术层面而言，这一相对分离使建筑表皮成为独立的、极富表现力的建筑要素之一；从文化层面而言，这一相对分离使建筑表皮成为城市信息与文化传递的新媒介和主要符号形式。在当代城市发展的进程中，建筑与城市的边界越来越模糊，而表皮已成为这一模糊边界的微妙元素，成为构筑现代城市空间与景观的重要语汇。

然而，建筑表皮并没有从一开始就被视为建筑的独立元素。在森珀（Gottfried Semper）和弗兰普顿（Kenneth Frampton）关于建筑元素的论述中，表皮至多被视为围护或墙体的一种形式或附属物[54]。在现代建筑技术革新之前，建筑的表皮概念是与围护结构的外表面或者承重墙体的装饰分不开的。现代建筑技术，特别是框架结构，为建筑结构和建筑表皮的相对分离提供了技术基础，自由的建筑立面成为现代建筑的主要特征，而在柯布西耶提出的体量（Mass）、表皮（Surface）和平面（Plan）建筑三要素中，表皮被定义为"体量的包装（Envelope）并能减小或扩大我们对体量的感觉"。从中可以看出，表皮不仅仅成为建筑独立的要素，而且也是建筑空间与体量形成的本质原因。

随着新材料和新技术的发展，建筑表皮具有更重要的地位，当代建筑在表皮的连续性、透明性和建构性等方面进行了有益的探索，建筑表皮的叙述转换为表皮建筑的演绎。这不仅仅将创造新的建筑形式，同时更为重要的是形成了新的城市公共空间形态与景观。城市空间从建筑立面围合的街道与广场，发展到建筑第五立面聚集的城市形态，新的建筑表皮甚至使建筑和周边空间环境成为一体，从而表皮也成为当代城市景观构成的主要元素和特征之一。

表皮的发展不仅仅表现在其功能性和物质性，从古典建筑理论中，我们不难找到关于建筑外表本体与表现的逻辑联系，弗兰普顿在其著作《建构文化研究》一书中，就引用了库马拉斯瓦米（Ananda Coomaraswamy）关于装饰的论述，强调其重要性，即建构表现的文化意义[55]。然而在对建筑表皮文化意义的持续研究中，一直伴随着功能主义的精英意识。古典建筑中建筑立面装饰的目的附属于建筑本身意义的彰显；在现代建筑中，表皮虽然相对独立，但在"形式追随功能"的教条下，仍然是建筑体量与空间的表达和功能的体现。直到后现代建筑中，建筑表皮才真正开始注重自我表达，而其哲学基础正是后现代理论中对于大众文化和消费文化的研究。以文丘里为代表的后现代建筑理论家对现代建筑的批判，实际上是站立在大众文化的阵营对建筑精英意识的反驳。文丘里在《建筑的复杂性与矛盾性》中先是对现代建筑的精英意识发难，指出建筑复杂与矛盾的一面，并对传统的建筑元素进行重新阐述，描述建筑中"两者兼顾"和"双重功能"的现象，并指出适应矛盾的法则[56]。进而在《向拉斯维加斯学习》一书中研究了标志与符号在这座城市如何成为空间的主宰[57]。建筑表皮不再必须反映结构的真实性、功能的可读性，在信息社会中已相对脱离建筑体量而独立参与城市空间的创造，成为新的文化媒介和城市文化的主要空间符号语言。

以下介绍的三个上海旧工业厂房改造项目各具特色，从低造价的第一层表皮的更新，到提升空间品质和建筑形象的第二层表皮，最后阐述了一个将建筑表皮作为整体空间构思的未建成方案。

1）第一层表皮：上海市长阳路 1518 号

上海市长阳路 1518 号是隶属于上海毛麻纺织集团的上海市友谊羊毛衫厂。在上海杨浦区滨江工业区，整体都面临着城市更新的艰巨任务。现有厂区占地约 5000 平方米，拆除搭建的临时建筑和工棚后，主要建筑有 6 幢。主要建筑是 6 层高的生产大楼，其他为 2~4 层的辅助建筑，包括食堂、宿舍、办公楼和配电房。从建筑风格和质量来看，除了现在为食堂的 2 层小洋楼保留着上海中西结合的建筑形式外，其他建筑均为 20 世纪八九十年代的简易现代建筑，缺乏特色，也不具有特别的文化价值。作为创意产业发展目标的劳工业企业改造项目，普遍面临的问题是缺乏资金，而又希望有改头换面的新形象。上海友谊羊毛衫厂由于用地局促，厂区地块的长边与长阳路垂直，沿路的立面宽度有限，同时厂区内部空间有限，也不利于建筑与城市空间的统一（图 8-10）。

图 8-10　长阳路 1518 号现状

　　针对以上问题，大动作的建筑改造、扩建和加建显然会受到资金、场地和政策的约束，对建筑表皮有的放矢的改造是本项目切实可行的方法。然而，如何在资金有限的条件下让这些形式各异、缺乏特色的建筑重获生机？这具有相当大的难度。将工业建筑改建为创意产业园是目前上海城市空间优化和土地有效利用的主要手段之一，富有创意的建筑形象不仅仅是创意园区的文化意象，同样也是城市空间复兴的表征。设计的重点放在 6 幢建筑的表皮，并设定如下策略：

　　策略一，突破建筑单体，从城市空间的角度分析表皮。表皮不是单幢建筑的立面，而是城市空间的围合与表现。这给整个厂区的改造设定了新的视角，考虑的因素主要有两点：一是从长阳路如何有效地展示整个厂区的形象，建筑群体面向长阳路的立面构成统一的整体表皮；二是从厂区内部空间整体角度保持建筑表皮的连续性。从而面向长阳路的建筑表皮得到最多的关注，其次是位于厂区核心位置的两层小洋楼，然后是面向厂区口袋型内部空间的建筑立面，除此之外的建筑立面则主要以清理和整饬为主。建筑表皮从整体的角度形成了新的秩序（图 8-11）。

策略二，从原有建筑的新功能决定表皮不同的性格。转变后建筑功能主要为创意办公、商业、文化休闲以及管理办公等辅助用房。6 层的主体建筑将以创意办公和商业为主，主立面的改造以富有创意的现代手法体现创意产业的独特个性，也是整个园区的标志；园区中间的二层小洋楼定位为文化会所，因而将保留西洋的风格，并加以创新，加入现代的元素；对于服务于创意办公和商业的文化休闲及管理等次要功能，主要是合理的立面划分，用材质和构造形态创造出基质背景（图 8-12）。

图 8-11　长阳路 1518 号效果

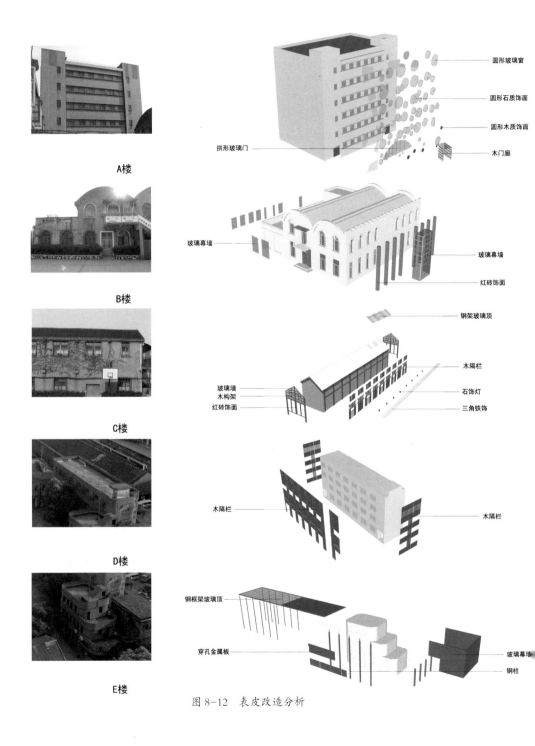

图 8-12　表皮改造分析

图 8-13　建成效果

　　策略三，从表皮构造的角度创造丰富的表皮内涵。根据现状，采用重建、包裹、延展和修整等不同方法和构造表现。位于主体位置的六层建筑的沿街立面以及 2 层的小洋楼拆除原有建筑立面进行表皮重建，两侧的次要建筑使用包裹，入口处的管理楼采用钢结构延展建筑空间，而建筑的背面和次要的侧立面主要是修整（图 8-13）。

　　2）第二层表皮：上海手帕厂

　　很多类似的项目并没有一开始就如此关注表皮，毕竟初期的资金压力和对设计的忽视让很多项目仅仅通过重新粉刷墙面和改造门庭来提高建筑的品质，其效果往往不尽人意。由位于上海峨山路的手帕厂经过类似的改造成立的鑫灵工业园，2003 年就已经被浦东新区授予"都市型工业园区"的称号，这与其区位和上海浦东创意产业的发展及布局息息相关。在良好的发展形势下，简单的建筑改造已经不再适合其产业定位和目标，该项目于 2008 年重新设计。这与浦东新区改善和优化城市规划的空间结构，多样化塑造浦东城区的建筑风貌，以及拓展和提升浦东新区服务经济的产业功能的目标是一致的。

园区内有三幢独立的办公楼和一幢 2 层的辅助建筑，总建筑面积约11000 平方米。由于主要的建筑都是旧厂房和办公楼，而建筑的第一次改造不仅没有改善原有建筑立面简单、形体呆板的缺陷，反而使用了不同的材料，增加了不协调的因素。同时，有些改造仅仅从建筑内部空间的功能出发，甚至破坏了原有建筑立面竖向划分的挺拔感觉（图 8-14）。本次设计的主要内容仍然是建筑立面的改造，但是，我们希望通过第二层表皮，不仅解决以上问题，同时改善整个园区的空间品质（图 8-15），增加休闲空间和绿化景观（表 8-1）。

图 8-14 手帕厂现状

图 8-15　A、B 楼建成效果

表 8-1 鑫灵工业园现状问题及表皮策略一览

序号	现状问题	表皮策略
1	建筑形态呆板，单体间缺乏联系	通过表皮重新塑造建筑形态，使用材质和颜色协调建筑单体
2	建筑立面材料简单、陈旧	通过多样化的表皮丰富建筑立面
3	建筑立面落水管、空调外挂机以及门窗都严重影响了建筑形象	通过二层表皮合理安置和遮挡建筑外挂设施
4	建筑功能单一，缺乏特征	通过表皮特征隐喻不同建筑功能
5	园区入口缺乏标志性	设计具有标志性的入口建筑表皮
6	建筑体量与园区场地缺乏尺度的过渡与联系	通过二层表皮对空间进行划分，在建筑与室外空间之间设计丰富的灰空间（图 8-16）
7	建筑存在利用死角，园区缺少活动空间	通过表皮激活空间死角，如二层裙房屋顶、挑廊，用连廊连接
8	缺乏绿化	在建筑与表皮之间设计绿色空间（图 8-17）

图 8-16 A楼表皮形成的连廊空间

图 8-17 A楼表皮形成的绿色空间

　　三幢主体建筑的表皮性格是根据整体设计的需求和原有建筑的现状进行
设计的(图8-18)。A楼正对园区主入口的位置采用了视觉冲击力较强的形式,
主体因为凸窗的限制,采用工字钢构架和仿木铝合金百叶表面的手法,在第
二层表皮和建筑外皮之间创造出绿色空间,同时具有遮挡空调机位和遮阳的
功能。B楼略带弧形的墙面使建筑立面较为复杂,与整体的建筑风格很不协调。
对此采用脱离原有建筑外皮的仿木铝合金百叶形成新的建筑表皮,并强调竖

图8-18　A、B、C楼表皮肌理

向的形体，特别在屋顶使用斜坡的造型凸现体块的区分，其灵感来自建筑原有的老虎窗。C楼位于园区的后部，处理较为简洁，利用原有的挑梁承担第二层表皮的钢框架，使用长短不一、疏密不均的竖向百叶强调建筑立面的肌理趣味性，较密的百叶可以有效地遮挡空调机位，较稀疏的百叶则不会影响采光。

本项目的问题在于如何协调表皮的多样性与统一性，策略是确定主要的材质和颜色：不同质地的金属材质和银灰色、暖色调的搭配确定了表皮的主调。建成后的效果证明，多样的材料和表皮构成在增加建筑的多样性和趣味性的同时，也取得了协调统一。

3）表皮的系统：上海第十钢铁厂二期改造方案

这是针对上海第十钢铁厂二期改造的一个方案，虽然没有实施，但是体现了在处理较大规模的建筑群体和复杂情况下的表皮策略。厂址位于上海市徐汇区，毗邻徐家汇商业中心和新华路历史风貌保护区，基地靠近淮海西路的一部分已经成功地改造为上海城市雕塑艺术中心[58]。二期改造的建筑现主要作为灯具市场和花鸟市场，基地呈L形，占地约5.6公顷。对于旧工业建筑改造项目而言，该项目建筑数量多、规模大，需要采取有效的设计策略才能完成这一复杂的工程。

整个项目需要准确定位、合理布局功能和拆除旧建筑、加建新建筑，这需要权衡多方面的矛盾，在此不加赘述。需要指出的是，这些复杂的内在逻辑在方案中通过使用三组连续的、相互交织而风格不同的表皮进行组织和表现（图8-19）。三组不同表皮的建筑由原有建筑的现状、改造后的功能以及与新建建筑的关系三大因素进行划分。第一种表皮材质采用清水砖墙和外露的原有工业建筑混凝土框架，原有建筑主要是大空间的厂房，后续利用主要作为博物馆和大型图书中心；第二种材质采用变化材质的砖墙和玻璃，原有建筑主要是市场和商店，后续将作为影城、儿童剧场和互动剧场；第三种材质由玻璃、钢和素混凝土形成现代的风格，原有建筑多为质量较差的辅助建

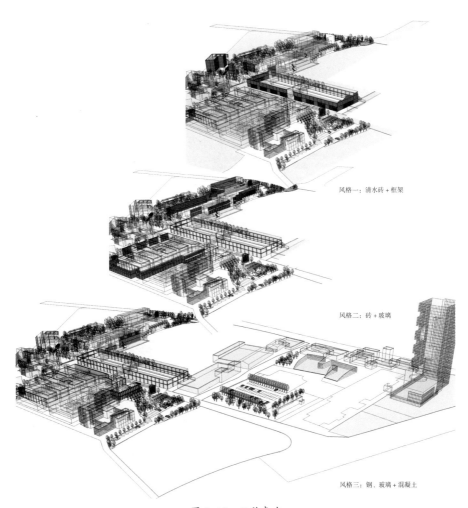

风格一：清水砖 + 框架

风格二：砖 + 玻璃

风格三：钢、玻璃 + 混凝土

图 8-19　三种表皮

筑，且靠近新建的办公楼，改造的力度较大，后续利用基本为休闲娱乐、餐饮等功能。三种表皮不仅反映出改造的内在逻辑，同时通过材质的过渡，延续了原有工业建筑的风格，与现代建筑融为一体（图 8-20）。

　　建筑表皮的相对分离是和消费文化有密切关系的，而消费文化的重要特点之一就是追求文化产品的工业化生产；文化产品需要适合大众的需求，变

图 8-20　鸟瞰

化快，追求新奇的形式。或者说，建筑也将成为一种消费品。然而，建筑的建成需要消耗大量的人力和物力，而且绝大多数建筑都不是临时性的，所以建筑空间的灵活使用以及建筑表皮的不断革新和变化成为适应这一社会需求的主要手段。建筑表皮相对分离是趋势，但是需要与建筑的空间和功能、城市景观以及审美情趣相结合，只有协调好这些关系，才是好的设计，而不是一味追求表皮效果的新奇。以上三个实践案例仅仅是从表皮更新的角度思考，在旧工业建筑的改造中，更应该考虑经济环保的策略，使旧工业建筑的再生名副其实。

2. 多元权益的共同博弈

在上海存量发展的背景下，城市用地紧缩，新增公共绿地难度较大；由城市产业结构调整释放出的工业遗产地作为近代城市发展变迁的重要物质和精神载体，其整体保护与再利用是当前城市更新的重要课题，在调整城市公共开放空间结构、缓解公共绿地不足的压力、有效发挥其社会价值、体现场所文化、带动周边地区的发展等方面极具潜力，然而却面临经济发展和开发建设的巨大压力，下面以 M50 创意园为例介绍这一典型的矛盾和困境。

M50 创意园位于上海市苏州河南岸中段莫干山路 50 号，占地面积 2.84 公顷，原是近代著名徽商周氏家族的产业，现为以视觉创意艺术为主题的创意产业园。M50 前身是 1937 年建立的信和纱厂，1996 年更名为上海春明粗纺厂。1999 年停产歇业后，春明粗纺厂将厂房低价租赁，以解决土地闲置、下岗工人安置等问题。[59-61] 这一举措吸引了众多艺术创作者入驻，形成了艺术产业萌芽。

与此同时，上海市规划部门大力推进苏州河沿岸景观提升工作。当时上海对工业遗产的保护工作尚在起步阶段，工业遗产保护尚未受到应有的重视。春明粗纺厂未被列入苏州河规划保留名单，政府规划将其拆除后用于房地产开发。[59, 62]2003 年，郑时龄教授等工业遗产保护领域的专家，以及薛松、丁乙等著名艺术家向上海市政府提出保护春明粗纺厂的请求。这引发了政府、企业管理方、已入驻的艺术家和专家等各方的巨大争议，争议的核心在于对这些大多建造于 20 世纪五六十年代的普通厂房的历史风貌价值的判断。[63]在对春明粗纺厂厂区进行详细踏勘与价值研判，对纽约、伦敦等国际大都市的创意产业发展史进行深入研究后，各利益相关方对春明粗纺厂的未来规划达成了共识：春明粗纺厂的首要价值是新兴的当代艺术文创产业，应当予以大力支持；厂区的工业建筑、空间肌理和街巷尺度等物质形态记录了上海民族企业的发展历程，见证了当代艺术产业带动工业遗产转型的典型城市更新过程，具有重要的历史文化价值，应当适当予以保护和保留。2004 年，政府初步介入春明粗纺厂的发展规划，将其命名为视觉艺术特色街区；2005 年，上海市经济委员会授权其为第一批创意产业集聚区，强调应对工业遗产建筑单体和街坊肌理进行整体保护，将其正式命名为 M50 创意园。[64]M50 以文创产业为主导的工业遗产保护更新工作进入实质落实阶段。2018 年，由普陀区规划局牵头的 M50 整体工业遗产保护计划和相关研究进一步增强了对 M50 艺术产业的政策扶持力度，保持 M50 工业用地性质不变，保留下来的建筑容量不计入该地区的新开发容量，确保园区的艺术性、空间使用合理性和遗产保护有效性。M50 得以成为目前苏州河畔保留最完整的民族纺织工业建筑遗产地和最具特色的创意产业园区之一。

总的来说，M50 的保护工作前期是"自下而上"的，由艺术家、设计师自发促成了产业园的初步转型；后期则是"自上而下"的，由政府引导保护开发工作，并提供了大力政策支持。[62] M50 不仅保留了国营纺织工业时代的工业建筑／构筑物、小尺度街坊的肌理等物质遗产，以及工业技术与生产方式、产业发展历程、场所感与集体记忆等历史文化遗产，也是上海最早的、自发形成的当代艺术和创意产业聚集地之一，而且在保护规划中，保留了上海苏州河湾区域难得的绿色空间。

然而，这一局面没能维持多久。在土地开发巨大利益的驱使下，位于M50 园区北侧莫干山路 120 号，由阜丰福新面粉厂旧址改造的天安阳光广场开工建设。阜丰福新面粉厂原是两家公司，阜丰面粉公司于 1898 年由孙多森、孙多鑫兄弟创办，福新面粉公司于 1913 年由荣宗敬、荣德生兄弟创立，第一次世界大战后上海面粉行业形成阜丰、福新两大系统，1956 年合并为公私合营阜丰福新面粉厂 [64]。2018 年，阜丰福新面粉厂遗存的厂房、办公楼和工人居住区里坊门入选第一批中国工业遗产保护名录。2011 年，天安中国投资公司邀请托马斯·赫斯维克主持设计，将阜丰福新面粉厂旧址地块改造为大型城市综合体——上海天安阳光广场。

天安阳光广场总建筑面积约 30 万 m²，外形酷似古巴比伦的"空中花园"（图 8-21）。其最大的特色在于，创造性地将工业遗产保护与当代地形学建筑实践巧妙融合。在综合体主体建筑设计的方面，赫斯维克选择暴露建筑结构，以近千根清水混凝土立柱为挑梁柱，柱子顶端设盆栽池，构成了错落有致的树屋矩阵，呈现强烈的几何构造感，使得天安阳光广场从周边建筑环境中脱颖而出。建筑整体自中心向四周退台而下，形成两座耸立的"山峰"，自然地与几栋保留建筑融为一体，与苏州河滨水绿地和 M50 创意园区空间产生了对话关系（图 8-22、图 8-23）。退台式设计让天安阳光广场得以拥有 1 000 个种

图 8-21　上海天安阳光广场建成实景

图 8-22　上海天安阳光广场效果

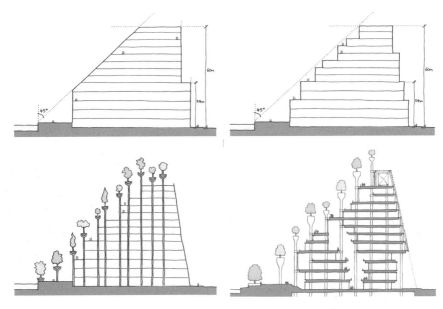

图 8-23 上海天安阳光广场剖面功能分区示意

满植物的平台和 400 个露台，人行流线也仿照丛林游弋的高低错落的路线进行设计，强化了"3D 森林"的视觉效果，该项目也因此得名"千树工程"。除了造型上的精巧构思外，赫斯维克还在主体建筑中融入了集乔木固定、自动滴灌、雨水感应于一体的现代种植技术。在工业遗产保护方面，赫斯维克寻求新旧建筑的和谐共存，在"修旧如旧"的基础上对老建筑进行功能重塑，通过新老建筑功能与艺术风格的对比、碰撞与融合赋予整个地块丰富的可能性。天安阳光广场两座"山峰"之间、距离苏州河岸最近的仓库和耳房是两层砖木结构建筑，被改造为博物馆，展示该地块由民族企业演变为现代商业综合体的历史过程；其南侧的三层楼厂房改建为与 M50 风格统一的时尚艺术展览空间。综合体西侧保留的一段福新厂旧厂房塔楼，将保留主要结构，改造为垂直电梯井。综合体最东端的四层厂房是保存最完好的建筑，设计师保留了青砖、红砖砌筑的外墙和拱券门等外立面装饰元素，对室内进行重新设

图 8-24　上海天安阳光广场保留阜丰厂办公楼效果

计，改造为高档餐饮中心。最特别的保留建筑是阜丰厂的办公楼，它完全被"千树"包裹其中（图 8-24），在综合体内部才能一睹真容。

　　然而，这种艺术形式的碰撞也引发了巨大争议，反对者认为，天安阳光广场的设计过于"炫技"，而忽略了建筑形式与苏州河畔地域文化的关系，在上海民族企业工业遗产集聚地建设这样一座与工业遗产毫无关联的"空中花园"显得"不伦不类"。这一争议也反映了工业遗产保护更新工作中的核心问题——工业遗产的保护更新工作中，历史元素和当代元素如何取得平衡。对于天安阳光广场项目而言，"3D 森林"的地形学建筑形式在某种意义上可以说是响应了沙利文的"形式追随功能"的现代主义设计口号。在狭长的基地上，既要在适宜于人体工学的尺度上满足客户对大型密集开发的需求，又要将大体量的建筑融于苏州河畔绿地景观，为公众提供充足的户外活动空间；既要实现对阜丰福新面粉厂保留建筑的保护与适应性再利用，与 M50 创意园中当代艺术与工业遗产结合的风格相协调，又要满足独具特色、成为区域地标与视觉焦点的需求——在这样复杂的情况下，这座由钢筋混凝土柱和植被、露台构成的"城市山林"似乎可以称为对场地的策略性回应。这幢建筑究竟能否在使用中产生古与今的对话，像 M50 创业园区一样衍生出符合当代文化需求、体现苏州河畔地域特征的文化特质，则应当留待时间来评判了。但是毫无疑问，这一方案虽然考虑尽量不破坏保护建筑，但是原有滨河的绿地空间是不能靠在建筑上种几棵树就能弥补的。

3. 后工业景观语言

20 世纪 70 年代工业遗产的价值被世界发达国家广泛认识，工业遗产的保护与利用在理论与实践领域都得到了长足的发展，其中包括对工业遗址或称棕地的改造和再生，工业遗址的景观也被称为后工业景观，下面以上海国际节能环保园核心区景观设计——宝山后工业生态景观公园为例，探讨后工业景观设计的特征与设计语言。

上海国际节能环保园位于上海市宝山区吴淞工业区南部的长江西路 101号，原上海铁合金厂内（图 8-25）。厂址所在地宝山吴淞工业区是高能耗、高污染企业的集中地。在建设生态文明城市的战略下，上海进行了产业结构的战略调整。2006 年 6 月上海铁合金厂停止生产，成为吴淞工业区转型的标志性事件。在宝山区政府的支持和倡导下，在此地块规划建设"上海国际节能环保园"。节能环保园的规划综合了办公、商业、展示、核心景观与后勤服务等功能，规划五大功能分区。节能环保园核心景观占地 5.3 公顷，宝山区政府意图将其建设为后工业景观的示范（图 8-26）。然而，出于经济发展的需要，规划方案并没有以利用原有建筑和尊重场地作为出发点，为核心区景观的设计提出更高的要求，向委托方强调工业遗产价值，宣传保护利用的方法以及后工业景观理念，在我国目前仍面临比较艰巨的任务。核心区景观的设计由德国瓦伦丁 + 瓦伦丁城市规划与景观设计事务所完成，设计基于对工业遗产的综合价值分析和贯彻多功能复合的理念，试图切实体现节能环保

图 8-25　上海国际节能环保园区位

的理念，并尝试一些新的设计语言。

1）场地的特质

后工业景观设计强调现状分析与设计构思的融合，设计过程中需进行多次的分析与设计构思的交叉与反复。一方面，因为现状情况复杂，不仅需要对工业生产所建设的建筑、构筑物及空间场地进行分析，同时也需要理清它们与原本的自然条件之间的关系，当然也包括生产过程与活动的关系。另一

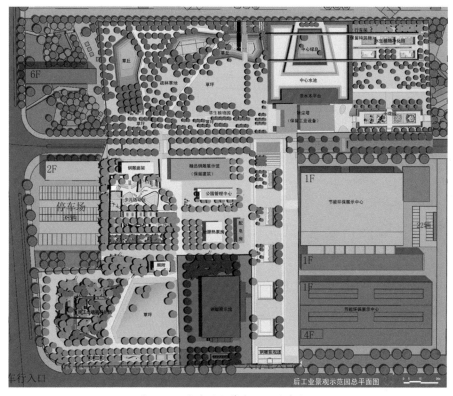

图 8-26　上海国际节能环保园总平面

方面，在分析的过程中对工业遗存的价值判断和场地特质的挖掘实际上已经蕴含了改造利用的策略以及设计灵感的火花。这种整体设计的方法虽非新创，却是后工业景观设计方法的主要特征。

除了在规划设计中基地分析的常规内容外，更应该注重以下方面：基地的特质体现在哪些方面？基地中哪些元素应该保留，其价值何在？现状与设计构思的关系以及表现体系。正因为分析的内容多样而且相互之间关系较为复杂，多标准分析方法得到运用，思考的过程是整体和反复的，文字仅能表述一般步骤和结论。

节能环保园核心区景观设计范围位于其中心，呈不规则形状，基地的形状、位置与规划现状决定了应采取的策略。首先需要处理的是与规划方案的关系，因为规划方案较大地改变了原有场地的特征，所以尽量保留反映基地特征和工业特色的工业遗存成为出发点之一。设计师成功说服了委托方保留设计范围之外却处于主要入口两侧的工业建筑，成为核心景观区入口标志性的建筑，也与周边规划方案有了对比和过渡，当然更是一种场地记忆的诠释。

正如尼尔·科克伍德所说，"制造场地"具有两方面的含义，一是指制造工业的场地，二是指工业制造出的场地。前者是工业遗址范围内的物质构成，包括厂房、构筑物及设备、植物、水体等；后者是工业制造活动相适宜的空间形态及其创造出的场所。场地内废弃的厂房、除尘塔、仓库、堆场年久失修，结构破损，但并不意味着要被废弃。它们是一种特定的独立系统，在某些方面有潜在的功能联系，也有视觉上或理念上的关联。现状调查中对场地内现状基础需要充分发掘，如大型的建筑构架、高耸的具有地标性的除尘塔、设计精美的厂房、3 米高的石墙及具有金属质感的不同色泽的矿渣等都值得保留和改造（图 8-27）。另外，原有厂区污染极为严重，所保留下来的植被显现出在污染的环境中生长的特性。由厂房、仓库、构筑物等人工要素以及厂址中水体、植被等自然要素所围合或限定的物质空间也是重要的元素之一，它们具有材料、形状、质感和色彩等性状，不仅意味着抽象的地点，而且是关于环境特征的一个具体表达。随着围合物的拆除和改变，原有的空间也将消逝和改变。生活与工作在这里几年甚至几十年的人们，其行为塑造出的空间景观，显示出时间在空间中的沉积，人的行为活动赋予这些空间以文化的意义。

在对现状元素进行分类、价值评价和保留取舍的同时，思考其改造和利用，包括其功能、在整个景观结构中的角色、改造的方法、与新元素的关系等。上海国际节能环保园核心区景观设计提出"编织"的设计理念，将原有的肌理保留，使用新的材料进行修补，通过改变其编织构造完成新的作品。因而总体的设计布局实际上是现状元素的重新安排，既要根据分析保留原有的元

图 8-27 上海国际节能环保园核心区标志性的除尘塔

素构成整体空间结构，同时也需要进行新的整合与调整，从而使得整个基地获得新生（图 8-28）。

2）空间与场所的塑造

从以上分析可知，基地的再生来自对原有景观元素的保留、重新诠释、更新与组合。在这一过程中，空间与场所的塑造是主要内容。通过对保留的空间再次诠释赋予其新的含义；通过旧空间的更新与新空间的生成完善新的空间结构；通过空间中活动媒介的引入，创造新的场所。

工业遗址沉积了城市的记忆，也是当时工作场景与日常生活的见证。然而生活其中的人们已经离去，物质的空间需要再次的诠释。在设计中原有的空间结构被保留，根据基地保留现状特征分为入口广场区、入口景观区及核

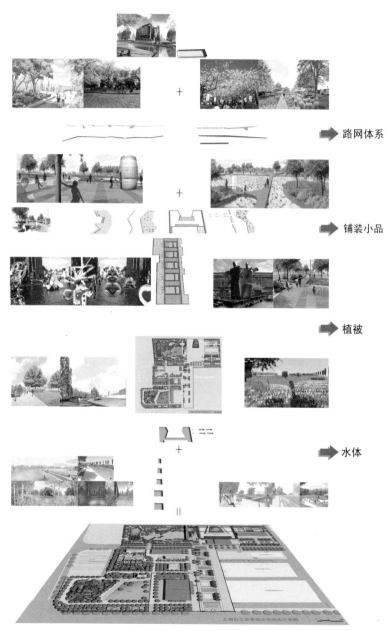

路网体系

铺装小品

植被

水体

图 8-28　上海国际节能环保园核心区设计分析

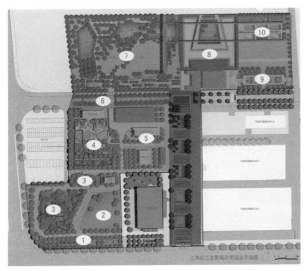

图 8-29　分区及景点

心景观区（图 8-29）。入口广场区是原有厂区道路的改造，将公园的核心景区与目前基地周边唯一的城市道路——长江西路连接起来。这是外部道路空间向公园核心景观区过渡的重要地带，为了引导游人进入公园，设置有方向性的带状绿地，楔形水系的连线正好指向公园的中心水系，加上草带、行道树等景观元素，形成强烈的引导性。带状绿地由水池、雕塑、草坪、灌木、乔木组成，在铺装细部设计上由入口向公园内侧设置五块钢板，镶刻厂区建立、形成、停产、转型和公园建成的五个重要的历史节点，向人们诉说厂区的发展史。入口景观区位于基地的西南侧，呈倒 Z 形平面布局。本区域保留了原有植被以及质量较好的厂房，结合原有变电所及地源热泵机房，设置公园管理中心，为园区管理服务提供用房，同时重新设计了大草坪和林荫道，为周边的工作人员和游客提供了活动场所。核心景观区位于设计范围的最北端，是原上海铁合金厂的中心区域，地块内有高耸的除尘塔、巨大的行车架、输送带及库房等。设计保留了这些具有历史意义的工业元素，结合绿地、水体、雕塑等，形成公园的高潮（图 8-30、图 8-31）。

图 8-30　核心景区：条石铺装和草坪形成有质感的空间，与原有的工业设施相协调

图 8-31　核心景区：地面的水池与空中的行车架相得益彰

针对没有保留的空间采用两种方法：一种方法是对拆除的建筑，保留其平面形态，并在原地重新建造花园和水景（图 8-32）。另一种方法是尊重原有场所的平坦肌理，在改变空间形态的地方采用微地形的塑造和其他保留空间形成对比，高差控制在 2 米左右（图 8-33）。如入口景观区的北侧，原为厂区的堆场。设计保留了高约 3 米的块石墙体，通过植物及路网分隔成多个小空间，开展各种适合青少年的运动项目，如竹林火山、山地自行车道、滑板、乒乓球、沙坑、蹦床、攀缘、滑梯、草坡滑梯等。中部有组合广场，设置简洁的条形座凳，让家长尽情享受亲子之乐。利用保留的钢构架跨越 3 米高的墙体到达核心景观区，增加整体联系（图 8-34）。

再生的空间是联系往日记忆的载体，同时也是现在和未来新的活动的媒体，它成为过渡的场所，将过去与未来联系于现在。设计希望提供一个平台，

图 8-32　根据原有建筑平面设计的水池

图 8-33 微地形的塑造

图 8-34 青少年活动区

在这里可以激发人们参与多样的活动，从而创造新的场所。例如，核心景观区的西部拆除了原有的建筑，设计了一片疏林草坪，与中心水景区成一轴线，西、北两侧的人工地形与中心水景区的草坡地形相连，加强基地的整体性，用树林与周边的园区道路隔离。北侧土坡上利用废弃建筑材料做成景墙，围合两个小空间。西侧的土坡边缘有一条长约 70 米左右的条形座凳，在满足人们休憩需求的同时，向人们展示较大尺度的地景之美，也是永不落幕的钢雕艺术展示区（图 8-35）。这一区域于 2008 年 10 月 18 日向市民开放，同日，"2008 上海国际创意产业活动周"的重要活动——2008 上海国际钢雕艺术节在钢雕公园开幕。昔日上海耗能污染大户——上海铁合金厂，已变身成为上海国际节能的示范基地，昔日的破旧厂房也成了钢雕公园。

图 8-35　钢雕展示区的长椅

3）技术与艺术的结合

工业遗址的利用面临的首要问题是如何处理受到污染的土壤与水体，因而后工业景观设计中对技术的运用至关重要。另外，节能环保的理念也具体反映在巧妙的废物利用和可持续的高技术、新材料的实验性运用。

对原有建筑废料的有效利用，既能节约资源也能减少对环境的污染，富有艺术感的建筑废料对游人还具有积极的教育和启示作用，充分体现景观设计的教育和示范理念。在上海国际节能环保园核心区景观设计中，主要将建筑废料用于景墙和铺地中。设计中大量使用了用钢丝网加固定型，废弃混凝土块填充而成的景墙（图8-36）。例如核心景观区的西片，用各种工业建筑废料做成软铺装、景观小品、矮墙等，构成独特的后工业景观带。矮墙围合

图8-36　废弃混凝土填充而成的景墙

图 8-37 花园展示区

图 8-38 花园展示区

成私密性空间，墙体内的空隙能为昆虫及小型爬行动物提供良好的生存空间。软质铺装则利用基地内报废的材料，通过分类筛选，用报废的钢材、混凝土预制板、砖石和矿石等，创作出类似中国山石盆景的园林小品，放在软质铺装的岛状斑块中。由此表现本地的人文脉络，既节省原材料，又能产生令人惊奇的艺术效果。该区域配置多种能源植物、果树及旱生植物，从而体现园区的节能主题。

除尘塔是本设计中的标志性景观，它是昔日防止污染的表征，也是今天节能环保的主题。设计保留了除尘塔东侧原有仓库的墙体框架，改造成 1.8 米高的景墙，四面墙体自然围合空间。边缘的硬质铺地均采用原有厂区废弃的红砖、青砖及块石。与除尘塔位于一条轴线上的花园展示区（图 8-37），主要体现经典园林艺术流派的四个典型片段，分别是以废弃石块及白石子营造的日本枯山水景观；以松、竹、梅、青瓦、黑卵石表现的中国园林景观；以新材料、丰富的色彩表现的现代艺术景观；以修剪的绿篱所表现的巴洛克式园林景观。通过这些经典片段向人们展示：废旧的工业厂区也可以与各种园林艺术流派完美结合，并呈现出更具独特魅力的特色景观（图 8-38）。

水是景观设计中的灵魂。首先，节能环保园核心区景观设计以天然降水作为水景创作的资源，采用渗水材料和软铺装的构造做法，让雨水最大限度地自然渗入地下，形成良好的水循环系统，以保护当地的地下水资源。其次，屋面和地面排水经净化处理汇集到园区东北侧的地下蓄水池，根据循环量需要，提升至中心水景区。中心水池东侧，设有若干小型水花园，通过水生植物进一步净化水质，提供主水池和入口水池用水，形成完整的循环体系。水生植物净化技术主要利用水生植物吸附、吸收水中的富营养物质，如氮、磷、重金属污染物等，从而达到净化水质的作用。在土壤净化池中最常用的是芦苇，这种极具竞争力以及适应能力的植物，能够通过其向上生长的根茎消耗淤积的沉淀物。芦苇根部的纵向深度很长，并且由根部向上呈直角生长，这样就确保土壤在横向和纵向两个方向上都具有良好的渗透性。此外，园林中常见的水生植物还有旱伞草、菖蒲、美人蕉、石菖蒲、荇菜等。设计中根据水质情况，选取水系面积 1/20 至 1/40 的面积，设置水生植物净化池。

积极采用先进的科学技术、减少能耗和污染、保护环境可以说是当代景观设计的发展趋势。在后工业景观设计中运用各种技术、实验新的材料，与工业时代的技术元素形成对比，从而引发对工业时代的反思和对人类自身的批判。在节能环保园核心区景观设计中，虽然没有机会在这方面取得突破，但是在设计中有了深入的思考，最后在园中采用了地源热泵技术。虽然在我国地源热泵的研究和运用起步较晚，但是该技术自 21 世纪起迅速发展，特别是在北京和天津等地区。由于具有清洁、高效、节能等诸多优势，地源热泵在节能环保方面还有很大的发展潜力。

从节能环保园核心区景观设计实践中可以看出，我国后工业景观设计还处于试验和示范阶段。一方面，需要引入和传播新的理念；另一方面，项目建设周期短，许多环节和技术手段往往没有足够的时间贯彻。例如，水质净化等技术的实施并没有达到预期目标，以及流于形式而忽略实质问题的有效解决。由于土地所有权的原因，目前我国的工业遗址改造利用基本上由政府投资建设。然而随着城市的发展，土地资源越来越稀缺，对工业遗址用地的有效利用将成为我国城市土地集约发展的主要途径之一，也势必采取多样化的方式吸引投资进行建设。如何在法制和设计规范上制定有效的措施，规范民营资本开发建设中的设计标准和保证建设质量，是棕地得到合理利用的重大课题。对于工业遗产的保护、土壤的无毒化处理、净水措施的实施以及工业场地植物的利用，都将直接关系到人们的生命安全和身体健康。虽然解决的方案可能并不会很复杂，但是如何理解与思考问题却必须慎重和周密。后工业景观的设计将成为我国未来景观设计的趋势之一。

本章参考文献

[1] TICCIH. Nizhny Tagil Charter for the Industrial Heritage(《塔吉尔宪章》)[S]. [出版者不详], 2003.

[2] 李辉 . 工业遗产地景观形态初步研究 [D]. 南京 : 东南大学 , 2006.

[3] 佟玉权 , 韩福文 . 工业遗产景观的内涵及整体性特征 [J]. 城市问题 , 2009(11): 14–17.

[4] 市府发展研究中心课题组 . 论上海工业布局的调整 : 关于上海工业向 "9+1" 区域相对集中的探讨 [J]. 上海经济 , 1999(5): 4–6.

[5] 周向频 , 杨璇 . 布景化的城市园林——略评上海近年城市公共绿地建设 [J]. 城市规划汇刊 , 2004(3): 43–48, 95–96.

[6] 阙维民 . 国际工业遗产的保护与管理 [J]. 北京大学学报 (自然科学版), 2007(4): 523–534.

[7] 刘伯英 . 工业建筑遗产保护发展综述 [J]. 建筑学报 , 2012(1): 12–17.

[8] 孙晓春 , 刘晓明 . 构筑回归自然的精神家园——美国当代风景园林大师理查德 • 哈格 [J]. 中国园林 , 2004(3): 11–15.

[9] 王向荣 , 任京燕 . 从工业废弃地到绿色公园——景观设计与工业废弃地的更新 [J]. 中国园林 , 2003(3): 11–18.

[10] NAVEH Z. Ten major premises for a holistic conception of multifunctional landscapes[J]. Landscape and Urban Planning, 2001, 57(3–4): 269–284.

[11] CERVER F A. Environmental restoration[M]. S.A.: Arco, 1997.

[12] BERNARD L. The landscape approach[M]. Pennsylvania: University of Pennsylvania Press, 1998.

[13] 拉茨 , 孙晓春 . 废弃场地的质变 [J]. 风景园林 , 2005(1): 29–36.

[14] WEILACHER U. Between landscape architecture and land art[M]. Boston: Birkhäuser, 1999.

[15] HOLDEN R.International landscape design[M]. London: Laurence King Publishing, 1996.

[16] 王向荣 . 生态与艺术的结合——德国景观设计师彼得 • 拉茨的景观设计理论与实践 [J]. 中国园林 , 2001(2): 50–52.

[17] 丁一巨 , 罗华 . 后工业景观代表作 德国北杜伊斯堡景观公园解析 [J]. 园林 , 2003(7): 64–65, 42–43.

[18] 丁一巨 , 罗华 . 德国艾美溪公园国际建筑展的规划设计理念 [J]. 园林 , 2003(6): 64–66, 22–23.

[19] 丁一巨 , 罗华 . 铁城景观述记——德国北戈尔帕地区露天煤矿废弃地景观重建 [J]. 园林 , 2003(10): 11, 42–43.

[20] 刘抚英 , 邹涛 , 栗德祥 . 后工业景观公园的典范——德国鲁尔区北杜伊斯堡景观公园考察研究 [J]. 华中建筑 , 2007(11): 77–84, 86.

[21] 张阳. 繁华过后的宁静——理查德·哈格和罗伯特·史密森在后工业化时期的景观思想
[J]. 世界建筑, 2006(3): 125–128.

[22] 虞蔚君, 丁绍刚. 生命景观从垃圾填埋场到清泉公园 [J]. 风景园林, 2006(6): 26–31.

[23] 中国科协创新战略研究院, 中国城市规划学会. 中国工业遗产保护名录 (第一批)[J]. 今
日科苑, 2018(1): 79–85.

[24] 李建斌, 王重亮. 德国工业景观建设 [J]. 工业建筑, 2008(1): 45–49.

[25] 戴代新. 后工业景观设计语言——上海宝山节能环保园核心区景观设计评议 [J]. 中国园
林, 2011, 27(8): 8–12.

[26] 戴代新. 景观再生的生态智慧 [J]. 中国园林, 2017,33(7): 60–65.

[27] 解学芳, 黄昌勇. 国际工业遗产保护模式及与创意产业的互动关系 [J]. 同济大学学报 (社
会科学版), 2011, 22(1): 52–58.

[28] 张嘉桧. 工业遗产地的景观保护及建设研究——以上海为例 [D]. 上海 : 同济大学, 2009.

[29] 张文卓, 韩锋. 工业遗产保护的博物馆模式——以德国鲁尔区为例 [J]. 上海城市规划,
2018(1): 102–108.

[30] 刘锐, 窦建奇, 丘苏坚. 欧洲纺织工业遗址路线的重要节点——德国 LWL 纺织工业博物
馆空间设计考察 [J]. 华中建筑, 2015, 33(6): 7–10.

[31] 刘抚英. 德国埃森“关税同盟”煤矿XII号矿井及炼焦厂工业遗产保护与再利用 [J]. 华中
建筑, 2012, 30(3): 179–182.

[32] 张文卓, 韩锋. 莱比锡棉纺厂——一个工业遗产地向创意产业集聚区转型的杰出案例[J].
中国园林, 2018, 34(3): 98–104.

[33] 马源, 刘怡凡, 吴宜杭. 煤气厂公园的改造——以美国西雅图为例 [J]. 江西农业,
2018(14): 90.

[34] 朱育帆, 姚玉君, 孟凡玉, 等. 上海辰山植物园矿坑花园贴近山石、水和自然、工业历
史 [J]. 城市环境设计, 2013(5): 168–171.

[35] 李蕾蕾. 逆工业化与工业遗产旅游开发：德国鲁尔区的实践过程与开发模式 [J]. 世界地
理研究, 2002(3): 57–65.

[36] CUDNY W. The Ironbridge Gorge Heritage Site and its local and regional functions[J]. Bulletin
of Geography, 2017, 36(36): 61–75.

[37] 吴志强. 上海世博会可持续规划设计 [M]. 上海 : 中国建筑工业出版社, 2009.

[38] 李冬生, 陈秉钊. 上海市杨浦老工业区工业用地更新对策——从“工业杨浦”到“知识
杨浦”[J]. 城市规划学刊, 2005(1): 44–50.

[39] 周文. 2010 年上海世博会工业遗产保护与利用 [J]. 中国建设信息, 2012(11): 60–61.

[40] 左琰. 工业遗产再利用的世博契机 2010 年上海世博会滨江老厂房改造的现实思考 [J].
时代建筑, 2010(3): 34–39.

[41] 陈鹏, 胡莉莉. 上海工业遗产保护利用对策研究 [J]. 上海城市规划, 2013 (1): 16–22.

[42] 张松. 上海产业遗产的保护与适当再利用 [J]. 建筑学报, 2006(8): 16–20.

[43] 刘抚英, 赵双, 崔力. 基于工业遗产保护与再利用的上海创意产业园调查研究 [J]. 中国园林, 2016, 32(8): 93–98.

[44] 蔡青. 上海工业遗产转型创意产业园区数据分析与发展研究 [J]. 遗产与保护研究, 2018, 3(7): 79–84.

[45] 上海市文化创意产业推进领导小组办公室. 关于 2019—2020 年度上海市级文化创意产业园区（含示范园区）、示范楼宇、示范空间名单公示 [A/OL]. (2019-2-12)[2019-8-2]. http://www.shccio.com/.

[46] 国家计委. 关于"十五"期间加快发展服务业若干政策措施意见的通知. 中华人民共和国中央人民政府门户网站 [EB/OL].（2001-12-20）[2019-07-28].

[47] 韩强, 安幸, 邓金花. 中国工业遗产保护发展历程 [J]. 工业建筑, 2018, 48(8): 8–12.

[48] 王潇, 朱婷. 徐汇滨江的规划实践——兼论滨江公共空间的特色塑造 [J]. 上海城市规划, 2011(4): 30–34.

[49] 郑时龄. 2010 年中国上海世界博览会与上海 [J]. 时代建筑, 2002(3): 30–33.

[50] 张松. 上海黄浦江两岸再开发地区的工业遗产保护与再生 [J]. 城市规划学刊, 2015(2): 102–109.

[51] 左琰. 上海世博会的经验与反思——滨江工业遗产保护与利用 [J]. 北京规划建设, 2011(1): 32–36.

[52] 陈云琪, 尹建平, 刘和, 等. "江南文化"驻留浦江畔——江南造船厂保护与再利用的前期研究 [J]. 时代建筑, 2006(2): 68–71.

[53] 周俭. 探求理想和现实之间的平衡——上海世博会园区规划演进探析 [J]. 规划师, 2006(7): 34–38.

[54] SEMPER G. The four elements of architecture and other writings[M]. MELLGRAVE H F, HERRMANN W, trans. New York, Melbourne: Cambridge University Press, 1989.

[55] FRAMPTON K. Studies in tectonic culture[M]. Cambridge, Mass: The MIT Press, 2002.

[56] 文丘里. 建筑的复杂性与矛盾性 [M]. 周卜颐, 译. 北京: 中国水利水电出版社, 知识产权出版社, 2006.

[57] 文丘里, 布朗, 艾泽努尔. 向拉斯维加斯学习 [M]. 徐怡芳, 王健, 译. 北京: 知识产权出版社, 中国水利水电出版社, 2006.

[58] 王林. 城市记忆与复兴——上海城市雕塑艺术中心的实践 [J]. 时代建筑, 2006(2): 100–105.

[59] 阮仪三. 论文化创意产业的城市基础 [J]. 同济大学学报（社会科学版）, 2005(2): 39–41.

[60] 洪启东, 童千慈. 从上海 M50 创意园看城市转型中的创意产业崛起 [J]. 城市观察,

2009(3): 96–104.

[61]　方田红, 曾刚. 大城市内城创意产业集群形成演化的影响因素分析——以上海 M50 为例 [J]. 华东理工大学学报 (社会科学版), 2013, 28(5): 39–45.

[62]　薛鸣华, 王林. 上海中心城工业风貌街坊的保护更新 以 M50 工业转型与艺术创意发展 为例 [J]. 时代建筑, 2019(3): 163–169.

[63]　沈湘璐, 吉锐, 陈天. 上海 M50 创意园改造实践 [J]. 建筑, 2016(19): 65–66.

[64]　刘抚英, 徐杨, 陈颖. 上海、无锡近代面粉工业遗产典型案例研究 [J]. 工业建筑, 2017, 47(8): 15–20.

第 5 篇　干预评估

干预评估是对景观遗产处置措施的后评价工作，其内容相当广泛，需要针对不同的遗产类型和评价目标开展。景观遗产是一种空间遗产，公共性作为遗产的本质属性近来在国内备受关注。因此本部分以遗产的空间公共性评价为议题，讨论城市景观遗产的干预评估。以工业遗产为例，目前景观遗产实践研究关注的是理念、方法、措施，尤其是对工业遗产地的生态修复。在城市更新的背景下，工业遗产的景观再生成为城市公共开放空间结构调整和品质提升的一次机遇，然而，工业遗产景观再生的实施效果如何？本篇试图通过对上海案例的对比分析，发现问题并提出建议。这仅仅是研究的开始，针对城市工业遗产空间公共性的评价，还需要更为宏观、更为精细化的深入研究。今后城市景观遗产保护更新的评价工作还任重道远。

第9章
城市工业遗产空间公共性评价

    现如今，工业遗产的景观再生实践已广泛被大众接受，众多的项目成为网红打卡地，当初的工业景观如今变成了城市的公园绿地、时尚空间。设计师在关心规划设计的新理念、新方法和新措施之余，还应该反思：这些项目真的满足了人们的需求吗？规划设计师理解了工业遗产的价值，为城市更新做出了正确的决策吗？项目的实施效果或者"景观绩效"，不仅包括景观实践项目在经济、生态方面的效益，也包括社会效益。如果认识到城市工业遗产的景观再生是对城市土地资源的再利用，是城市公共开放空间的结构调整和品质提升的机遇，人们自然会关心城市工业遗产景观实践项目的社会效益。空间公共性是评价其社会效益的关键指标之一，也是容易被忽视的重要因素之一。

    什么是公共性？20世纪著名政治理论家汉娜·阿伦特（Hannah Arendt）基于对古希腊人的公共生活与私人生活的考察，对公共性的含义做了深入的剖析。她认为"公共性"包含公开性（Publicity）、多元性（Plurality）和共同性（Commonness）。公开性是指出现在公共场合的事物可以被其他进入该领域的人听到和看到。多元性代表了差异性，在公共领域中的事物或活动需要被多人从不同的角度审视并交流，从绝对的差异性中得到同一性，这样才具有公共性。共同性指将公共性中的"他者"联系又分离的物体世界。[1]从中可以看出，公共性并非字面理解的那么简单。我们之所以研究事物的公共性，是为了评估该事物对人们社会生活的影响，因此对象本身的性质并非是决定其公共性的唯一因素。所以我们不能将公共性简单理解为公有性，尽管这是一个很容易混淆的概念。公共性的"公"并非指"公有"，而是更强调"公开"的含义，意指面向公众开放，能被公众获取、到达或者触及。汉娜·阿伦特对"公共性"所蕴含的多元性、共同性的阐释，则解释了"共"所体现出的对立、统一的含义，它不是简单的"相同"，而是隐含了在差异中达成一致的过程。

因此，于雷在汉娜·阿伦特的"公共性"理论基础下，将公共性定义为"公共性是人们之间公共生活的本质属性，它表现为公开环境中、在具有差异性视点的评判下形成一种共同认识，进而巩固一种维系他们之间共同存在的意识的过程。"[2]公共性是人们社会生活的一种本质属性，它具有公开、多元和共享的含义。另外，公共性依附于事物与人的社会活动之间的关系，是一个动态的过程，因此它又具有主客体间性和动态性的特征。

理解了公共性，空间公共性的含义也就不难理解了。简言之，空间公共性是空间的一种属性，它是开放的、能促进人们的交往并形成共识的过程。空间公共性关注空间与社会公众之间的关系，这里的空间指的是物质空间，空间的公共性从物质空间的单方面描述转向物质空间与人类活动关系的描述，由关注空间的物质状态转向空间的物质与社会状态的描述。因此，讨论空间公共性就不能只局限于某一方面：纯粹物质性的分析不可能抓住公共性的实质，而纯粹社会层面的讨论又会偏离空间本体。物质空间本身无所谓公共与否。虽然空间的规模、形式和风格等物质属性常被用来表述公共性，但是空间公共性并不与这些物质属性直接相关。只有当特定的社会生活与物质空间之间发生耦合，空间的公共性才成为可能。随着所承载的社会活动的性质发生改变，空间公共性的状态也会随之改变，如部分古代私家园林在今天已成为城市公园。

正如前文讨论的公共性并非是"公有性"，空间公共性同样与空间归属性质无关，而只与人们公共生活的状态和过程相关。另外，作为空间干预公共生活的一种属性，它本身不含有价值内容，但是空间公共性的评价最终是一种价值判断。空间公共性的高低是好是坏，最终该决定于评价的对象和目的。

9.1 城市空间公共性

近几年，公共空间公共性程度的评价研究已经成为西方公共空间研究领域中的研究热点。我国目前对城市空间公共性的研究仍集中在对公共性概念的理解辨析 [2]，对于城市空间公共性评价的相关理论研究和实践尚处于起步阶段 [3]。

在西方国家，新自由主义的兴起使得私人投资者在城市建设中承担的角色越来越重要，由此导致了西方城市公共空间的私有化和商品化。学者对此现象抱有不同的看法，但在公共性概念上达成了一致，他们认为在新的社会背景下，公共性概念已经成为一个公共与私有领域的混合体，公共和私有的关系也越来越复杂 [4]。阿里·迈达尼普尔（Ali Madanipour）教授于 1995 年针对英国某大型商业空间的开发过程及其对该空间公共性的影响所做的研究，是西方文献中最早的专门针对城市空间公共性进行评价的理论实践 [5]。在此后 20 多年里，国外学者开展了多项对城市空间公共性的评价研究。

总体而言，可以将国外城市空间公共性现有研究分为三大类。首先，最为普遍的是对城市不同空间的公共性进行评价，分析公共性现状、变化和动因，目的是为了寻求城市空间公共性的变化趋势，或者找到城市公共空间衰落的原因，提出有针对性的改善策略。其次，让国际研究者感兴趣的是，城市空间的私有属性或者公共管理是否对其公共性有所影响，而大多数研究得出的结论都与人们的常识相悖，即城市空间的私有属性并不会减弱其公共性，公共管理也并不总是能增强其公共性，研究结论证明公共性与事物归属并没有必然的联系。最后，在城市更新的背景下，也不乏对城市空间在更新建设前后的公共性进行比较研究。[3]

　　中国改革开放以来，在市场经济背景下，私人资本越来越多地进入城市公共空间开发建设领域，随着这一趋势，我国城市公共空间也开始出现了私有化和商品化现象，并引起国内一些学者如杨保军、缪朴[6, 7]的关注，随后李伦亮、许松辉等人从公共空间规划控制与引导途径[8, 9]；孙彤宇从公共空间设计方法[10]；杨震、张庭伟等从新公共空间的产生机制和管理方式[11, 12]；朱一荣、徐磊青等人从公共空间的日常使用等多个方面，对新时代背景下的城市公共空间展开讨论[13, 14]。

9.2　主要评价方法

1. 过程比较法

　　过程比较法通常用来评价新建或者更新的城市空间公共性[3]。该方法对于公共性程度变化的评价往往是定性的，而且这种定性评价只能对某一个具体城市空间，在其开发建设不同阶段中的公共性变化情况纵向比较，不能用于不同空间的横向比较。因此，在实践运用中，过程比较法往往仅用于比较同一个城市空间公共性程度的变化情况，而难以被用于比较不同城市空间之间的公共性。

　　阿里·迈达尼普尔以英国盖茨黑德地铁中心地区的商业空间开发项目为例，使用过程比较法对城市更新的规划、设计、开发、管理、使用五个阶段的公共性进行了评估，证明该项目完成后，城市公共性得到了提高。[5]穆格·阿卡尔·埃尔坎（Muge Akkar Ercan）在此基础上，先后以英国后工业城市纽卡斯尔的格雷纪念碑区（The Grey's Monument Area, GMA）、干草市场公交站地区（The Haymarket Bus Station, HBS）的城市更新项目为例，从可达性（Access）、机构（Actor）、利益（Interest）三个维度构建了公共性评价指标，评价了上述项目完成前后研究区域的公共性变化。研究证明，后工业地区的城市更新项目有效提高了城市公共性，更新过程中对于经济、美学和象征性作用的重视可能有助于公共性的提升。[15-17]

2. 估值法

估值法即通过建立一套具有统一评价标准的评价体系来对公共性程度进行量化评价，估值法最显著特征是对"公共性"这一抽象概念进行量化评价[3]。估值法为模型评估法的基础。估值法可以横向比较多个不同空间的公共性程度，同时也可以涵盖较多的空间公共性影响因子。不足之处是估值法仅能分析影响因子对空间公共性所产生影响的"结果"，缺乏对造成这些"结果"的原因和过程的分析和评价。

2007—2011 年，杰里米·内梅斯（Jeremy Németh）和史蒂芬·施密特（Stephen Schmidt）采用估值法对纽约曼哈顿中心区若干处城市公共开放空间的公共性进行了量化评价，从实践研究中总结出安保力度、空间权属、空间管理途径等因素对城市空间公共性的影响，提出从法律和规则（Laws and Rules）、监控和监管（Surveillance and Policing）、设计和形象（Design and Image）、可达性和领域性（Access and Territoriality）的途径调控城市空间，归纳出 20 种具体的调控方式，并分为鼓励公众使用和限制公众使用两类。评估实践中，每种方式按照内梅斯和施密特提出的估值标准分为 0 分、1 分、2 分三个等级，对于鼓励公众使用的调控方式而言，2 分代表公共性最高等级；对于限制公众使用的调控方式而言，0 分代表公共性最高等级。最终将鼓励与限制两种方式的总分相减即为该项目公共性总分，得分越高表示研究区域的公共程度越高。[4, 18, 19]

3.模型评估法

目前，国外研究中主要有情境／安全空间模型、CABE 空间塑造者模型、三轴模型、星形模型、公共空间指数模型五种公共性评价模型[20]。

情境／安全空间模型由范·梅利克（Van Melik）在 2007 年提出，并在鹿特丹的城市广场改造项目中成功实践。模型包含安全空间（Secured space）和情境空间（Themed space）两大维度，即监视、闲逛限制条件及规则，以及三个子维度，即事件、娱乐性购物和路边咖啡座，每个维度分为低、中、高三个等级。在评估实践中，子维度共同构成的雷达图连线面积越大，研究区域的情境／安全性越高。[21] 该模型存在的问题是，不同案例之间难以横向比较，模型各维度的评价内容也相对局限。

CABE 空间塑造者模型是 2007 年由英国建筑和建设环境委员会（The Commission for Architecture and the Built Environment, CABE）在《空间塑造者》（*Spaceshaper: A User's Guide*）中提出的面向所有人群的实用工具。研究者可以邀请公众参与研究，依据模型提供的 41 个场所特征，从维护、环境、设计与外观、社区、使用者、可达性、使用、其他人的维度对研究区域进行评价，据此画出场所感知得分的雷达图。该模型提供了详细的问卷和操作步骤，公众参与度较高，能体现不同利益相关者的意见，但实践中需要专业人士的指导。[22]

三轴模型是内梅斯和施密特于 2010 年在纽约一百多个公共空间的基础上提出的，是针对高强度开发项目中的私有公共空间（Privately owned public space）的评估模型。该模型包含使用情况、产权和运行管理三个维度，每个维度的评估因子得分由低至高分为 −2 分、−1 分、0 分、1 分、2 分五个等级，通过维度得分的连线评判空间的公共性和运营管理中的偏向。该模型是本节介绍的五种模型中唯一一个明确提到室内空间评估的模型，目前仅针对运营管理维度提出了 20 个评估因子，另外两个维度尚无用于实践的评估因子。[4, 23]

星形模型由乔治安娜·瓦尔纳（Georgiana Varna）和史蒂文·蒂耶斯德尔（Steven Tiesdell）于 2010 年提出，包含公私产权（Ownership）、控制（Control）、运营状况（Civility）、形态配置（Physical Configuration）、活力（Animation）五个维度，各维度的评估因子得分被分为五个等级，可用五星形雷达图进行可视化，指导空间改造更新。该方法的评估因子全面细致，操作简单便捷，被应用于苏格兰、北欧多地的空间改造研究中，是目前应用最广泛的公共性评估模型。[24] 虽然该模型各维度评估的因子数量不尽相同，但是却被赋予相同的权重，导致研究结果的相对均质化；评分规则偏向定性描述，量化研究不足。针对上述问题，瓦尔纳提出，利用空间句法可以在一定程度上优化模型。[25]

公共空间指数模型由维卡斯·梅赫塔（Vikas Mehta）于 2014 年提出，包含有意义的活动（Meaningful activities）、包容性（Inclusiveness）、愉悦度（Pleasurability）、安全（Safety）、舒适（Comfort）五个维度，45 个评估因子，得分可分为四个等级。在综合考虑使用者感知、行为、物质环境特征和空间社会经济等因素后，该模型赋予评估因子不同的权重，且评估结果有全局分数，可进行不同项目之间的横向比较研究，是本节所述五种模型中各方面最均衡的模型，常被用于包含公共性评估的场所综合品质评估研究。[26]

与估值法相同，模型评估法也横向比较多个不同空间的公共性程度。另外，模型评估法区别于估值法最大的优势是可以通过可视化表达简单明了地呈现分析结果。

4. 利益／权利分配评估法

利益／权利分配评估法往往需要通过访谈、研究相关档案、报告及法律文件来考查利益团体之间如何通过契约合同共同参与公共空间管理和使用，并在此基础上，分析以上规定是如何影响公众进入和公共空间的权利，从而衡量该空间的公共性程度[3]。

使用该方法进行评估的一个典型案例是亚历山大·卡斯伯特（Alexander R. Cuthbert）和基思·麦金奈尔（Keith G. McKinnell）于 1997 年以中国香港

回归之前的中环附近企业的公共空间为例开展的公共性分析研究。不同于其他方法采用的维度—评估因子的评估思路，卡斯伯特和麦金奈尔从香港意识形态和政治经济环境入手，分析二者如何影响当地市场运作、监管机制和城市空间规划建设管理与审批体系，并进一步通过不同利益相关者在城市空间开发建设、日常管理中的权利分配和既得利益分析，发现政府对于这些企业私有的公共开放空间的管理及规划介入力度不足。由于开发商控制权过大，企业利益最大化，忽视了公众的利益，从而导致香港城市中心区公共领域萎缩。[27]

虽然空间公共性的评价方法各有不同，但是其步骤基本相同。首先要界定空间公共性的影响因子。不同研究往往依据所试图回答的研究问题有针对性地界定公共性的指标。因此，如何界定公共性指标在很大程度上体现了不同研究之间的差异性和特殊性。其次，建立评价或估值标准体系，需要讨论每个因子表现出何种情况下应该被认为是"公共的"，何种情况下应该被认为是"非公共的"，以及何种情况下是"中性的"。指标因子体系根据方法的不同可以分为定性和定量两种。

5. 空间公共性指标体系

空间公共性指的是物质空间与公共生活之间的关系。人是将物质空间与公共生活联系起来的中介，因此从空间使用者的角度对空间公共性进行评价直观而有效。

徐磊青提出，公共空间的空间公共性最低限度的构建包括三个维度：可达性、包容性和功能可见性，公共性得到充分体现的公共空间都具有功能整合、活动多样、有包容性、可达性强且与市民生活充分融合的特征[20]。可达性主要受场地地理区位和交通条件影响。包容性由开放性和控制共同构成，控制指施加在公共空间中所发生活动的限制。包容性表现的公共空间是对不同群体开放的、免费的，以及对其施加不超过法律条文以外的其他限制的一种公共性特征。具有可达性和包容性的空间还需要具有使活动发生的潜力才能具备公共性，即该空间能够提供活动发生所需要的功能设施，因此功能可见性也是空间公共性的核心维度之一。

科学合理的方法之一是通过结构式访谈总结评价场地公共性的二级影响因子。访谈的内容主要包括询问吸引被访者到访的原因，对场地的使用感受以及公共性认知。以对上海工业遗产更新项目的空间公共性评价为例，研究团队通过对访谈结果的统计，将可达性、包容性和功能可见性一级影响因子分解为到达场地的方便程度、场地周围的交通情况、停车便利程度；空间开放程度、空间使用规则、管理方式满意度；公共活动场地情况、开展活动内容丰富度、环境满意度、建筑使用满意度、公共设施满意度、空间安全性、日常维护等二级影响因子。采用李克特量表按照很差、较差、一般、较好、很好五个等级对评价因子分别赋值1分、2分、3分、4分、5分，分数越低代表该公共性程度越低，最后得出本次研究所使用的空间公共性评价标准体系（表9-1）。

9.3 上海工业遗产案例研究

工业遗产作为城市景观遗产的类型，一直是本团队关注的研究对象之一，早在2014年时便开始对其空间公共性评价进行研究。基于对上海市工业遗产保护与更新的持续关注，研究团队从共性和差异两个角度出发选取了具有典型性和研究价值的案例进行空间公共性的评价分析，分别是上海国际节能环保园核心区（宝山后工业生态景观公园）、上海新十钢（红坊）创意产业集聚区、徐汇滨江绿地。三者之间的共性有：①具有公共开放空间；②将原有工业遗产景观进行整体保护与利用；③工业遗产地景观场地规划设计具有典型性；④由政府主导，具有社会公益性目的，同时希望通过商业运营获取经济效益，达到工业遗产地景观保护与利用的良性循环。三者之间的差异性主要体现在区位、规模、开发方式以及通过现场走访观察到的公众使用情况预判（表9-2）。

表 9-1　空间公共性评价标准体系

一级影响因子	二级影响因子	评价分值
可达性	到达场地的便利程度	1= 很差；2= 较差；3= 一般；4= 较好；5= 很好
	周边的交通情况	1= 很差；2= 较差；3= 一般；4= 较好；5= 很好
	停车便利程度	1= 很差；2= 较差；3= 一般；4= 较好；5= 很好
包容性	空间开放程度	1= 很差；2= 较差；3= 一般；4= 较好；5= 很好
	空间使用规则	1= 很多；2= 较多；3= 一般；4= 较少；5= 几乎没有
	管理方式满意度	1= 不满意；2= 较不满意；3= 一般；4= 较满意；5= 满意
功能可见性	公共活动场地情况	1= 几乎没有；2= 较少；3= 一般；4= 较多；5= 很多
	开展活动内容丰富度	1= 很差；2= 较差；3= 一般；4= 较好；5= 很好
	环境满意度	1= 不满意；2= 较不满意；3= 一般；4= 较满意；5= 满意
	建筑使用满意度	1= 不满意；2= 较不满意；3= 一般；4= 较满意；5= 满意
	公共设施满意度	1= 不满意；2= 较不满意；3= 一般；4= 较满意；5= 满意
	空间安全性	1= 很差；2= 较差；3= 一般；4= 较好；5= 很好
	日常维护情况	1= 很差；2= 较差；3= 一般；4= 较好；5= 很好
对园区公共性的总体评价		1= 很差；2= 较差；3= 一般；4= 较好；5= 很好

表 9-2　上海工业遗产案例差异性比较

案例	区位	规模	开发方式	使用现状预判
上海市国际节能环保园核心区	市郊	中等	PPP 模式	低
上海新十钢（红坊）创意产业集聚区	市中心	中等	政府主导	中等
徐汇滨江绿地	市中心	大型	政府主导	中偏高

9.3.1 案例简介

1. 上海国际节能环保园核心区（宝山后工业生态景观公园）

上海国际节能环保园位于上海市宝山区长江西路 101 号，在吴淞工业区南部，原址为上海钛合金厂。上海钛合金厂始建于 1958 年，是我国冶金行业 8 家重点铁合金生产企业之一，年生产能力达 20 万吨，但是能源消耗和污染排放量巨大，年耗电量 5 亿千瓦小时，占上海市的 1/200；年排尘量 3 000 余吨，占上海总量的 1/7[28]。场地南面为员工住宅小区，其余均为重工业用地。

该节能环保园规划了五大功能分区，分别为办公、商业、展示、核心区景观与后勤服务[29]，其中核心区景观，即宝山后工业生态景观公园，为节能环保园的核心区部分，也是园区对外开放的公共空间。该园占地 5.3 公顷，又名"钢雕公园"，是整个项目场地内重要的开放空间。公园建设的总成本为 1 890 万元，包括整个公园内绿化种植、土方施工以及相关配套设施的建设。资金来源包括上海仪电控股集团出资的 50%，上海市政府出资的 30% 和宝山区政府出资的 20%[30, 31]。2007 年初公园开始动工，于 2007 年 12 月 12 日上海国际节能环保园揭牌成立前建成，并对外免费开放。2009 年 3 月被纳入上海工业旅游体系中，成为上海首批 19 个"全国工业旅游示范点"之一。

整个园区的后期运营管理由中节能（上海）物业管理有限公司全权负责，园区管理开销均由该企业承担。该公司成立于 2010 年 11 月 2 日，注册资金 500 万人民币，系上海国际节能环保发展有限公司全资子公司，主要经营范围包括：五金交电、日用百货批发兼零售、室内装潢、建筑装潢；商务信息咨询；保洁服务；绿化养护货物装卸服务等；管理类型主要是园区商务配套，公众物业（会展 / 商业文化 / 交易场所），钢雕公园物业服务等。

园区目前已入驻企业包括北京国能联合同能源管理有限公司、上海科技网络通信有限公司、上海千帆股份有限公司、上海耀宇文化。园区曾成功举办中国国际工业博览会"中国国际节能环保论坛"、上海节能宣传周及上海节能服务产业展览会、上海市公共机构节能技术推广交流会、国际钢雕艺术节大型会展活动。

由于管理资金投入有限，中节能（上海）物业管理有限公司对后工业生态景观公园基本采用最低成本进行维护。公园门口设有门卫，进入公园需要进行登记，公园内除了草坪、绿篱等植被有工作人员定期修剪清理，其余保留的构筑物"钢雕一号"等用栏架围起，禁止游客进入。

宝山后工业生态景观公园的景观设计方基于场地所在区位、现状以及环保园整体规划，提出了"编织"的设计理念，即将原有的肌理保留，使用新的材料进行修补，通过改变其编织构造完成新的作品[28]。设计师说服委托方保留公园入口两侧的工业建筑，并改造为国际会议中心和吴淞工业区展示馆，成为入口标志性的建筑。同时在整体规划中保留原有厂区的空间结构，将其划分为入口广场区、入口景观区以及核心景观区。核心景观为原上海铁合金厂中心区域，地块内占地 2 000 平方米、三四层楼高的除尘塔被保留，作为园区内最具地标性质的钢雕作品，并被命名为"钢雕一号"，其他诸如行车架、输送带、库房等都被保留，并通过设计改造结合绿地、水体和雕塑等形成公园内最具特色的中心景观区域。

设计师还对各种废弃物分类，寻求将不同废料转变成景观材料的可能性。基地中的废料被大量用于铺装，如旧厂拆下来的大量花岗岩块石被作为主要硬质材料与地被植物镶嵌形成软质铺装；废弃的红砖和小青砖作为硬质铺装。工业建筑废料还被用于制作景观小品，如将废弃的混凝土块通过钢丝加固堆砌景墙；设计师还利用废弃钢材、混凝土预制板、砖石和矿石等创作极具意境的中国山石盆景园林小品。场地内适应了原有厂区高污染环境而生存下来的植被，也被作为场地特有的工业植被资源保留下来。

宝山后工业生态景观公园的景观规划设计通过多种技术手段，营造出一片"环境友好型、资源节约型"的绿色空间。项目尊重了工业遗址的场地内在脉络，保护和恢复了其原有体系，对场地进行了更新，赋予场地生态活力并注入了极具功能的场所精神。

2. 上海新十钢（红坊）创意产业集聚区

上海新十钢（红坊）创意产业集聚区位于上海市长宁区淮海西路570-588号核心地段，南邻徐家汇商业中心，西靠虹桥CBD商务区和新华路历史风貌保护区，地铁3号线、10号线虹桥路站步行五六分钟可达到，交通非常便利。红坊的前身为上海第十钢铁厂，是自1956年起先后由39家小型钢厂合并发展起来的，是国家大型二档企业和上海市现代企业制度试点单位之一。

上海新十钢（红坊）创意产业集聚区的后期运营管理由上海红坊文化发展有限公司全权负责。上海红坊文化发展有限公司主要经营文化资产投资、文化资产管理和文化生活三大领域，致力于工业遗产再利用、城市再生、文化产业及相关领域的事业发展，专业从事文化创意项目的投资、策划、运营、推广等全过程资产管理，具备整合文化资源、设计机构、相关产业发展乃至政府等相关资源的能力。

红坊的管理运营分为两个部分，文化内容和创意产业。文化内容作为精神实质的部分不追求产值和商业利益，而是注重其文化影响力。这一领域的运营由上海红坊文化发展有限公司、红坊文化艺术类客户以及入驻红坊的设计公司和广告公司中的部分人群共同来做。2010年10月，上海红坊文化发展有限公司推出红坊沙龙（Redtown Salon），成为首个以艺术、设计和生活为核心内容的时尚精品店。该沙龙通过跨界整合经营艺术衍生产品和设计类主题商品，在传递并引领国际化文化创意生活方式的同时，为新中产阶级、艺术设计爱好者和创意品牌及创意工作者搭建起一个全新的商业服务平台，致力于成为文化创意生活方式的时尚标签。2012年6月，"艺术红坊暨画廊联盟"正式启动，"联盟"由上海红坊文化发展有限公司联合其他多家艺术机构组成，立足于红坊，以中国本土文化为基础，定期组织举办各类艺术展览、创作孵化、教育讲座、学术交流、收藏论坛、跨界融合活动等探索与创新商业模式，打造具有核心竞争力及国际化的艺术交易平台，致力于成为上海乃至全国文化艺术大发展的助推器之一。

同时，创意园内上海城市雕塑艺术中心的建设为许多文化艺术的交流提供了契机，在此举办的艺术类展览包括：罗丹雕塑艺术展、上海双年展国际学生展、迎世博 2007 上海国际雕塑年度展、"身体媒体"互动艺术展等；学术活动包括：由日本北九州市与现代美术中心 CCA 策划并举办的"跨越间隙"论坛、2007 深港城市建筑双城双年展等；国际文化时尚活动包括：欧米茄 110 周年庆典，施华洛世奇亚太之夜，宝马与保时捷新车发布会等。这些文化艺术交流活动增进了园区与国际前沿文化的接轨以及增强了园区在国际文化领域中的影响力。

创意产业基于红坊的文化影响力，在园区积极导入良好的产业结构，建立顺畅的上下游产业链，创造高附加值产业，致力于打造文化创意产业平台。基于文化艺术社区的总体定位，吸引了 80 多家有影响力的文化、泛文化机构、创意机构入驻。其中含 30% 的文化艺术展览展示项目，65% 的文化创意商务企业，5% 的文化休闲商业。文化代理、广告设计、媒体策划等高质量的租户进驻，达到集聚效应，形成一条较为成熟的文化传媒产业链，成为众多国际创意机构的首选，也为红坊打造国际文化艺术社区起到积极的示范作用。

上海新十钢（红坊）创意产业集聚区以城市雕塑中心，衍生出许多艺术画廊与商务办公区域，吸引了一批文化艺术企业前来助阵，代表了这个城市的文化水准和精神风貌，已成为城市建设及其文化的重要组成部分。

上海新十钢（红坊）创意产业集聚区的规划设计机构为水石国际，其规划建设遵循"严格控制总体规模，尊重旧建筑历史肌理，保持工业建筑历史风貌，促成新旧建筑对话"的原则。红坊对参观者免费开放，因此户外空间设计遵循以人为本的原则，注重整体舒适度、亲切度、便捷度的设计，整体规划交通系统，创造流畅的人车流线，合理布置广场、绿地、休闲区、停车场和服务设施，统筹规划整体景观，塑造高品质的景观环境。

1）创造中央绿地作为核心开放空间

上位规划明确规定该区域将实行建设总量平衡，但部分工业厂房已经被拆除，设计师并没有简单地在原地恢复建筑容量，而是利用拆除厂房后形成的空地，规划设计了一处中央绿地，并围绕该绿地集中布局建筑空间，形成了一种围合的空间关系。绿地为开放草地模式，为园区内室外交流的核心空间，为适用人群提供了一块功能丰富且识别度高的开放空间，与周边建筑融为一体，呈现出强烈的场所感。该区域能够满足园区内工作人员、市民以及游客日常活动的需求，同时也为园区内户外活动的开展提供了必要条件，此处可举办室外艺术展、开幕式、音乐节等，同时也为艺术家、设计师等提供了创作、展示、交流的场所。

2）分类改造历史建筑，弹性设计建筑空间

为了尊重旧建筑的历史肌理，保持工业建筑历史风貌，设计师按照"整旧如旧、新旧并置、新建协调"的原则设计建筑单体。如 A、B、C、F 区为原上钢十厂冷轧带钢车间、酸洗车间的主体建筑，具有较好的保存价值。该区域的改造按照"整旧如旧"的方式进行，最大限度地保留了原有的桁架结构、高敞空间和地面下沉空间，通过清洁与修补突出外墙原有肌理；D、E、G 区按照"新旧对比"的原则，采取镶嵌的方式将新旧建筑并置排列，形式上新旧各异，功能上融为一体。新建的 H 区采用覆土建筑的方式与中心绿地融为一体。

为了控制项目初期的成本投入，也为了便于后续使用的租户对建筑空间进行二次设计，设计师在初期设计时尽量根据建筑空间特点，合理布局功能业态，采用可塑化、弹性化的空间设计策略，尽量避免"过度设计"。

3）将历史元素与当代艺术相融合

历史构建的景观再利用与当代艺术雕塑形成一种新旧对话，先锋艺术与工业记忆在园区内以雕塑的形式，相互协调而简单地呈现出来。

厂区遗留下来的设备部件和构筑物被改造为景观小品，如将行车梁还原作为景观构件或休憩椅，将铸有"上海冶金局"字样的砝码改造为景观小品，将已迁出厂区的酸洗槽迁回至中央绿地等，这些构筑物承载着工业时代的集体记忆和上钢十厂的场地精神。除了改造而来的景观小品，园区内有更多当代先锋艺术雕塑遍布各个角落，营造强烈的艺术氛围，这些雕塑多使用与园区整体工业风貌相匹配的材质，如红砖、水泥混凝土等。

3. 徐汇滨江绿地

徐汇区位于上海中心城区的西南部，是较早基本完成旧区改造的中心城区之一。徐汇滨江绿地位于徐汇区的东面、黄浦江西侧，与徐家汇地区距离不到 5 公里，乘坐地铁 11 号线仅 3 站即可达到。

徐汇滨江地区曾是中国近代民族工业的摇篮之一，因其紧邻黄浦江岸，地势开阔，河道纵横，曾集聚了包括龙华机场、上海铁路南浦站、北票煤炭码头、上海水泥厂等众多工业设施和重要的民族企业，是当时上海最主要的交通运输、物流仓储和生产加工基地，承载了中华百年民族工业历史[32]。但随着上海城市空间的拓展和新的大型交通枢纽设施的建设，徐汇滨江地区失去了以交通、物流为核心功能的区位优势，不少工厂处于"转、迁、并、关"的状况，滨江地区逐渐成为经济相对萧条、居住环境恶化、流动人口聚居的城市"锈带"[33]。

西岸集团以"规划引领、文化先导、产业主导"为总体开发思路，依托该地区丰富的工业文化遗存，发挥沿江开放空间优势。"西岸传媒港""上海梦中心"等功能性载体项目的建设，引进了众多知名文化艺术机构以及一批优质文化及金融产业项目入驻，并策划开展了一系列文化艺术活动，重点打造"西岸文化走廊"品牌工程。"西岸文化走廊"的实施主要分为两个部分：文化建筑等基础设施的建设和文化活动的举办。

西岸集团一方面通过土地政策、规划政策、税收政策促进多种资源共同建设文化设施，形成一个较大的艺术区域；另一方面引进画廊、艺术机构、艺术家资源，建立一体化的创作、仓储、交易展示平台，从而进一步完善文化艺术方面的功能建设 [34]。余德耀美术馆与龙美术馆的建设开启了"西岸文化走廊"博物馆群项目。博物馆群的建设推动了西岸相关产业的发展，提供艺术品仓储、物流和相关金融服务的西岸艺术品保税仓库的投入运营，为西岸艺术产业链的形成提供了重要的一环。

　　文化基础设施的大量投入建设使西岸具备了高品质环境，但是"要想让这个地区更有活力、魅力，仅靠硬件和环境是不够的，必须要有相应的事件与活动" [35]。2012 年，在西岸集团主导下，每年秋天为期 3 天的西岸音乐节在徐汇滨江绿地举行。西岸音乐节的举办扩大了"西岸文化走廊"品牌的社会影响力。其后西岸集团联合同济大学与中国美术学院共同主办了"西岸2013：建筑与当代艺术双年展"，展期 2 个月，还举办了 19 场学术类科普讲座、公益类活动及公众互动活动，使大众能够参与其中。除了主导举办活动，西岸集团还出租场地给私人文化机构举办活动，不仅带来了经济效益，更增添了西岸文化走廊的活力和整体影响力。自 2012 年以来，西岸地区已经展开了许多各种类型的表演、展览、集会、论坛等活动。本次研究总结了其中影响力较大的活动（表 9-3）。

表 9-3　西岸文化事件（更新至 2016 年）

时间	活动名称	活动地点	活动类型
2012 年 9 月 30 日—2012 年 10 月 2 日	2012 西岸音乐节	滨江绿地	演出
2013 年 6 月 8 日—2013 年 6 月 10 日	水上阿秘厘	龙腾大道龙耀路路口	演出
2013 年 10 月 1 日—2013 年 10 月 3 日	2013 西岸音乐节	滨江绿地	演出
2013 年 10 月 20 日—2013 年 12 月 20 日	2013 西岸建筑与当代艺术双年展	预均化库	展览
2014 年 4 月 18 日	Dior Homme 2014 秋冬时装秀	龙美术馆西岸馆	展览
2014 年 6 月 5 日—2015 年 6 月 8 日	亚洲画廊艺术博览会	龙美术馆西岸馆	展览
2014 年 6 月 6 日—2015 年 7 月 10 日	"极限震撼"创意秀	滨江绿地	演出
2014 年 6 月 7 日	DAFF 2014 春季 @ 西岸	预均化库	集市

续表

时间	活动名称	活动地点	活动类型
2014 年 6 月 15 日	上戏微电影节颁奖盛典	龙美术馆西岸馆	演出
2014 年 9 月 6 日—2014 年 9 月 8 日	2014 西岸音乐节	滨江绿地	演出
2014 年 9 月 25 日—2014 年 10 月 26 日	2014 西岸艺术与设计博览会	西岸艺术中心	展览
2014 年 10 月 5 日—2014 年 10 月 6 日	2014 百威西岸风暴电音节	滨江绿地	演出
2014 年 10 月 25 日	DAFF 2014 秋季 @ 西岸	预均化库	集市
2014 年 11 月 29 日	2014 上海德国圣诞嘉年华	滨江绿地	集市
2015 年 9 月 1 日—2016 年 1 月 3 日	雨屋	余德耀美术馆	展览
2015 年 9 月 9 日—2015 年 9 月 13 日	西岸艺术与设计博览会	西岸艺术中心	展览
2015 年 9 月 29 日—2015 年 12 月 15 日	城市更新——上海城市空间艺术季主展览	西岸艺术中心	展览
2015 年 10 月 3 日—2015 年 10 月 4 日	2015 百威西岸风暴电音节	滨江绿地	演出
2015 年 10 月 1 日—2015 年 10 月 2 日	2015 西岸中国好声音音乐节	龙兰路绿地	演出
2015 年 11 月 27 日—2015 年 12 月 27 日	2015 中世纪圣诞之城	滨江绿地	集市
2016 年 1 月 10 日—2016 年 3 月 15 日	2016 上海艺术设计展	西岸艺术中心	展览
2016 年 9 月 24 日—2016 年 9 月 25 日	2016 上海西岸热波音乐节	西岸艺术中心南侧绿地	演出
2016 年 10 月 1 日—2016 年 10 月 7 日	2016 西岸食尚节	西岸艺术中心南侧绿地	集市
2016 年 11 月 10 日	全球水岸对话 2016 上海西岸	西岸艺术中心	论坛
2016 年 11 月 8 日—2016 年 11 月 13 日	2016 西岸艺术与设计博览会	西岸艺术中心	展览

文化设施的建设与文化活动的举办提高了西岸地区的吸引力，上海西岸正在成为沪上高品质文化、商业和体育活动的聚集区，同时也是上海中心城区内独具魅力的城市文化新地标和最具公共活力的滨水新城区。为了形成亲水的滨江岸线，规划将滨江岸线地带标高整体抬高，滨江大道龙腾大道成为可驱车饱览黄浦江江景的滨水景观大道。

场地内多处工业建筑遗产被保护、改建和适应性再利用。上海飞机制造厂、上海水泥厂、龙华机场等几个重要大型厂区内的老工厂、旧仓库被改建为大型民营美术馆等文化设施。场地内的一些工业设施、设备也被保留下来，并通过改造成为景观构筑物和活动设施。如北票码头保留了2座红色钢塔吊，这两座钢塔吊被设计成为特色景观塔吊会所，吊塔下有滑板广场，并设置看台台阶与草坪[36]。北票码头原址保留的钢筋混凝土的煤炭装卸漏斗被嵌入现浇混凝土结构，成为龙美术馆西岸馆建筑的一部分。南浦火车站旧址的18线仓库以原地、原样、原标高复建的方式保留下来，成为江边的特色景观餐厅，与被保留下来的绿色龙门吊相映成趣。南浦火车站和北票码头之间原来有几十条铁路经过，现保留有2条半，一条通向北票码头的煤炭装卸漏斗，一条经过北票码头抵达南浦站，剩下的半条在分道后抵达南浦站的高桩码头[36]。保留的铁轨被设计成带状的铁路谷地花园。

9.3.2　比较分析

研究团队对以上三个案例进行了小范围的问卷调查，时间为2015年8月至10月，时值上海秋季，室外活动较多。问卷采用了前文所述的评价指标体系，但是因为样本量较小（约60份有效问卷），所以调查结果仅作为数年前对城市工业遗产景观更新项目公共性的研究结论。

1. 公众使用情况

1）使用者数量

使用者数量可以通过大众点评网 2017 年 4 月 1 日之前的点评数反映（表 9-4，图 9-1）。自开放以来，宝山后工业生态景观公园的使用者数量一直不高，2011 年后开始出现下降趋势；上海新十钢创意产业集聚区使用者数量呈现稳步上升趋；徐汇滨江绿地使用者数量大幅提升，2016 年，徐汇滨江绿地的使用者与新十钢使用者的数量差距缩小，至 2017 年 4 月，徐汇滨江绿地使用者数量超过新十钢创意产业集聚区。不难看出，新十钢创意产业集聚园和徐汇滨江绿地能均够吸引使用者到来、停留并且发生各种活动，而宝山后工业生态景观公园使用者较少。

表 9-4　使用者数量统计　　　　　　　　（人）

年份	2008	2009	2010	2011	2012	2013	2014	2015	2016	2017
宝山后工业生态景观公园		6	5	18	13	9	3		6	1
上海新十钢创意产业集聚区	4	27	57	78	73	90	104	96	147	30
徐汇滨江绿地						1	56	52	141	35

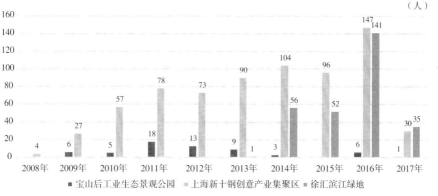

图 9-1　使用者数量对比分析

2）使用者类型

可以看出，在年龄层次、收入水平和教育层次三个方面，徐汇滨江绿地的使用者分布比较均衡，说明徐汇滨江绿地对社会各层次人群更具亲和力，即更具包容性。宝山后工业生态景观公园和上海新十钢创意产业集聚区对学历水平和收入水平较高的人具有吸引力，因为二者的功能定位对普通群众和中低收入者形成了一定的"无形的隔离"（图9-2—图9-5）。

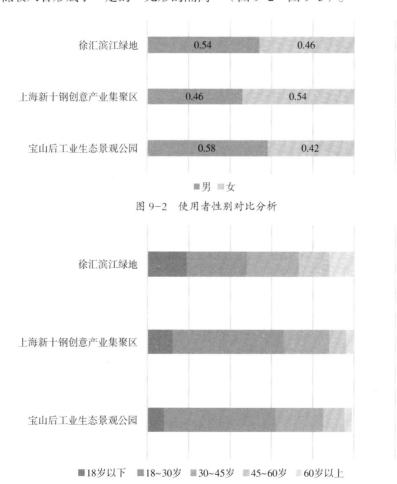

图9-2　使用者性别对比分析

图9-3　使用者年龄对比分析

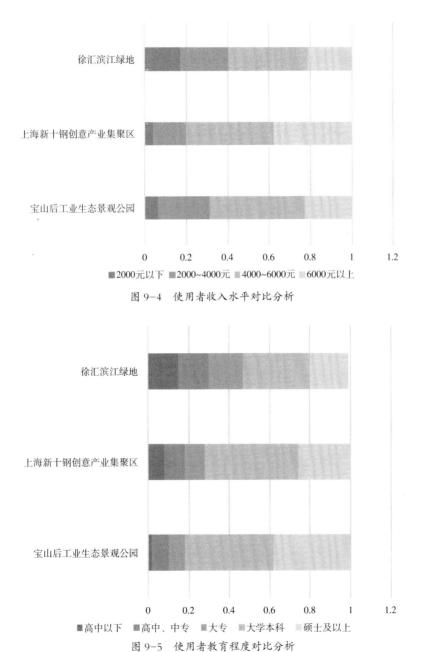

图 9-4　使用者收入水平对比分析

图 9-5　使用者教育程度对比分析

　　使用者居住地点分布表明，徐汇滨江绿地能够吸引更多场地周边以外的使用者，说明它的服务半径较广，上海新十钢创意产业集聚区对于外地游客更具吸引力（图9-6）。从使用者到访方式和通勤时间来看，上海新十钢创意集聚区和徐汇滨江绿地均能通过公共交通的方式较为快速到达，而使用者访问上海国际节能环保园大都采用私家车的方式，且需要花费较之前二者更多的通勤时间（图9-7、图9-8）。因此，上海国际节能环保园的区位和周边公共交通条件相对较差。从使用者到访频次可以看出，上海国际节能环保园到访频率最低，这是因为公园不具备激发活动发生的潜能，即功能可见性不高（图9-9）。

　　3）使用者活动类型

　　人的公共活动是公共空间的主要职能和公共性的核心。研究团队通过对使用者的活动观察，将活动分为四种类型：演艺活动、交流活动、观赏活动和休憩活动，再分析每种类型具体的活动行为、参与性、作用方式和公共性程度（表9-5）。其中，演艺活动对空间的公共性贡献最大，较大程度上影响了其他活动，它强烈的吸引作用甚至能使人们不顾天气情况和环境条件，例如开展音乐节吸引大量人群的参与。

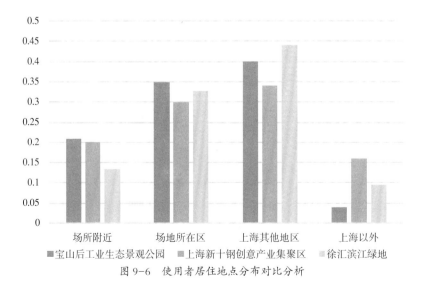

图9-6　使用者居住地点分布对比分析

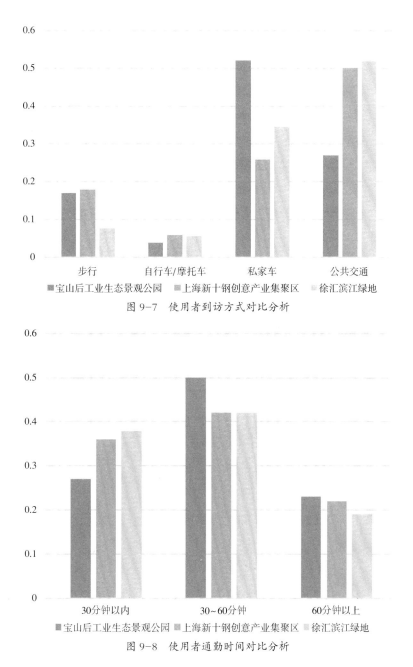

图 9-7　使用者到访方式对比分析

图 9-8　使用者通勤时间对比分析

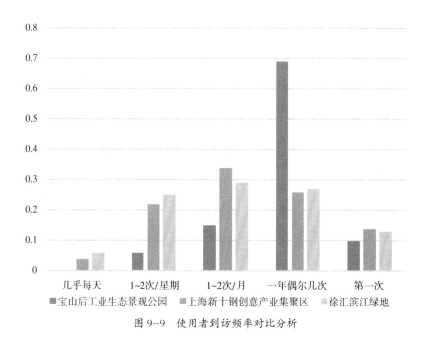

图9-9 使用者到访频率对比分析

表9-5 使用者活动类型分析

	活动行为	参与性	作用方式	公共性程度
演艺活动	表演	主动	双向交互	强
交流活动	集会、多人运动、棋牌、谈话	主动	双向交互	较强
观赏活动	参观展览、观赏风景	被动	单向接受（偶尔有反馈）	一般
休憩活动	休息、锻炼、阅读、散步	被动	偶尔单向	弱

从不同活动类型的统计分析不难看出，徐汇滨江绿地活动类型丰富且公共性强的演艺活动、交流活动较多，上海新十钢创意产业集聚区活动类型以观赏活动为主，而宝山后工业生态景观公园缺少公共性强、具有集聚人气作用的演艺活动，在此处发生的活动绝大多数为公共性弱的观赏活动和休憩活动（图9-10）。

2. 空间公共性评价

从空间公共性总体评价对比可以看出，徐汇滨江绿地的空间公共性程度最高，上海新十钢（红坊）创意产业集聚区次之，而宝山后工业生态景观公园公共性程度最低，从评价描述来看，属于较差级别（图9-11）。

从空间公共性一级影响因子评价对比来看，上海新十钢（红坊）创意产业集聚区可达性最高，这与其区位与周边交通条件息息相关。徐汇滨江绿地具有更高的包容性和功能可见性，说明其开放程度更高、服务对象更广、功能类型更丰富（图9-12）。

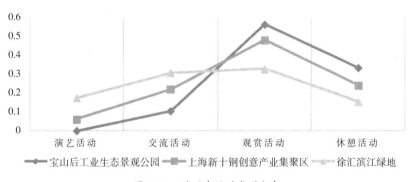

图 9-10　使用者活动类型分布

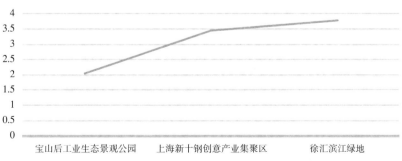

图 9-11　研究案例空间公共性总体评价对比分析

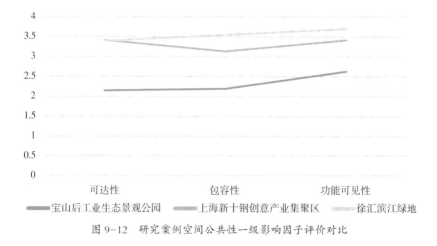

图 9-12　研究案例空间公共性一级影响因子评价对比

　　通过空间公共性二级影响因子评价对比来分析造成空间公共性差异的相关原因，将宝山后工业生态景观公园与上海新十钢创意产业集聚区进行对比，可以看出到达此处的便利程度、周边交通情况、空间开放程度和日常维护四个因子是造成二者公共性程度差异的主要原因。将宝山后工业生态景观公园与徐汇滨江绿地进行对比，可以看出到达此处的便利程度、周边交通情况、空间开放程度、管理方式的满意度、园区内可以开展的活动是否丰富、公共设施满意度和日常维护等多方面原因造成二者公共性程度差异。将上海新十钢创意产业集聚区与徐汇滨江绿地对比，可以看出管理方式的满意度、园区内可以开展的活动是否丰富 2 个因子是造成二者公共性程度差异的主要原因（图 9-13）。

　　通过综合分析可得出如下结论：

　　①空间公共性程度：徐汇滨江绿地＞上海新十钢创意产业集聚区＞宝山后工业生态景观公园；②使用者对三个案例的公共活动空间规模、环境满意度评价均相对较高，三者差距相对较低；③使用者对三个案例的空间开放程度、管理方式的满意度、公园内可以开展的活动是否丰富的评价差距相对较大；④从评价因子相关性分析（图 9-14）中可知，三个研究案例的空间公共

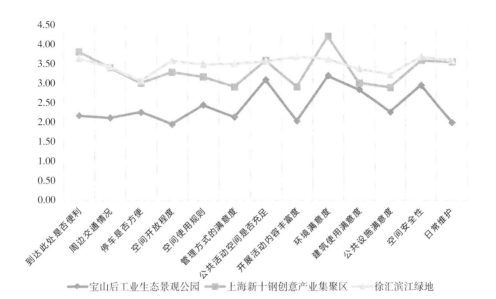

图 9-13　研究案例空间公共性二级影响因子评价对比

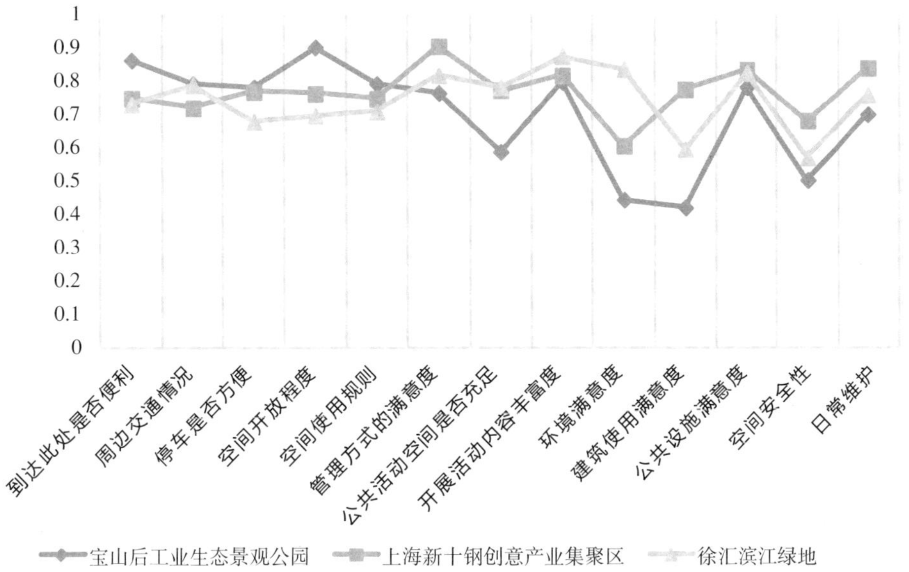

图 9-14　研究案例二级影响因子与总体评价相关性对比

性均与到达此处是否便利、空间开放程度、管理方式的满意度、公园内可以开展的活动是否丰富、公共设施满意度 5 个影响因子显著相关。

结合问卷调查分析结果，使用者对上海国际节能环保园核心区（宝山后工业生态景观公园）空间公共性评价总体评价较低。其使用者主要包括：环保园办公区职员与附近居民、摄影爱好者和游客。通过与被访者的自由访谈发现，环保园办公区职员与附近居民是对公园使用频率最高的人群，但是由于公园开放时间的限制、休闲设施少、日常维护不足以及缺乏标识、标牌等原因，导致在公园内活动的员工极少，周边居民将其作为日常户外活动空间的人数也很少，甚至有很多居民仅仅将其作为上海国际节能环保园内部的绿化空间，并不了解公园向公众免费开放。使用者对该园的环境和氛围较为满意，这也是吸引使用者到此的主要原因。然而，由于园区的可达性、开放性、管理方式以及活动设施等方面均存在许多问题，尤其是公园封闭式管理和限时开放的规定，对在场地内开展活动造成了极大的限制。同时，园区管理方并未重视摄影群体，未组织开展与摄影相关的活动。

上海新十钢（红坊）创意产业集聚区地处长宁、徐汇、静安三区交界地带，从区位上兼具了向三方辐射的优势。此处位于市中心交通便利地段，却能闹中取静，极具"腔调"。在规划设计方面，红坊的设计方案保留有空间特色和历史价值的工业建筑，尊重旧的建筑肌理和粗犷朴素的工业风格，延续了区域原有的城市文脉和建筑特色，也使园区具有特殊的文化气质和个性，重新焕发出时代精神和艺术活力。展览馆、画廊、雕塑、工业建筑，浓郁的后工业艺术氛围使其成为文艺青年的聚集处。文化创意资源作为核心吸引要素，为其积聚了人气，亦使其场地空间呈"士绅化"趋势发展，高格调、高消费的商业定位将公共空间的主要使用者——中低收入者无形排斥在外。

徐汇滨江绿地是一个较为成功的工业遗产保护与利用项目，具有较高的空间公共性，作为城市公共空间的一部分具有良好的社会价值。在规划设计方面，徐汇滨江因地制宜地将场地内的工业遗产构筑物融入场地内的建筑与活动设计，将这些物质和精神遗产与场地及周边的环境与新功能结合，转换为新的公共空间，给人们带来更多的活动与体验空间，延续了场地的故事[36]。在推广运营方面，西岸集团通过引入众多文化艺术机构、策划开展一系列公共文化艺术活动，推广了项目品牌，带动了空间活力。品牌效应和人群效应促进了场地内的商业产业发展，更促进了周边地块的经济发展，而商业经营性收入和周边地价的提升又可支撑社会公益活动，最终达到社会效益和经济效益的双赢。在社会影响方面，徐汇滨江绿地成为辐射整个上海的公共文化艺术中心，为城市公共服务机构的建设提供了一个成功的范例。

9.3.3 保护利用建议

上海市城市发展已进入存量规划阶段，建设用地的"零增长"使得对于有限土地资源的高效利用需要更审慎。首先，城市工业遗产的保护与利用不应该着眼于单个项目，而应该通过整体系统规划将其纳入城市公共空间和游憩体系中，从区域和城市层面出发，根据其区位、周边环境、现状条件、建设目的等确定其功能定位。与城市其他公共空间和旅游景点形成布局合理、功能互补、特色鲜明、辐射和带动性强的城市公共空间结构，给城市发展带来积极的作用。其次，从个体项目着眼，公共空间可能成为激活周边区域的动力，也可能成为食之无味的"鸡肋"。通过初步研究得出，上海的工业遗产保护与利用在现有的成绩上，还需继续在以下方面进行优化提升：

1. **塑造混合功能空间，激发多样文化活动**

城市原有工业用地往往为单一性功能的产业区域，对工业遗产保护与利用的过程中，在延续原有工业景观特色的基础上，通过规划建设街道、广场、滨水空间、绿地等公共空间，植入城市居民交流、交往、休闲、游憩等功能，塑造适用人群多元化、功能混合的城市空间，促进城市居民对工业文化的参与感和认同感。在此基础上利用具有品牌效应的工程项目作为先导，并通过事件化的营销推广策略来聚集人气，激发空间活力。品牌化策略即将能反映场地历史风貌、文化特色的城市元素进行包装，作为品牌向外界传递信息，从而吸引更多的使用者和消费者前来。事件化的营销推广策略即利用大型活动加强资源的集聚，吸引人们对场地的关注，工业遗产更新后形成的公共空间在前期需要大量公共艺术活动来激活文化活力，在其后的运营管理中也需要持续的公共活动以保持工业景观的活力。譬如徐汇滨江通过余德耀美术馆、龙美术馆等一系列品牌美术馆的建设，开启了"西岸文化走廊"博物馆群项目，同时结合滨水开放空间的建设，形成城市中心的综合休闲游憩区域，并通过策划西岸音乐节、各类创意展览、主题活动等将其打造为上海新的人气聚集地。

2. 促进公众参与程度，形成多元参与制度

公众参与是在社会分层、公众需求多样化、利益集团介入的情况下采取的一种协调对策，它侧重于城市社会关系的空间合理性以及城市效益与环境的最佳化，强调公众对城市规划编制、管理过程的参与、决策和管理，有利于以民主决策的方式对开发建设行为进行思考。因此，在城市工业遗产保护与利用过程中，要从使用者的切身利益出发，建立广泛的公众参与体系与有效的社会公众监督机制，鼓励不同类型的官方或非官方社会组织的发展，重视市民论坛的建设和市民反馈信息的收集，促进政府与公众之间快速便捷的沟通，维护城市发展的人性化、合理性和有效性。社会公众层面的反馈作为一种"自下至上"的模式，社区力量对市场力量的牵制也可以在规划设计中起到积极的引导作用，促进经济效益与社会效益的平衡。在我国城市工业遗产保护与利用的过程中，公众并不能真正参与其中，所谓的"公众参与"通常以现场调研过程中对公众的抽样访问、座谈或问卷征询的形式进行，这些方式并非是主动的公众参与，并且这些方式在现实情况下也未能普及。另外，公共空间应当为社会各阶层所共同拥有，但是"空间士绅化"现象在工业遗产保护和利用过程中日趋明显。因此，在工业遗产的开发建设中应该更加关

注社会弱势群体的公共利益，通过参与式规划设计，提供尽可能多样的功能场所，激发多类型活动发生的潜力，使更多人群受益，充分发挥其社会效益。

工业遗产保护与利用需要充分发挥政府主导力、市场配置力和企业主体力"三力合一"的作用，采用政府主导、市场运作、市民参与的方式形成多角色参与制度。为实现多角色参与制度，可借鉴国外经验，通过构建政府和企业合作的平台，通过平台促进各方交流，明确各方责任分工和利益分配。私人企业具有更强的执行能力，而政府则关注更广泛的公众利益和责任问题，公私合营的运作方式既保证政府对开发主体的建设活动能进行有效的监管，又能调动了非政府组织、企业和其他利益团体的积极性，将工业用地更新转变为市场运作，深度挖掘工业废弃地的潜力和价值。同时合作平台上的有效交流也有助于规划的参与者能够基于共同的发展愿景，对规划进行广泛的讨论和协商，最终达成共识。徐汇滨江绿地项目的成功体现了这一点。遵循"政府主导、市场运作"的原则，形成多角色参与这一策略在西岸文化走廊的建设中起到了重要作用。政府通过成立西岸集团发挥其主导作用，西岸的商业运营通过组织开发单元和组建合资公司等市场化运作机制，充分发挥市场主体的积极性，政府为项目落实提供相关的政策支持，以鼓励企业、多种资源充分发挥其效用。

3. 完善法律法规制度，构建空间保护体系

我国在工业遗产保护的法律、法规建设方面起步较晚，除《文物保护法》外，专门针对工业遗产保护的政策性文件主要有：2006 年颁布的《无锡建议》和国家文物局发布的《关于加强工业遗产保护的通知》以及地方性政策。2018 年，中华人民共和国工业和信息化部发布了《国家工业遗产管理暂行办法》，分为 6 章，总计 28 条，明确了工业遗产的定义、主管部门、职责主体、保护目的和保护原则；规定了工业遗产认定的标准和程序；制定了保护管理的相关措施和规定；提出了利用、发展的途径；指出了监督、检查的方法，较为全面地对保护管理的工作进行了明确和规范。然而，作为部门法

规，其权威性和操作性仍有局限。另外，在关于工业遗产普查、评估方面仅列出由遗产所有人提出认定申请的方法，并没有主动开展遗产普查的内容，仅"鼓励强化工业遗产保护利用学术研究，加强工业遗产资源调查，开展专业培训及国内外交流合作，培育支持专业服务机构发展，提升工业遗产保护利用水平和能力，扩大社会影响。"而且，该办法没有制定处罚规定与应急机制。

以上是对工业遗产现有法律法规简要的介绍，从 2018 年的《国家工业遗产管理暂行办法》可以看出，即使是最新的法律文件也没有明确地从景观遗产的角度考虑工业遗产的保护。当然，从其内容分析，该办法已经体现了公众参与、高新技术等内容，应该说体现了与时俱进的精神。《国家工业遗产管理暂行办法》将工业遗产定义为："在中国工业长期发展进程中形成的，具有较高的历史价值、科技价值、社会价值和艺术价值，经工业和信息化部认定的工业遗存。"并指出，"国家工业遗产核心物项是指代表国家工业遗产主要特征的物质遗存和非物质遗存。物质遗存包括作坊、车间、厂房、管理和科研场所、矿区等生产储运设施，以及与之相关的生活设施和生产工具、机器设备、产品、档案等；非物质遗存包括生产工艺知识、管理制度、企业文化等。"对此，研究团队认为其内容中应该增加工业遗产的自然要素，如场地、植物、水体和空间环境，以及人文要素，如生活的情感和记忆。这些正是景观遗产所强调的核心保护要素。

2012 年 11 月，党的十八大从新的历史起点出发，做出"大力推进生态文明建设"的战略决策，2013 年的《中共中央关于全面深化改革若干重大问题的决定》明确提出了"建立国土空间开发保护制度"的要求。2015 年的《生态文明体制改革总体方案》、2017 年的十九大报告中，都提出了构建国土空间规划体系的要求。2019 年 5 月 23 日，中共中央国务院《关于建立国土空间规划体系并监督实施的若干意见》明确提出国土空间规划对专项规划的指导和约束作用。如何从空间规划的角度思考工业遗产的保护？这是摆在研究和实践者面前的新课题，景观遗产的视角则为这一课题的探索提供了一条新的途径。

我们的研究还存在有很多不足之处。由于工业遗产的空间公共性涉及空间自身的布局结构是否合理、功能定位是否准确、运营维护是否合理，还涉及城市空间结构、社会背景、政治制度和文化传统等多方面因素，因此，对工业遗产空间公共性的评价会遇到很多困难。另外，政府与企业签订的涉及工业遗产开发与管理的契约合同往往属于商业机密，很难获取，故收集评价所需的相关信息难度较大。随着计算机科学技术的发展，在"大数据"的时代背景下，通过网络收集大量用户定位和使用数据并加以分析，从而得到较为客观的评价结果，是今后基于空间使用者进行空间公共性研究的探索方向。

本章参考文献

[1]   ARENDT H. The Human Condition[M]. 2nd ed. Chicago: University of Chicago Press, 1998.

[2]   于雷. 空间公共性研究 [M]. 南京：东南大学出版社，2005.

[3]   王一名，陈洁. 国外城市空间公共性评价研究及其对中国的借鉴和启示 [J]. 城市规划学
      刊，2016(6): 72–82.

[4]   NÉMETH J, SCHMIDT S. The privatization of public space: modeling and measuring public-
      ness[J]. Environment and Planning B: Urban Analytics and City Science, 2011, 38(1): 5–23.

[5]   MADANIPOUR A. Dimensions of urban public space: the case of the Metro Centre, Gates-
      head[J]. Urban Design Studies, 1995(1):45–46.

[6]   杨保军. 城市公共空间的失落与新生 [J]. 城市规划学刊，2006(6): 9–15.

[7]   缪朴. 谁的城市？图说新城市空间三病 [J]. 时代建筑，2007(1): 4–13.

[8]   李伦亮. 城市公共空间的特色塑造与规划引导 [J]. 规划师，2007(4): 5–9.

[9]   许松辉，周文. 面向管理的公共空间设计控制 [J]. 规划师，2007(12): 68–70.

[10] 孙彤宇. 从城市公共空间与建筑的耦合关系论城市公共空间的动态发展 [J]. 城市规划学
      刊，2012(5): 82–91.

[11] 杨震，徐苗. 消费时代城市公共空间的特点及其理论批判 [J]. 城市规划学刊，2011(3):
      87–95.

[12] 张庭伟，于洋. 经济全球化时代下城市公共空间的开发与管理 [J]. 城市规划学刊，
      2010(5): 1–14.

[13] 朱一荣，吴龙，李文娟. 休闲时代下商业综合体室内公共空间的使用特征研究 [J]. 规划
      师，2015(S2): 84–88.

[14] 徐磊青，刘念，卢济威. 公共空间密度、系数与微观品质对城市活力的影响——上海轨
      交站域的显微观察 [J]. 新建筑，2015(4): 21–26.

[15] AKKAR M. The changing 'publicness' of contemporary public spaces: a case study of the
      Grey's monument area, newcastle upon tyne[J]. Urban Design International, 2005, 10(2): 95–
      114.

[16] AKKAR M. Questioning inclusivity of public spaces in post industrial cities: the case of Hay-
      market bus station, newcastle upon tyne[J]. METU Journal of Faculty of Architecture, 2005,
      22(2): 1–24.

[17] AKKAR M. Questioning the "publicness" of public spaces in postindustrial cities[J]. Tradi-
      tional Dwellings and Settlements Review, 2005, 16(2): 75–91.

[18] NÉMETH J, SCHMIDT S. Toward a methodology for measuring the security of publicly accessi-
      ble spaces[J]. Journal of the American Planning Association, 2007, 73(3): 283–297.

[19] NÉMETH J. Defining a public: the management of privately owned public space[J]. Urban Stud-ies, 2009, 46(11): 2463–2490.

[20] 徐磊青, 言语. 公共空间的公共性评估模型评述 [J]. 新建筑, 2016(1): 4–9.

[21] MELIK R V. Fear and fantasy in the public domain: the development of secured and themed urban space[J]. Journal of Urban Design, 2007, 12(1): 25–42.

[22] CABE. Spaceshaper: A user's guide [EB/OL]. (2007–02–22)[2019–08–04]. https://www.designcouncil.org.uk/resources/guide/spaceshaper–users–guide.

[23] NÉMETH J. Controlling the Commons: How public is Public Space? [J]. Urban Affairs Review, 2010, 48(6): 811–835.

[24] VARNA G, TIESDELL S. Assessing the publicness of public space: the star model of public-ness[J]. Journal of Urban Design, 2010, 15(4): 575–598.

[25] VARNA G, CERRONE D. Making the publicness of public spaces visible: from space syntax to the satar model of public space[C]// EEA–11 Conference Proceedings, Envisioning Architec-ture: Design, Evaluation, Communication. Italy, Milan, 2013: 101–108.

[26] MEHTA V. Evaluating Public Space[J]. Journal of Urban Design, 2014, 19(1): 53–88.

[27] CUTHBER T A, MCKINNELL K G. Ambiguous space: ambiguous rights—corporate power and social control in Hongkong[J]. Cities, 1997, 14(5): 295–311.

[28] 戴代新. 后工业景观设计语言——上海宝山节能环保园核心区景观设计评议 [J]. 中国园林, 2011,27(8): 8–12.

[29] 丁一巨, 罗华. 上海国际节能环保园景观设计 [J]. 园林, 2009(3): 40–43.

[30] 李辉. 工业遗产地景观形态初步研究 [D]. 南京 : 东南大学, 2006.

[31] 何盼. 工业用地更新中开放空间的价值评估与景观策略研究——以鲁尔区和上海市为例 [D]. 上海 : 同济大学, 2015.

[32] 上海西岸开发 (集团) 有限公司. 上海徐汇滨江工业旧址改建公共开放空间 [J]. 城市环境设计, 2016(4): 332–333.

[33] 张松. 上海黄浦江两岸再开发地区的工业遗产保护与再生 [J]. 城市规划学刊, 2015(2): 102–109.

[34] 上海市徐汇人民政府. 东西对垒的上海艺术新版图中, "上海西岸" 缺什么? [R/OL]. [2019–08–04]. http://www.xuhui.gov.cn/H/lhzl/zxcsjs/Info/Detail_27962.htm.

[35] 西岸 2013 建筑与当代艺术双年展组委会. 进程: 西岸 2013 建筑与当代艺术双年展（建筑分册）[M]. 上海 : 同济大学出版社, 2013.

[36] 李正平. 上海徐汇滨江公共开放空间景观设计 (南浦站—东安路段)[J]. 中国园林, 2013(2): 26–30.

附 录

表格来源

表 1-1   依据闵亮（2009）、王毅（2012）文献整理改绘。

表 3-2   依据 *A Guide to Cultural Landscape Report* 翻译整理。

表 3-4   依据 "上海公园基础数据库建设示范性研究" 课题组 "公园管理服务中的档案资料调研" 资料整理。

表 3-5   依据 Anastasia K. *Integrated Documentation Protocols Enabling Decision Making in Cultural Heritage Protection* 翻译整理。

表 3-6   依据 ICOMOS. *Principles for the Recording of Monuments, Groups of Buildings and Sites* 整理翻译。

表 4-1   依据上海市文化广播影视管理局和上海市文物局官方网站信息整理，网址：http://wgj.sh.gov.cn/wgj/node1257/node1264/index.html

表 5-1   依据李格尔的著作整理改绘。

表 5-2、表 5-3   依据 Historic England 资料自绘，网址：https://services.historicengland.org.uk/

表 5-4   《中国历史文化名镇（村）评价指标体系》

表 6-1   依据 2005 年北京历史名园首批名录整理。

表 6-2   依据《上海市优秀近代建筑保护管理办法》和《上海市历史文化风貌区和优秀历史建筑保护条例》整理。

图片来源

图 3-1   英国遗产委员会 HLC 数据库界面截图。

图 3-2   http://www.huarenjie.com/thread-2216367-1-1.html

图 3-3—图 3-5　依据 *A Guide to Cultural Landscape Report* 翻译整理。

图 3-6　北京市城市规划设计研究院编制的《北京优秀近现代建筑保护名录》（第一批）。

图 3-9　http://img1.gtimg.com/11/1112/111259/11125905_1200x1000_0.png

图 4-6—图 4-8　"上海公园基础数据库建设示范性研究"课题组。

图 4-9　http://hdgy.bjhd.gov.cn/kjgy/

图 4-10　上海辰山植物园官网，http://www.csnbgsh.cn

图 5-2　https://www.nationalgeographic.org/photo/oceania-iwojima/

图 5-3　http://blog.udn.com/gloomybear/4588027

图 5-4　http://bigtimebcn.300000kms.net/

图 6-2　《关于首批北京历史名园名录的说明》

图 7-1、图 7-2　http://www.hauts-de-seine.fr/cadre-de-vie/patrimoine-vert/les-parcs-et-jardins-du-centre/les-jardins-du-musee-albert-kahn/

图 7-7　Virtual Shanghai. View of Koukaza Park (2) dbImage_ID-24780_No-1.jpeg[EB/OL]. http://www.virtualshanghai.net/Photos/Images?ID=24780, 2018-6-10/2018-6-13.

图 7-8　Virtual Shanghai. Koukaza Park dbImage_ID-24771_No-1.jpeg[EB/OL]. http://www.virtualshanghai.net/Photos/Images?ID=24771, 2018-6-10/2018-6-13;

图 7-9　日本上海史研究会 . 上海絵葉書アルバム [EB/OL]. http://shanghai-yanjiu1.sakura.ne.jp/postcard/postcard201-250/HTML/index.html#178, 2018-6-13.

图 7-10　日本上海史研究会 . 上海絵葉書アルバム [EB/OL]. http://shanghai-yanjiu1.sakura.ne.jp/postcard/postcard251-300/HTML/index.html#118, 2018-6-13.

图 7-11　郁锡麟 .Koukaza Park. 上海市档案馆所藏 , 1925.

图 7-13　左上图片来源：Virtual Shanghai. Koukaza Park (Gujiazhai) dbImage_ID-15237_No-1.jpeg[EB/OL]. http://www.virtualshanghai.net/Photos/Images?ID=15237, 2018-6-10/2018-6-13;
左下图片来源：日本上海史研究会 . 上海絵葉書アルバム [EB/OL]. http://shanghai-yanjiu1.sakura.ne.jp/postcard/postcard301-350/HTML/index.html#50, 2018-6-13.

图 8-2、图 8-3　哈根 LWL 露天博物馆官网，https://www.lwl-freilichtmuseum-hagen.de/de/routen-und-gelandeplane/

图 8-4　德国矿业博物馆官网，https://www.bergbaumuseum.de/en/press/download-area/item/deutsches-bergbau-museum-bochum-map-2021

图 8-5　关税同盟煤矿工业区官网，https://www.zollverein.de/

图 8-6　德国莱比锡棉纺厂 Spinnerei 创意产业集聚区官网，http://www.spinnerei.de/lage.html

图 8-7　https://www.historylink.org/File/20978

图 8-8　《上海辰山植物园矿坑花园贴近山石、水和自然、工业历史》

图 8-9　英国铁桥峡谷官网，https://www.ironbridge.org.uk/explore/blists-hill-victorian-
town/#attraction-map

图 8-10、图 8-11、图 8-12、图 8-14、图 8-19、图 8-20　原项目组（上海华邦城市规划设
计有限公司）提供。

图 8-15—图 8-18　龙福兴摄。

图 8-22—图 8-24　Heatherwick Studio 官网，http://www.heatherwick.com/

图 8-25—图 8-36　德国瓦伦丁城市规划与景观设计事务所丁一巨先生提供。

* 其余未列出的表格和图片均为作者及研究团队共同完成。

后 记

　　与我们提出的城市景观遗产保护规划管理框架相比，本书的内容还不够完整，在最后一章结束的时候似乎戛然而止。因为本书仅仅是这一课题研究的开始，展现的不过是一些阶段性成果，若要完整地体现框架的内容不仅仍有待时日，而且还有赖于大家的共同努力。景观遗产保护与再生的工作任重道远。

　　我们将继续现有的研究工作，在调整、完善现有研究框架的基础上，进一步加强薄弱环节的工作，特别是在干预评估、维护检测和公众参与等方面。另外，还将不断尝试应用新的技术手段以提高效率和创新研究途径。例如，将增强现实、混合现实的技术应用到景观遗产信息模型的可视化与交互体验中；利用点云数据辅助景观遗产的评价分析和规划设计。以上新的技术手段已经被应用到历史建筑保护领域，而我认为将其应用到景观遗产保护管理工作更具潜力。

　　虽然在本书中并没有深入讨论遗产保护理论面临的发展机遇，以及面对信息时代人工智能的迅猛发展、复杂理论的更新迭代，遗产保护如何创新，也没有发散思维畅想遗产保护的未来，但我相信，遗产的概念将会越来越具有包容性和渗透性，成为我们理解世界和认识自己的思维方式。它不仅让我们了解如何保护过去，还包括如何面对未来。

戴代新

于同济大学